KB073495

이 모든 것을 만든
기막힌 우연들

A MOST IMPROBABLE JOURNEY
Walter Alvarez
Copyright ⓒ Walter Alvarez, 2016
All rights reserved.

Korean translation copyright ⓒ 2018 by Book21 Publishing Group
Korean translation rights arranged with W. W. Norton & Co.
through Duran Kim Agency.

이 책의 한국어판 저작권은 듀란킴 에이전시를 통해
W. W. Norton & Co.와 독점 계약한 (주)북이십일에 있습니다.
저작권법에 의하여 한국 내에서 보호를 받는 저작물이므로
무단 전재와 복제를 금합니다.

우주 · 지구 · 생명 · 인류에 관한 빅 히스토리

이 모든 것을 만든 기막힌 우연들

월터 앨버레즈 지음 | 이강환 · 이정은 옮김

arte

빅 히스토리에 관한 이 작은 책을
나의 친애하는 친구, 저자가 바라는 최고의 출판인,
훌륭한 저자, 역사가, 음악가로서 그의 삶을 잘 살았던
멋지고 품위 있는 한 사람인 잭 랩체크에게 바친다.
비극적이게도 이 책이 마무리 되는 것을 보지 못했지만
이 책은 그의 책이기도 하다.

편히 잠들기를

이 모든 것을 만든 위대한 여정,
빅 히스토리

잠시, 인간이 놓인 현실을 생각해 보자. 태양계와 우리 행성, 대륙과 해양과 지형, 동물과 식물, 국가와 정부와 기업, 모든 언어와 문화와 신념, 우리가 사는 도시나 마을, 가족과 지인들. 어떻게 이 모든 것이 존재하게 되었을까? 인간이 놓인 현실을 이해하려면 그러한 환경이 있게 된 역사를 살펴볼 필요가 있다.

역사에 매료된 사람들이 읽는 책은 대개 주제가 특정 시간과 공간에 한정된 전문 서적이다. 예컨대 프랑스혁명에 관한 책, 미국 남북전쟁에 관한 책, 중국 명나라에 관한 책, 또는 스페인이 라틴아메리카를 발견하고 식민지화한 과정을 다룬 책이 있다. 이처럼 한 주제에 집중하는 책들로는 모든 것을 연결하여 이해하기가 쉽지 않다. 이러한 전문성에 반하여 전 지구의 관점에서 인간의 모든 과거를 통합하는 세계사를 다루는 책도 있다.

하지만 나와 같은 역사**과학자**(historical scientist, 지질학자)나 고생물학자, 천문학자, 생태학자에게는 세계사를 다룬 책조차 시간과 공간을 좁은 영역에서 다루는 것으로 보인다! 지금 현재, 역사과학자들은 우리가 그저 한 명의 지역 주민일 뿐인 광활하게 뻗어 있는 우주에서 수십억 년 전 과거까지 아우르는 거대한 역사를 발견하고 즐거워하고 있다. 인류사는 매혹적이기는 하지만 그저 과거사의 일부일 뿐이다.

모든 것에 관한 광범위한 역사가 인류사에 관심 있는 사람들과는 무관한 것처럼 보일 수 있겠지만 사실은 그렇지 않다. 우리가 우리 자신을 발견하게 되는 인간 현실이란 광활하게 펼쳐진 시간과 공간을 가로질러 발생한 역사의 결과물이다. 그리고 인류사에서 일어난 거의 모든 일은 더 먼 과거 사건들에서 지대한 영향을 받았다.

모든 과거를 이해하고자 하는 사람들은 이러한 전반적 관점을 '빅 히스토리'라고 부른다. 나는 빅 히스토리를 우주, 지구, 생명, 그리고 인류라는 네 영역의 결합이라 여긴다. 이들 영역 각각은 매혹적인 이야기로 채워져 있어서, 어느 다른 세상에서 살아가는 다른 생명체가 아니라, 이 특별한 세상에서 살아가는 인간이 된다는 것이 무엇인지를 이해하게 돕는다.

나는 빅 히스토리를 공부하면서 세상이 얼마나 있을 법하지 않은지 자각하며 매번 놀란다. 이 역사에서 셀 수 없을 정도로 수많은 시점에 일어난 사건들은 오늘날 우리가 아는 것과 전혀 다른 인간 현실에 이르게 하거나 아예 인간 자체가 존재하지 않는 세상을 초래할 수도 있었을 것이다. 인류사는 **가장 일어날 것 같지 않은 여정**A Most Improbable Journey이었고 이 책은 그 주제를 다룬다.

빅 히스토리의 처음 세 영역은 인문학이 아니라 과학 연구의 주제이다. 그래서 재미 삼아 역사책을 읽어 온 사람들에게는 생소할 수 있다. 이 책에서 나의 목표는 독자의 배경지식이 인문학에 있든 과학에 있든 누구나 인류 이전의 모든 역사를 받아들이고 쉽게 이해하도록 돕는 것이다. 각 장과 장에는 연속성이 있지만, 순서와 상관없이 흥미로운 내용을 먼저 읽어도 무방하다. 독자들이 이 책을 읽고 인간이 놓인 현실을 새롭게 평가하고, 매혹적인 이야기들에서 즐거움을 찾고, 수많은 새로운 질문에 맞닥뜨리며 훨씬 확장된 안목으로 역사란 무엇에 관한 것인지를 고민할 수 있다면 이 책은 성공한 셈이다. 빅 히스토리에 온 것을 환영한다!

1장
빅 히스토리, 지구, 인간 현실

멕시코 탐험

그날의 시작은 특별하지 않았다. 1991년 2월 어느 화요일, 멕시코 동부의 저지대. 지프차 두 대가 고장이 났고, 그중 한 대라도 고치기 위해 무지 고생을 했다. 그날은 계획된 일정의 마지막 날이었는데, 시우다드빅토리아Ciudad Victoria를 떠나 연구 현장으로 간 것은 이미 많은 시간을 빼앗기고 난 오후였다. 얀과 산드로, 그리고 나는 니컬라라는 박사 후 연구원과 함께 수백 킬로미터 떨어진 유카탄반도에서 최근에 발견된 칙술루브 크레이터Chicxulub Crater에서 떨어져 나간 고대의 파편을 찾고 있었다. 우리는 우주에서 날아온 소행성이나 혜성이 지표와 충돌해 칙술루브 크레이터를 만들었다고 믿었다. 이미 사흘 동안 멕시코 북동쪽을 가로지르며 그 파편들을 찾았지만 성과가 없었고, 낙담한 채로 마지막 하루를 보내고 있었다.

약 12년 전 네덜란드의 젊은 지질학자인 얀 스밋Jan Smit과

나는 서로 독자적으로 백악기와 신생대 제3기 시대의 퇴적암을 나누는 한 점토층에서 이리듐이 비정상적으로 많이 있는 것을 발견했다.[1] 무엇을 하는지 모르는 상태로 우리는 각각 6600만 년 전 백악기 말에 일어난 대멸종의 이유를 이해하려고 노력 중이었다. 그 대멸종으로 공룡시대는 종말을 고했다. 이리듐은 지구상에서 매우 드문 원소이지만 소행성이나 혜성에는 풍부한 편이다. 우리 둘은 동료들과의 공동 연구 결과, 이 이리듐이 외계에서 온 것이 틀림없으며, 따라서 6600만 년 전 그 운명적인 날에 매우 큰 혜성이나 소행성이 지구에 충돌했을 것이라는 가설을 제시했다.[2]

지난 십수 년간 충돌설이 맞느냐 아니냐를 두고 격론이 벌어지는 동안 얀과 나는 절친한 동료이자 친구가 되었다. 6600만 년 전의 충돌을 뒷받침하는 증거들이 쌓여 가는데도 회의론자들은 그 크레이터가 어디에 있는지 알아야 한다고 주장했다. 우리의 충돌설이 옳다면 어딘가에 크레이터가 존재해야 한다. 하지만 아무도 그것을 찾아내지 못했다.

특별히 강력해 보이는 증거는 하나 있었다. 나와 박사 학위 과정에서 함께 공부한 젊은 이탈리아 지질학자 산드로 몬타나리Sandro Montanari가 이탈리아에서 백악기와 신생대 제3기 경계를 나타내는 퇴적층에서 아주 작고 둥근 물체를 발견했다.

산드로는 그것을 소구체라고 불렀다. 얀도 스페인에서 소구체들을 찾았다. 그래서 우리는 그것을 설명하는 논문을 공동으로 발표했고, 그 후 그 설명은 정설이 되었다. 이 소구체들은 충돌 시 발생한 열에 의해 암석이 녹아 작은 물방울 형태가 된 것으로, 충돌의 여파로 크레이터에서 발사되듯이 날아올라 지구 대기를 벗어나서 발사체의 자유낙하 궤적을 따라 긴 여행을 한 후, 다시 지구 대기에 진입하여 지표면에 떨어진 것이다.[3] 이 소구체들은 거대한 충돌을 입증하는 강력한 증거였지만, 여전히 그 크레이터가 어디에 있는가라는 질문에는 답을 하지 못했다.

우리가 멕시코에 온 것은 드디어 크레이터의 후보지를 발견해 그 가능성을 조사하려는 것이었다.

밈브랄 탐사

6600만 년 전에 지구에 살았던 동식물 종의 절반 정도가 대멸종 때 사라졌다. 이 대멸종은 지구에서 생명 역사를 중단시킨 여섯 차례 멸종 중 가장 최근에 일어났는데, 지질학자들은 이 사건으로 백악기와 신생대 제3기 경계를 구분한다. 백악기와 신생대 제3기의 경계를 연구하는 일부 지질학자들과 마찬가지로 얀, 산드로와 나는 이 멸종이 거대한 충돌에서 비롯했다고 주장해 왔는데, 지질학자와 고생물학자 대부분은 이 주장을 전혀 좋아하지 않았다. 우리의 생각은 그들이 해 온 '동일과정론자uniformitarian' 교육과 완전히 대립되기 때문이었다.

동일과정론자 교육이란 무엇일까? 1830년대에 영국의 지질학자 찰스 라이엘Charles Lyell은 과거 지구에서 일어난 모든 변화가 매우 느리고 점진적이었다고 강력히 주장했다. 동일과정설이라 불리는 이 학설을 20세기까지 애지중지하며 모든 지질학자가 옹호했다. 우리의 이론은 동일과정설에 직접적 위협이 되었다. 2월의 그날에 우리와 함께한 박사 후 연구원 니컬라 스윈번Nicola Swinburne은 동일과정설에 대한 위협에 유난히 민감한 지질학자들이 있는 영국에서 박사 학위를 받았다. 그래서 스윈번은 놀라운 증거가 막 발견되려는 순간에도 충돌설에 회의적이었다.

시우다드빅토리아에서 남쪽으로 약 80킬로미터 떨어진 곳에서 좌회전하여 고속도로를 벗어났더니, 밈브랄 계곡Arroyo el Mimbral이라고 불리는 거의 말라 버린 계곡을 따라 거친 자갈밭이 나타났다. 이곳이 우리의 마지막 표적이었다. 몇 달 전 캘리포니아 대학 버클리 캠퍼스 도서관에서 나는 이 지역의 지질을 연구한 1936년도 책을 발견했는데, 그 책에는 밈브랄 계곡을 따라 이상한 모래층이 드러나 있다고 쓰여 있었다.[4] 그 모래층은 백악기 말기와 신생대 제3기 초기에 멕시코만의 바닥에 쌓인 심해 점토층에서 생겨난 후 융기해서 지표로 드러난 것이다. 그 모래층이 칙술루브 크레이터에서 분출해서 만들어진 것은 아닐까? 우리는 그럴 것이라고 확신에 찬 희망을 가졌다!

만약 우리가 정확하게 백악기와 신생대 제3기 경계에서 충돌 분출물층을 찾는다면, 가까이 있지만 깊이 묻혀 있는 칙술루브 크레이터가 정확하게 대멸종이 일어난 시대에 생겼으며 그것이 십수 년 동안 우리가 찾아 헤매던 바로 그 크레이터라는 사실을 입증하게 될 것이다. 충돌설을 지지하는 강력한 증거가 되는 것이다.

유카탄반도 표면에는 특별히 눈에 띄는 것이 없지만, 멕시코의 석유지질학자들이 수년 전에 미세한 중력 변화를 탐지하여 깊이 묻혀 있는 크레이터를 찾아냈다. 1981년 멕시코의 지질학자인 안토니오 카마르고자노게라Antonio Camargo-Zanoguera 와 그의 미국인 동료 글렌 펜필드Glen Penfield는 이 중력 변화가 약 1.6킬로미터 두께의 새 퇴적층에 덮인, 지름이 190킬로미터 되는 대충돌 크레이터에서 기인하는 것임을 명명백백하게 증명했다. 그러나 그들이 속한 회사인 페멕스Pemex는 이 발견을 발표하는 것을 허락하지 않았다. 1991년 캐나다의 대학원생인 앨런 힐더브랜드Alan Hildebrand는 카마르고자노게라와 펜필드가 발견한 결과에 대해 들었고, 결국 칙술루브가 충돌에 의해 생겼다는 해석을 함께 발표하도록 허가받았다.[5]

그들의 논문은 폭탄선언이었다! 이 크레이터는 아주아주 오래전에 생긴 두 크레이터를 제외하고는 가장 거대하며, 적어도 대멸종과 비슷한 연대에 형성된 것이다. 과연 정확하게 같은 연대일까? 이것이 십수 년을 찾아 헤매던 그 크레이터일까? 밈브랄 계곡을 따라 이어지는 울퉁불퉁한 길을 덜컹이며 가는 동안 해가 점점 기우는 것이 걱정되면서도 멸종이 일어난 바로 그 층에 충돌 분출물이 존재하리라는 희망을 가졌다. 하지만 무엇이 우리를 기다릴지는 상상할 수 없었다.

밈브랄 발견

모든 지질학자가 백악기와 신생대 제3기 경계를 찾는 방법을 아는 것은 아니다. 하지만 얀은 안다. 그는 조그마한 돋보기를 이용하여 퇴적층의 연대를 알려 주는 작은 미화석microfossil을 식별할 수 있다. 우리가 어떤 점토 노두露頭 앞에 멈

취 설 때마다 얀은 그것을 유심히 살폈다. 그러고는 "제3기의 맨 아랫부분으로 내려가는 중이야. 점점 그 경계와 가까워지고 있군"하고 알려 주었다. 점토층은 타마울리파스산맥Sierra de Tamaulipas의 산악지대에서 멀어질수록 서쪽으로 기우는 형상이라 우리는 점토층에서도 더 낮은 층에 닿기 위해 멀리 운전해야만 했다. 연점토로 이루어진 지형에서 예상할 수 있듯이, 언덕은 몇 군데 있었지만 노두는 거의 찾아볼 수 없어 우리는 점점 낙담하고 있었다.

그러다 우리는 그것을 보고야 말았다. 계곡의 반대편 말라버린 강바닥에 노출된 암석으로 이루어진 가파른 절벽이 장관을 이루고 있었다. 빽빽한 덤불이 길을 막았지만 400미터 남짓 더 가니 계곡을 가로질러 길이 나 있었다. 우리는 절벽을 향해 달리다시피 했다. 그 노두는 지난 50년 동안 내가 지질학자로서 본 것 중 가장 멋있었다.

이 글을 읽는 당신도 뭔가 극적인 일이 일어났다는 것을 바로 눈치챘으리라. 그 절벽의 바닥에서 얀이 백악기 말기 무렵에 존재했던 미화석을 찾았다. 절벽 꼭대기에는 아주 오래된 신생대 제3기의 미화석이 있었다. 그리고 그 중간에 1936년에 쓰인 책에 언급된 두꺼운 모래층이 놓여 있었다. 그것이 칙술루브 크레이터에서 분출한 것이라면, 그 크레이터는 바로 백

○ 1-1
놀라운 발견을 한 그날 저녁,
밈브랄 계곡에 있는 얀 스밋.

악기 말에 만들어진 것이다!

　모래는 지질학자들이 흔히 보는, 자연에서 가장 일반적인
퇴적물 중 하나이다. 그러나 이 모래층의 모래는 우리 중 누
구도 본 적이 없는 것이었다. 사방이 어둑어둑해지는 가운데
우리는 되도록 많은 것을 보려고 각자 흩어져 절벽 이곳저곳
을 기어올랐다. 그리고 각자가 무엇을 발견했는지 큰 소리로
외쳤다.

　그 모래층의 위아래에 있는 결 고운 점토층은 파도나 거센

해류가 없는 멕시코만의 깊고 조용한 바다 밑에서만 침전되어 생길 수 있다. 바다는 움직임이 거의 없이 고요하게 멈춰 있었을 것이다. 그러나 점토층 사이 모래층은 여러 방향으로 경사를 이루는 좁은 층들로 가득했다. 지질학자들은 이런 경사가 있는 층을 사층리斜層理라고 하는데, 사층리는 깊은 곳에서 빠른 해류가 있었음을 보여 준다. 모래층의 바닥 근처에는 격렬한 해류에 뜯기고 떠밀려 다닌 기저 점토층 덩어리들이 있었다. 멕시코만의 바닥에서 뭔가 심각한 일이 일어난 것이다!

니컬라가 우리에게 와서 자신이 찾은 것을 보라고 소리 질렀다. 그것은 미화석들로만 이루어진 깨끗한 모래층이었는데, 그 사이에 후추알만 한 소구체들이 흩어져 있었다. 우리는 그것을 니컬라층이라 부르면서 그 소구체들이 충돌에 의해 녹은 작은 방울들이었을 거라고 추정했는데, 나중에 실험으로 그 추정이 옳았음을 확인했다. 짙어지는 어둠 속에서도 우리는 소구체 안에서 아주 작은 거품을 볼 수 있었고, 그것이 바로 충돌 에너지에 의해 유카탄반도의 석회암에서 빠져나온 이산화탄소 때문이라고 추정했다. 석회암은 탄산칼슘CaCO₃으로 구성되어 열을 받으면 이산화탄소를 방출하는데, 이는 백악기와 신생대 제3기 경계에서 충돌이 있었다는 직접적 증거가 된다. 모래층의 맨 밑에는 녹지 않은 유카탄 석회암의 조각

들과 함께 기포들이 가득한 좀 더 큰 소구체가 빼곡했다. 그
것들은 충돌로 인해 대기 밖에서 수백 킬로미터를 여행하다
거기에 떨어진 것이다.

산드로는 우연찮게 위쪽에 튀어나온 모래층 밑바닥을 올려
다보았는데, 그곳은 나뭇조각들과 혼합되어 석화되어 있었다.
해저 바닥에 나무가 있을 리 없기에 그때는 신기하다고 여겼
는데, 나중에 그 나뭇조각들의 중요성을 이해하게 되었다. 자
세히 연구해 본 결과, 소구체들은 충돌 지점에서 발생한 거대
한 지진해일을 타고 날아와 밈브랄 지역에 떨어졌고, 해저를
끊임없이 변화시키며 당시의 멕시코 해안선을 파괴해 나갔다.
물을 한껏 머금은 해안의 퇴적물들은 다시 멕시코만의 깊은
곳으로 흘러들었다. 모래층에 있던 나뭇조각들은 지진해일로
인해 파괴된 해안의 숲에서 온 것이다. 모래층의 맨 윗부분은
작은 규모의 엇갈린 사층리를 포함하고 있었는데, 이는 만이
고요해지기 전에 지진해일의 여파로 여러 번 출렁거렸음을 보
여 준다.

이 흥미진진한 이야기가 우리가 발견한 가장 놀라운 노두
에 새겨져 있었다. 이것은 과학자들이 꿈꾸는 발견이자 좀처
럼 경험하기 힘든 그런 경이로움이었다.

빅 히스토리

밈브랄 노두의 중요성은 명백했으므로 산드로와 얀은 계획을 변경했고 그곳에서 며칠 더 캠핑하면서 암석들에 담긴 이야기를 깊이 이해하게 되었다. 버클리로 돌아온 우리는 전문 실험실을 가지고 있는 동료들에게 표본을 보냈고, 1992년 밈브랄 발견에 관해 중요한 논문을 발표했다.[6] 그다음 해에 우리는 두 번째 멕시코 탐사를 떠나서, 멕시코 지질학자들과 함께 백악기와 신생대 제3기 경계를 포함하는 주목할 만한 노두를 몇 군데 더 발견했다. 이 노두 하나하나는 충돌에 의한 대멸종의 본질에 관해 더 많은 이야기를 들려주었다.[7]

그 이후 우리는 각자 조금씩 다른 경로로 나아갔다. 산드로는 이탈리아로 돌아가 콜디지오코지질학관측소Geological Observatory of Coldigioco를 설립해, 그곳을 아펜니노산맥Apennine Mountains의 멋진 심해 석회암에 새겨진 다양한 지구 역사를 해석하는 전초기지로 삼았다. 얀은 백악기와 신생대 제3기 경계에 줄곧 매료되어 세계를 누비며 어떤 지질학자보다 많은 노두를 찾아 연구하여, 그 지구적 사건의 자세한 역사에 관해서 더 많은 정보를 꾸준히 찾아냈다. 얀이 그 경계에 새겨진 사건을 현미경을 통해 연구했다면, 나는 가능한 한 폭넓은 역사적 맥락에서 충돌과 대멸종을 이해하기 위해서 망원경을 이용해 더 멀리 보고자 했다.

나는 항상 모든 방면의 역사에 매료된다. 지질학자로서 나는 주 전공이 지구 역사이지만 대멸종 덕분에 생명 역사를 배울 기회가 있었고, 소행성이나 혜성의 대충돌 덕분에 우주 역사를 배울 기회가 있었다. 게다가 지질학은 나와 아내 밀리Milly를 지구의 여러 특이한 곳들로 이끌었는데, 그러면서 인류사에도 흥미를 가지게 되었다. 하지만 역사에 대한 관심은 꽤 오랫동안 취미 수준에 머물러 있었다.

결국 나는 모든 과거를 아우르는 관점을 견지한 일종의 다학제 간 분야 안에 이 모든 역사를 묶을 수 있지 않을까 고민하기 시작했다. 그러던 어느 날, 네덜란드의 생화학자이자 인류학자인 프레트 스피르Fred Spier에게서 편지 한 통을 받았는데, 거기에는 말 그대로 '빅 히스토리'에 대한 이야기가 적혀 있었다. 이 개념과 이름은 지극히 전문화된 대부분의 역사학자들과 거리를 두려고 했던 호주의 역사학자 데이비드 크리스천David Christian이 만들었다.

나는 특이할 정도로 다양한 것에 관심이 많은 버클리 캠퍼스의 대학원생 데이비드 시마부쿠로David Shimabukuro와 함께 버클리 캠퍼스에서 빅 히스토리에 관한 강좌를 개발했다. 그것은 내 평생 지적으로 가장 흥미로운 교육 경험이었다. 데이비드와 나는 많은 버클리 학생이 매우 좁은 분야의 전문가가 되는 데 만족하지만, 자신들이 배운 전문적 과정이 어떻게 통합되는지를 이해하고 싶어 하는 학생들도 있다는 사실을 알게 되었다. 나는 어떤 수업에서도 학생들이 빅 히스토리 수업에서만큼 신나 하는 것을 본 적이 없다. 그 학생들 중 한 명인 롤런드 새코Roland Saekow는 빅뱅에서부터 모든 역사를 확대·축소가 가능한 컴퓨터그래픽스 연대표로 만들어 보자고 제안했다. 롤런드와 데이비드와 나는 결국 마이크로소프트연구소Microsoft Research와 함께 '크로노줌ChronoZoom'을 개발했다. 크로노줌은 현재 온라인Chronozoom.com에 접속해서 이용할 수 있다.

우리는 강좌를 체계화하려면 빅 히스토리를 우주, 지구, 생명, 인류, 이 네 가지 영역으로 구분하는 것이 유용하다는 것을 깨달았다. 빅 히스토리 연구자들은 앞의 세 영역을 연구하는 과학과 네 번째 영역을 연구하는 인류학, 사회과학 사이에 존재하는 학문적 간극을 좁히는 것이 지극히 어렵다고 생각한다. 하지만 힘든 도전인 만큼 보상도 크다.

인간 현실

 강좌를 통해 우리는 '역사적 관점'을 발전시켜 인간이 놓인 현실을 더 잘 이해시키고자 노력했다. 역사적 관점이란 우리가 삶에서 부딪는 모든 것을 우주의 시작에서부터 오늘날에 이르는 빅 히스토리의 전 범위를 관통하는 역사 속에서 생각하는 습관을 의미한다. 우리는 역사적 관점이 인간 현실에 놀라운 통찰을 제공한다는 것을 알게 되었다.

 우선, 인간이 현실에서 마주치는 모든 것의 배경에는 물리와 화학이 있다. 궤도운동, 전자기학, 상대성이론, 양자역학, 화학결합 등과 같은 물리학의 위대한 발견들은 세상이 작동하는 방식과 그것을 통제하는 자연법칙에 대해 많은 이야기를 들려준다. 하지만 우리가 살고 있는 이 **특정한** 세상이 어떻게 존재하게 되었는지에 대해서는 거의 아무것도 알려 주지 않는다. 똑같은 물리·화학법칙들이 작용하는 다른 세상이 생길 수도 있었을 텐데 왜 지금 이런 세상이 존재하게 되었을까?

 마지막 장에서 보게 되겠지만, 역사는 우발적이어서 우연이 중요한 역할을 했다. 우주, 지구, 생명, 인류의 시대를 통틀어 수없이 많은 순간에, 얼마든지 역사는 우리 세계가 실제로 지나온 경로와 다른 경로를 밟을 수도 있었다. 그랬다면 우리는 전혀 다른 현실에서 살고 있을지도 모르는 일이며, 어쩌면 인간이 아예 존재하지 않을 수도 있다!

우리가 사는 바로 이 세상을 이해하기 위해서는 물리학과 화학을 넘어 지질학, 고생물학, 생물학, 고고학, 천문학, 우주론과 같은 **역사**과학을 살펴본 다음 인류사를 다룰 필요가 있다. 그러기 위해서는 역사과학자들과 역사학자들이 실제로 일어났던 특정한 역사를 어떻게 연구하는지 알아야 한다. 물리학자의 세계와 지질학자, 고고학자, 천문학자의 세계에 있는 차이를 이해하는 데는 벨기에 화가 르네 마그리트^{René} Magritte의 조금은 혼란스러운 그림을 생각해 보는 것이 도움이 될 수 있다.[8]

마그리트는 맨 위에 성이 있는 거대한 바위가 고요한 바다 위, 공중에 평화롭게 떠 있는 그림을 그렸다. 바위는 인간 현실의 일부이지만, 이 그림은 우리를 혼란스럽게 만든다. 우리는 바위가 공중에 뜨지 **못**한다는 사실을 알기 때문이다. 이것은 인간 현실의 일부가 **아니**다. 이 바위는 시속 11만 킬로미터 속도로 지구를 향해 돌진하는 소행성으로, 중력이 아래로 당김에 따라 가속을 받아 공기의 마찰에 의해 데워지면서 지구에 충돌하여, 거대한 크레이터를 만들기 바로 직전의 아주 짧은 순간만 그 위치에 놓인 것일 수 있다. 실제 바위의 이러한 움직임은 물리법칙으로 충분히 계산할 수 있다.

지질학자들도 떨어지는 바위와 관련하여 물리법칙을 활용하지만, 역사에서 중요했던 특별한 바위가 떨어진 특별한 사건에 더 관심을 갖는다. 1991년에 발견한 밉브랄 노두는 6600만 년 전 특별한 바위가 떨어진 시간이 생명 역사에서 특별한 사건인 대멸종이 일어난 시점과 정확하게 일치하기 때문에 중요하다. 말 그대로, 그 충돌과 대멸종이 없었다면 십중팔구 공룡이 지구상에서 여전히 가장 큰 동물일 테고, 포유류는 여전히 작을 것이며, 인간은 등장하지도 못했을 수 있다. 이것은 우리를 현재로 이끈, 불가능해 보이는 역사적 여정의 출발이자 가장 극적인 사례이다.

역사는 인간이 놓인 현실의 모든 부분과 관련이 있지만, 일반적으로 전문화된 역사는 우리의 전체 상황을 이해하는 데 도움이 되지 못한다. 빅 히스토리가 바로 우리에게 필요한 도구이다.

빅 히스토리와 인간 현실

지도나 인공위성에서 보는 아주 광대한 범위에서부터 확대 사진, 책, 조직도 또는 현미경으로 들여다본 아주 정밀한 범

○ 1-2

북아메리카의 야경을 찍은 인공위성 사진이 보여 주는 인간 현실.

위에 이르기까지 어디에서든 인간이 놓인 무수한 현실 상황의 사례를 볼 수 있다. 예컨대, 북아메리카의 야경을 찍은 인공위성 사진이 보여 주는 인간 현실과 그 사진 뒤에 숨은 모든 역사를 생각해 보라. 1억 8000만 년 전 아프리카가 떨어져나가면서 생긴 동쪽 해안선에서부터 서부로의 팽창, 물을 중심으로 분포된 인구(서쪽에 있는 마을과 도시의 인구가 훨씬 적다), 멕시코와 미국, 캐나다의 차이. 불빛의 분포에 담겨 있는 인간의 현재 모습. 정부, 산업과 상업, 과학과 기술, 대학, 군부대, 철도와 도로, 종교 단체, 수백만의 가족과 개인들. 이 모든 것에 자신만의 역사와 특성이 있다.

그렇다면 빅 히스토리 연구자는 인간 현실에 대한 연구를 어떤 방법으로 시작할까? 궁금한 것이 너무 많으므로, 과학자나 학자들이 일반적으로 고려하는 것보다 더 폭넓은 질문으로 정리하는 것이 한 가지 방법이다.

천문학자는 소행성이 지구로 충돌한 궤적을 계산하는 데 중력 법칙과 궤도 역학을 활용할 것이다. 하지만 빅 히스토리 연구자는 중력 자체가 언제 어떻게 존재하게 되었는지 알고 싶을 것이다. 중력은 늘 있었을까, 아니면 특정한 시간에 생겨 났을까?

지질학자들은 특정한 산맥의 기원과 같은 세세한 지질학적 역사에 집중하는 경향이 있다. 하지만 빅 히스토리에 이끌린 지질학자는 모든 산맥을 만들어 낸, 지구 역사 전체에 걸친 대륙이동을 이해하고 싶을 것이다. 대륙이동의 역사에서 인지할 수 있는 유형, 규칙, 주기, 혹은 우연성이 있었을까?

많은 생물학자들은 특정한 동물이나 식물의 복잡성을 이해하는 데 오랜 시간을 쓴다. 하지만 빅 히스토리 연구자는 왜 유기체들이 그렇게 복잡한지, 그리고 복잡성이 시간에 따라 발전하고 변화해 왔는지 이해하려 할 것이다. 새로운 성격의 복잡성은 역사적으로 특정한 순간에 출현한 것일까?

인류를 연구하는 대부분의 역사학자들은 오늘날 우리가 살고 있는 특정한 상황으로 인류를 이끈 우연한 사건에 관심이 있다. 하지만 빅 히스토리 연구자는 우연성의 본질을 이해하고 싶어 할 것이다. 마지막 장에서 그것을 시도해 보려 한다.

두 번째 접근법은 인간 현실의 어떤 특정한 특징 뒤에 있는 모든 역사를 이해하려고 하는 것이다. 네덜란드의 빅 히스토리 연구자인 에스터르 크바에다커르스Esther Quaedackers는 이 접근법의 선구자로, 그는 이와 같은 연구를 '작은 빅 히스토리'라고 부른다. 거의 모든 것이 작은 빅 히스토리의 주제가 될 수 있다. 예컨대 유리잔도 가능하다. 유리잔에는 여러 종류가 있다. 둥글거나 네모나거나, 깊고 가늘거나 얕고 넓거나, 포도주 잔처럼 손잡이가 있거나 없거나, 장식이 있거나 없거나, 투명하거나 색이 있거나. 언제, 어디서, 그리고 왜 이 같은 유리잔이 등장했을까? 언제 어디서 사람들은 유리 만드는 것을 배웠을까? 유리의 원재료인 석영 모래가 어떻게 지구에 모이게 되었을까? 석영은 규소와 산소로 이루어졌는데, 단지 수소와 헬륨만으로 시작한 우주에서 언제 어떻게 이것들이 나타났을까?

알프스와 같은 산맥을 이해해 표현하려는 시도는 좀 더 까다로운 작은 빅 히스토리라고 할 수 있다. 알프스산맥이 인류사에 어떤 영향을 끼쳤을까? 만약 이탈리아와 독일 사이에 평평한 땅만 있었다면 인류사가 달라졌을까? 마터호른과 같은 알프스의 특징적인 지형이 언제 어떻게 생겨났을까? 왜 산맥이 그곳에 존재할까. 대륙이동의 역사와 관계있을까? 알프스 암석의 복잡한 모양은 언제 어떻게 만들어졌을까? 이 암석들을 구성하는 특정 원소들을 지구에 있게 한 역사적 사건은 무엇일까?

또는, 어떻게 라틴민족의 특정 후손이 이베리아반도와 라틴 아메리카 대부분을 지배하게 되었는지 생각하면서, 스페인어와 같이 영향력 있는 언어에 관한 작은 빅 히스토리를 생각해 볼 수 있을 것이다. 지리적 원인이 있었을까? 그렇다면 그 배경에 있는 지리학적인 역사는 무엇일까? 언어 자체는 언제 어떻게 생겨났을까? 또 어떤 해부학적 특징 때문에 인간만 복잡한 언어를 구사하게 되었을까? 지난 천 년 동안 펼쳐진 인류사에 특정 언어의 지배적 위치가 어떤 영향을 주었을까?

이 책에는 폭넓은 질문과 작은 빅 히스토리의 예들이 있다. 나는 지구 역사를 연구하는 사람이다. 그래서 인간 현실의 역사를 매우 광범위하면서도 구체적으로 기술하기보다는, 지질학자의 관점에서 인류가 놓인 조건을 보려고 한다. 나와 같은 사람들은 항상 우리 지구, 즉 지구의 깊은 내부, 표면의 양상,

해양과 대기에 대해 먼저 생각한다. 이것이 빅 히스토리나 인간 현실을 이해하려는 사람들 사이에서 일반적이지는 않지만 우리 세상을 생각하는 새로운 방법을 제공한다는 점에서 아마도 신선할 것이다.

그러므로 어떻게 우주 역사에서 우리가 살고 있는 행성과 태양계가 생겨났는지 짧게 서술하면서 시작하고자 한다. 그런 다음 좀 더 주의 깊게 지구와 지구에 있는 매우 다양한 동물과 식물에 집중할 것이다. 마지막으로 인류의 기본적인 몇 가지 특성과, 지구가 어떤 환경을 만들었기에 그 특성들이 나타나게 되었는지 생각해 볼 것이다.

우주

2장

빅뱅에서
지구까지

'경이로움'의 의미

인간 현실은 절대적으로 거대한 우주에 우리 인간이 살고 있다는 사실에서 시작된다. 우주의 규모를 측정할 수는 있지만, 우리가 진정으로 이해하는 방식으로 그 규모를 표현할 수 있는 단어는 존재하지 않는다. 하늘에서 으뜸이고 우리에게 생명을 주는 태양도 사실은 극히 평범하고 흔한 하나의 별일 뿐이다. 우리의 별 태양은 은하수라 불리는 우리은하에 속하는 수많은 별 중 하나에 지나지 않는다. 우리은하 자체도 가장 성능 좋은 망원경으로 볼 수 있는 가장 먼 곳에 사방으로 뻗어 있는 수많은 은하 중 별로 특별하지 않은 평범한 하나의 은하일 뿐이다.

전 지구에 걸쳐 문명을 이룩한 인간의 모든 역사는 이 행성 위에서만 중요하지, 우주의 맥락에서는 완전히 무시할 만하다.[1] 우리는 이런 거역할 수 없는 깨달음에서 겸손하게 빅 히스토리 탐험을 시작해야 한다. 하지만 이렇게 미미한 작은 지구에서 인간에까지 이른 역사가 얼마나 매혹적인지 이 탐험에서 발견하게 될 것이다.

숫자를 이용해 말하면, 우리은하는 약 100,000,000,000(1000억)개의 별이 있는, 약 100,000,000,000(역시 1000억)개의 은하 중 하나이다. 과학자들은 이 숫자에 있는 0의 개수를 나타내기 위해 지수를 이용하는데, 대략 10^{11}개의 은하가 있고, 각각의 은하가 다시 약 10^{11}개의 별을 가지므로, 결국 우주에는 약 10^{22}개의 별이 있는 셈이다. 지수 표현은 간략하고 계산하기도 편하지만, 우리 태양이 약 10,000,000,000,000,000,000,000개의 별 중 하나일 뿐이라는 무서운 사실을 모호하게 만든다.

사람들은 흔히 어떤 음악가나 농구선수를 가리켜 '경이롭다'고 말한다. 이 얼마나 어리석은 오용인가! 진정으로 경이로움을 느끼고 싶다면 10,000,000,000,000,000,000,000개의 별, 그리고 적어도 그 정도의 행성을 거느린 우주를 생각해 보라.

그러면 진정으로 경이로운 이 우주가 무엇을 위해, 왜 존재하는가라는 질문을 절로 하게 된다. 이 질문은 심오하지만 과학이 답할 수 있는 것은 아니다. 사실 과학자들은 자연이 지닌 목적을 알아차릴 수 없기 때문에 이 질문이 불편하다. 그렇지만 우주가 언제 존재하게 되었는지, 그리고 어떻게 현재의 상태로 진화했는지 질문할 수는 있다. 그리고 이제는 이 질문들에 답을 조금 할 수 있는데, 이는 지난 수십 년 동안 천문학자들과 우주론학자들이 우주 역사를 기본적으로는 이해하게 되었기 때문이다.

50년 전만 해도 천문학자들과 우주론학자들은 정상우주론자들이 말하듯 우주가 변함없이 거의 현재와 같은 모습으로 존재해 왔는지, 아니면 빅뱅이라 일컫는 최초의 순간에 시작되었는지를 놓고 치열하게 논쟁했다. 정상우주론에서는 우주가 늘 같은 모습이기 때문에 역사라는 것이 딱히 존재하지 않는다. 하지만 빅뱅 우주는 역사적 사건이다. 지금은 우주가 빅뱅에서 시작했고, 역사, 그것도 가장 매혹적인 역사를 지닌다는 데 의심의 여지가 없다.

우주 역사는 빅 히스토리에서 첫 번째 주제인데, 여기서 생소한 의문에 직면하게 된다. 평범한 한 은하에서 특별할 것도 없는 별 하나를 공전하는 한 행성에 살고 있는 인간에게 보금자리를 제공할 요량으로, 외경심을 불러일으킬 정도로 수많은 별을 포함한 우주가 생겨났다고 생각하는 것은 분명 터무니없는 생각이다. 하지만 빅 히스토리의 목적은 인류사를 전체적인 맥락에서 보는 것이다. 인간의 편협한 견해에서 보자면 우주의 모든 역사는 서막에 해당된다. 그러므로 인류사가

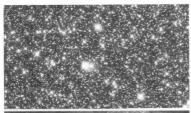

O 2-1

점점 넓게 본
우주의 경이로운 규모.

위
궁수자리 별 구름. 은하수 내에
있는 조밀한 성단이다.

가운데
남쪽 바람개비 은하. 우리은하와
비슷한 외딴 은하이다.

아래
허블 울트라 디프 필드Hubble Ultra
Deep Field. 우주에서 극히 작은 영
역으로, 사진에 있는 밝은 점은
모두 아주 멀리 있는 은하들이다.

펼쳐지도록 무대를 준비해 준 우주 역사에 대한 지식이 없이
는 인간 현실을 이해할 수 없다. 따라서 모순된 두 가지 관점
을 견지할 필요가 있다. 우주적 견지에서 인간은 전혀 중요하
지 않지만, 우리 인간의 관점에서는 우주 역사가 우리의 유산
인 것이다.

먼저 빅뱅의 발견에서 시작해 볼 텐데, 나는 좀 색다르게 노

새 마부로서 생계를 꾸렸던 한 젊은이에게 주목해서 이야기를 풀어 볼까 한다.

노새 마부의 발견

빅뱅에 대한 이야기는 무수히 회자되는데, 대체로 천문학자인 에드윈 허블Edwin Hubble로 시작한다. 내가 볼 때 허블은 우주망원경에 그 이름을 쓸 정도로 충분히 인정받았다. 그래서 여기서는 다른 사람, 열네 살에 학교를 그만두고 노새 무리를 끄는 마부가 된 뒤로는 정규교육을 받지 못한 소년의 이야기로 시작하겠다.

그의 이름은 밀턴 휴메이슨Milton Humason으로 그는 에드윈 허블이 태어나고 2년 후인 1891년에 미네소타주에서 태어났다.[2] 로스앤젤레스에 위치한 작은 마을에서 여름 캠프를 하는 동안 윌슨산을 사랑하게 된 그는 학교를 그만두고 그곳에서 노새 마부가 되었다. 트럭 운송이 중요해지기 전이던 그 시대에는 운송에 노새를 이용했다.

오늘날 로스앤젤레스의 스모그 주범은 기온역전층인데 역전층 **위쪽**의 공기는 매우 안정적이어서 망원경을 이용한 천문학 관측에 이상적이다. 이 역전층 위쪽에 있는 윌슨산에 2.5

미터 되는 거대한 망원경이 설치되고 있었다. 그것은 1917년에 완공되어, 그 후 30년 동안은 당대 최고의 천문학 기기가될 터였다. 휴메이슨은 앞으로 무슨 일이 기다리는지 상상도하지 못한 채 천문대 공사에 쓸 목재를 산꼭대기로 운반하는일에 노새 무리와 함께 고용되었다.

목재를 운반하는 동안 휴메이슨은 천문대 주임 기술자의딸인 헬렌 다우드Helen Dowd와 사랑에 빠졌다. 둘은 결혼했고, 2년 뒤에 휴메이슨은 천문대 수위라는 대단찮은 직업을 가지게 되었다. 천문학자들이 하는 일에 매료된 휴메이슨은 망원경으로 얻은 사진 건판을 현상하는 야간 조교들을 자진해서도왔다. 그러다 자신도 야간 조교가 되었다. 휴메이슨이 필요한 전문 기술을 금방 습득하자 천문대장이던 조지 엘러리 헤일George Ellery Hale은 1919년에 그를 상임 직원으로 뽑았다. 이는고등학교 중퇴자에게서는 들어 본 적이 없는 출세였지만, 헤일의 판단이 옳았다는 것이 곧 증명되었다.

2.5미터 망원경이 완공되기 2년 전인 1915년, 알베르트 아인슈타인Albert Einstein이 일반상대성이론에 관한 책을 출판했다. 행성, 별, 은하와 같이 무거운 물체들은 시공간을 왜곡시킨다는 아인슈타인의 개념은 중력을 이해하는 데 여전히 기본이 되지만, 그가 제안한 우주의 모습은 우리가 지금 이해하

는 것과는 다르다. 오늘날에는 수수께끼처럼 보이지만, 아인슈타인은 우주가 정적이고 변하지 않는다고 확신했다. 우주는 팽창하지도 수축하지도 않으며 모든 별은 제자리에 정지해 있다고 믿은 것이다.[3]

어느 망원경보다 멀리 볼 수 있는 가장 강력한 천문학 기기로서, 2.5미터 망원경이 있는 윌슨산은 우주가 정지해 있는지 확인할 수 있는 곳이었다. 허블이 바로 그 일을 할 사람이었다. 하지만 어느 모로 보나 그는 능숙한 관측자가 아니었으며, 혼자서는 필요한 관측을 할 줄도 몰랐다. 다행스럽게도 그는 휴메이슨과 함께 일했다.

휴메이슨과 허블의 발견은 우주에 대한 인간의 이해를 근본적으로 바꾸었다. 밤마다 휴메이슨은 그 거대한 망원경으로 우리은하 저 너머에 있는 다른 은하들을 관측해서, 그 은하들이 얼마나 빠르게 우리한테 다가오거나 우리로부터 멀어지는지 (은하들이 내놓는 빛스펙트럼의 흡수선에서 '적색편이'가 얼마나 나타나는지를 근거로) 측정하여, 그 은하들이 얼마나 멀리 떨어져 있는지 계산했다. 사실 은하까지의 거리를 정밀하게 측정하는 일은 굉장히 어렵다. 관측된 스펙트럼선은 가장 가까운 은하들을 제외한 모든 은하가 우리로부터 멀어지고 있다는 사실을, 그리고 멀리 있는 은하일수록 더 빨리 멀어진다는 사실을 보여 주었다. 이렇게 말하면 우리가 모든 것의 중심에 있는 것 같지만, 만약 우주가 팽창하고 있다면 모든 은하에 있는 모든 천문학자는 같은 것을 볼 것이다. 그리고 이것이 정말로 일어나고 있는 일이다.

이 발견을 허블 팽창이라 하고 은하의 거리에 대한 후퇴속도의 비를 허블 상수라 부르는데, 이는 허블이 1929년에 발표한 논문에 자신의 이름만 올렸기 때문이다. 하지만 이 발견은 명백히 공동 연구의 결과이다. 1929년 허블이 발표한 논문 바로 직전에, 미국국립과학원 회보에 실린 휴메이슨의 논문에서 우리은하 근처에 있는 은하들을 이용하여 더 멀리 있는 은하가 더 높은 후퇴속도를 낸다는 것을 발표했기 때문이다. 나는 천문학자들이 이 발견을 허블-휴메이슨 팽창, 그리고 상수는 허블-휴메이슨 상수라고 불러야 한다고 생각한다.

팽창하는 우주에서는 시간을 과거로 돌린다면 은하들이 서로 점점 더 가까워져서 모든 은하와 은하들 사이의 공간이 하나의 작은 점 안으로 들어갈 수 있게 될 것이다. 이것이 약 138억 년 전에 일어난 빅뱅의 순간이다. 우리에게 친숙한 폭발과는 다르지만, 보통 빅뱅은 폭발로 묘사된다. 그것은 폭죽이나 채석장 폭파와 같이 공간 **안에서** 일어나는 폭발이 아니라 공간과 물질, 시간**의** 폭발이다. 이들 공간, 물질, 시간은 폭발이 일어나기 이전에는 존재하지 않았다. 이는 바로 물리학자와 우주론학자들이 시간을 포함한 모든 것의 시작에 대해 현재 가지고 있는 시각이다. 물론 이 설명을 직관적으로 이해하기란 쉽지 않다. 하지만 하버드 대학의 우주론학자인 리사 랜들Lisa Randall이 언젠가 내게 말했듯이, 맨 처음에 무엇이 일어났는지 우리는 정말 **알지** 못한다.

팽창하는 우주는 의심의 여지없이 가장 위대한 과학적 발견 중 하나이기에, 더 이상 휴메이슨을 고등학교를 중퇴한 젊은 날의 노새 마부나 천문대 수위로 생각하지 말아야 하며, 그를 진정으로 위대한 과학자로 기억해야 한다. 그리고 사실, 그는 1950년에 스웨덴의 룬드 대학에서 명예박사 학위를 받음으로써 휴메이슨 **박사**가 되었다. 젊은 과학자의 촉망되는 초기 연구에 대한 포상이 보통의 박사 학위라면, 생애에 걸쳐 이룬 위대한 업적을 기리기 위해 나이 든 과학자에게 주어지는 포상이 명예박사 학위이다. 휴메이슨이 받은 박사 학위보다 더 가치 있는 것은 아마도 없을 것이다. 긴 논쟁이 있었지만, 우주는 영원하지 않고 수명이 유한하며 역사를 **가진다**는 사실을 마침내 증명한 것은 허블뿐 아니라 휴메이슨의 작품이기 때문이다.

ㅇ 2-2

윌슨산 천문대에서 허블과 함께 우주의 팽창을 발견한 휴메이슨.

지질학과 빅뱅

우주에서 보잘것없는 작은 점과 같은 지구의 역사가 빅뱅이나 전 우주적 역사에 대해 우리에게 무엇을 이야기해 줄 수 있을까? 알고 보면 꽤 많다.

우주 팽창의 발견에 대해서는, 주로 허블을 유일한 영웅으로 기술하고 가끔은 좀 더 세세한 내용이 포함되지만, 대체로 내가 앞서 기술한 것과 비슷하다. 하지만 이 이야기는 훨씬 더 복잡하고 흥미롭다. 천문학자들은 팽창과 그로부터 추론되는 빅뱅을 쉽게 받아들이지 않았는데, 이는 실수와 조정을 거치면서 나아가는 전형적인 과학의 과정이다.

멀리 떨어진 은하의 거리를 측정하거나 추정하는 것은 휴메이슨과 허블에게 극히 어려운 일이었다. 매우 가까운 별들에 대해서만 시차를 측정함으로써 거리를 직접 결정할 수 있다. 지구가 태양 주위를 공전하는 동안 가까운 별들이 더 멀리 떨어져 있는 배경 별들에 대해서 움직인 것처럼 보이는데 별이 움직인 이 각도가 시차다. 더 멀리 있는 별들과 은하들의 거리를 측정하기 위해서, 천문학자들은 (예스럽게 표준 촛불이라 명명한) 실제 밝기를 알고 있는 천체들의 겉보기 밝기를 측정한다. 이것은 밤을 밝히는 가로등의 겉보기 밝기를 이용해 그 마을이 얼마나 떨어져 있는지 추정할 수 있는 것과 같다. 우주의 규모는 너무 광대해서 천문학자들은 거리가 다른 여러 곳에서 빛나는 일련의 표준 촛불을 찾고, 함께 엮어서 '우주 거리 사다리cosmic distance ladder'를 만들었다. 이 사다리의 모든 단계에는 불확실성이 존재하며 먼 거리일수록 각 단계의 불확실성이 합쳐지므로 1920년대 말, 휴메이슨과 허블이 일했던 시기에는 먼 은하들까지의 거리가 극히 불확실했다.

오늘날 우리는 휴메이슨과 허블이 계산한 먼 은하들의 거리에 심각한 오류가 있음을 안다. 두 사람은 그 거리를 일곱 배나 짧게 계산했고, 이는 우주 역사를 이해하는 데, 그리고 우주가 어떤 역사를 **가지는**지에 대해 심각한 오류를 초래했다. 그들이 측정한 은하들이 멀어지는 속도와 거리를 이용하면 우리가 빅뱅이라 일컫는, 모든 은하가 단단하게 묶여 있던 시점을 계산할 수 있었다.

여기에 문제가 있었다.[4] 거리를 부정확하게 쟀기 때문에 그들은 우주가 겨우 20억 년 전에 시작되었다고 잘못 계산한 것이다. 이것은 너무나도 짧은 시간이다. 1930년대에 지질학자들은 광물에 포함된 방사성물질을 이용해 지구 나이를 약 16억 년에서 30억 년 사이로 추정하고 있었다.[5] 그러므로 이 20억 년이라는 우주 나이는 우주 역사 안에 지구 역사를 포함시키기에는 전혀 충분한 시간이 아니었다!

뭔가 심각하게 잘못되었고, 지질학자들이 계산한 지구 나이를 천문학자들이 아주 심각하게 받아들인 것이 분명하다. 우주보다 지구가 더 나이가 많다는 문제는 너무 위험해서 현재 우리가 우주 팽창의 발견자로 신성시하는 허블은 몇 년 지나지 않아 자신의 팽창 이론을 믿지 않게 되었다! 1935년부터 죽음을 맞은 1953년까지, 허블은 먼 은하들에서 관측되는 적색편이는 은하들이 우리로부터 멀어지기 때문이 아니라 우리가 이해하지 못하는 현상에 기인한 것이라고 주장했다. 현대 천문학과 우주론의 근본적 기초가 되는 사실을 그것의 발견자가 부인하고 말다니, 이 얼마나 아이러니한 일인가!**6**

이 난제에 대응하여 회의적 우주론학자들은 빅뱅의 대안으로 정상우주론을 고안했다. 그들에 따르면 우주는 실제로 팽창하지만 새로운 물질이 만들어져 팽창으로 생긴 공간을 계속해서 채우기 때문에, 우주 나이는 매우 많거나 무한하다는 것이다. 오늘날에는 무엇이 문제인지 알기 때문에 정상우주론은 그저 일종의 흥밋거리에 지나지 않는다. 이 문제의 해결책은 새로운 물질이 끊임없이 생성된다는 주장에 비하면 전혀 흥미롭지 않다. 그 답은 단순하게도, 처음에 측정한 거리가 잘못되었다는 것이다. 1960년대에 이르러 성능 좋은 망원경들과 향상된 우주 거리 사다리가 만들어져서 먼 은하들이 휴메이슨과 허블이 생각한 것보다 일곱 배 더 멀리 있다는 사실이 밝혀졌다. 이는 우주 나이가 100억 년이나 그보다 더 많다는 것을 의미하고, 결국 우주가 지구보다 나이가 많다는 데 안도하게 되었다.

게다가 빅뱅을 증명하는 새로운 증거들이 있다. 우주 나이가 38만 년일 때 방출된 빛이 전파 신호인 우주배경복사로 관측되는 것이 한 가지 증거이며, 우주에서 가장 가벼운 두 원소인 수소와 헬륨의 비율 역시 빅뱅 이론에서 예측한 값과 일치한다는 것이 또 한 가지 증거이다. 그리고 실제로 유럽우주국의 플랑크 위성이 관측한 자료로 구한, 현재로서는 가장 정밀한 우주 나이는 138억 년으로, 지구 나이가 45억 년이 되기에 충분한 시간이다.

비록 거리 측정에서 실수가 있었지만, 허블과 휴메이슨의 연구는 빅뱅 이론과 현재 우리가 우주 역사에 대해 알고 있는 모든 것을 구축한 거대한 진전을 이루었다.[7] 생물학자가 진화라는 개념을 제외하고 생명의 역사를 이해할 수 없듯이, 지질학자가 판구조론을 모르고 지구 역사를 이해할 수는 없으며, 천문학자는 빅뱅 이론 없이 우주 역사를 이해할 수 없다.

단 여섯 개의 수

비록 빅뱅이 일어난 바로 그 순간을 확실하게 관측할 수는 없지만, 우주론학자들은 매우 작은 점과 같은 초기 우주에 존재했던 물질의 온도와 상태를 계산할 수 있다. 이 책에서 초기 우주를 세세히 탐험하지는 않겠지만, 빅뱅의 존재에 함축된 심오한 비밀을 이해할 필요는 있다. 그 비밀은 인간 현실을 구성하는 핵심이며 밤하늘에 있는 모든 것, 우리가 살고 있는 행성의 지질학적인 모든 면, 인간을 포함하여 살아 있는 모든 유기체, 그리고 지능적이고 소통할 줄 알며 도구를 제작하는 영장류의 한 종인 우리에 관한 모든 것의 배후이다.

만약 현재 우주를 지배하는 물리법칙, 물질 종류, 또는 기본상수 들이 달랐더라면 인간이 처한 현실 중 어떤 양상도 지금과 같지 않을 것이다. 이러한 조건들 중 하나라도 현재의 값과 조금만 달랐다면 우주는 지금과 완전히 다르거나 아예 존재하지 않을 수도 있다. 다행스럽게도 이 조건들이 핵융합을 가능하게 했기 때문에 우리 태양은 생명이 진화할 수 있을 정도로 오랫동안 천천히 탔다. 핵융합을 통해 가벼운 원자핵들을 묶어서 더 무거운 원자핵을 만드는 과정에서 태양은 어마어마한 양의 에너지를 천천히 방출한다. 핵융합의 첫 번째 단계에서 수소 원자핵들을 융합해서 헬륨 핵을 만들고, 점점 더 무거운 원자핵들을 만들다가 마지막에는 철의 원자핵까지 만들게 된다.

원소들이 존재하고, 그 원소들이 화학적으로 결합하여 광물과 암석, 그리고 생물학적으로 활발한 분자들을 구성하고, 태양에서 일어나는 핵융합으로 방출되는 열이 지구를 데우기 때문에 우리의 행성 지구와, 인간을 포함한 모든 살아 있는 유기체가 존재할 수 있다.

그렇다면 이러한 물리법칙, 물질 종류, 기본상수 들이 언제 어떻게 존재하게 되었을까? 아주 멀리 떨어져 있어서 빅뱅 직후의 모습을 볼 수 있는 은하에서 방출되어 우리에게 도착한 빛이 가까이에 있는 별에서 방출된 빛과 습성이 똑같다는 사실은 물리법칙, 물질 종류, 기본상수 들이 빅뱅 직후에 형성되었음을 명백하게 보여 준다. 우주론학자들이 이 매개변수들을 이용하여 빅뱅의 아주 초기까지 설명하는 그럴싸한 시나리오를 구성할 수 있으니, 이 매개변수들은 거의 처음 단계에서 이미 결정된 것으로 보인다. 이 기본적인 매개변수들이 우주의 구조를 어떻게 고정해 놓았기에 모든 전자가 어디서나 똑같은 방식으로 작용하는 것일까? 그 답은 아무도 모른다.

그리고 이 매개변수들이 어쩌다가 지금의 그 값들을 갖게 되었을까? 영국 천문학자 마틴 리스Martin Rees는 인간이 처한 현실에서 이 질문의 답을 찾고자 『여섯 개의 수』라는 짧지만 매우 중요한 책을 집필했다.8 리스는 맨 처음부터 우주의 구조를 구성하는 데 중심이 된 여섯 개의 기본상수를 탐험했다. 그는 현재의 물리학으로 이 값들을 설명할 방법이 없고, 이들 값 중 하나라도 미세하게 다른 값을 가졌더라면 우주는 극단적으로 달라졌을 것이며 어쩌면 우리 인간을 위한 곳은 없었을 수도 있다고 했다. 리스의 여섯 개의 수 중 하나만 잠시 살펴보자.

1장에서 소행성들은 엄청난 속도로 하늘에서 떨어져 거대한 크레이터를 만들 수는 있지만 왜 바다 위에 평화롭게 떠 있지는 못하는지 설명하면서 중력이 인간 현실을 지배하는 근본적인 요소임을 설명했다. 소행성을 구성하는 암석들은 전기력에 의해 서로 묶여 있다. 리스는 전기력이 중력보다 10^{36} 배 더 강하다는 것을 지적한다. 전기력이 중력보다 어느 정도로 강한지 느끼기 위해 이 비율을 다시 쓰면, 1,000,000,000,000,000,000,000,000,000,000,000,000이다. 우리가 중력은 늘 느껴도 전기력은 잘 느끼지 못한다는 사실을 생각하면 이 수치는 매우 이상해 보인다. 그 이유는 양전기와 음전기는 서로를 상쇄하지만, 중력은 잡아당기는 힘만 있고 우주적 규모에서 작용하기 때문이다.

만약 이 차이가 그다지 크지 않아서, 중력이 우리가 느끼는 것보다 훨씬 크다고 가정해 보자. 이 경우에는 별들이 훨씬 작고, 훨씬 많으며, 서로 훨씬 가까이 있을 것이다. 그러면 우리와 같은 행성계는 안정되지 않을 것이며, 별들은 빠르게 타 버릴 것이기 때문에 생명이 진화하기에는 시간이 충분하지 않을 것이다. 반대로 지금보다 약한 중력에서는 우리가 현재 살고 있는 우주보다 더 복잡하고 현재와는 많이 다른 우주가 될 것이다. 리스가 제시한 여섯 개의 수 중 어느 하나에라도 작은 변화가 있을 때 그 효과가 어떠할지에 대한 그의 설명을 읽고 있자면, 인간 현실이 마치 불가능이라는 칼날 위에서 중심을 잡고 있다는 강렬한 느낌이 엄습한다. 이것이 바로 이 책의 중심 주제이기도 하다.

암흑시대와 별빛 시대

되돌려 생각해 보면, 우주는 막다른 길목에 있었던 것 같다. 우주는 공간 **안**에서가 아니라 모든 공간을 **포함하는** 빅뱅이라고 하는 어마어마하게 뜨겁고 무한히 작은 점에서 신비롭게 시작했다. 시간이 생긴 이후 처음 3분 동안, '급팽창'의 시기까지 포함해서 우주는 빠르게 팽창하면서 식어 갔고, 현대의 입자물리학에서 이해하고 계산할 수 있는 방식을 따라, 모든 기본입자가 생겨나서 다른 형태의 입자로 바뀌어 갔다. 그리고 종국에는 오늘날 존재하는 보통 물질들로 안정화되었다.[9]

보통 물질 중 지배적인 것은 양성자였다. 나중에는 우주가 충분히 식어서 전자들이 양성자와 결합하여 수소 원자를 만들게 되지만, 그 전에는 양성자를 수소 원자핵이라 생각할 수 있다. 짧은 순간 동안 온도가 충분히 높아서 양성자 일부가

융합하여 헬륨을 만들었다. 하지만 우주가 팽창하면서 식기 때문에 단지 25퍼센트의 양성자들만이 헬륨 핵으로 전환된 후 핵융합 과정이 멈추게 된다. 이 과정으로 빅뱅이 끝났을 때 우주의 구성 성분이 결정되었다. 냉각이 계속되어 핵과 전자들이 결합하여 원소를 이루었으므로 결국 약 75퍼센트의 수소와 25퍼센트의 헬륨, 그다음으로 무거운 원소인 리튬이 아주 조금 생겨났다.[10] 그 외의 원소는 만들어지지 않았다. 이 화학 조성으로는 지구와 같은 암석질의 행성이나 생명을 만들 수 없다!

빅뱅 당시에는 매우 높았던 물질 밀도가 점점 낮아짐에 따라, 희박해지는 수소와 헬륨의 혼합물밖에는 아무것도 없었기 때문에 마치 역사의 끝으로 향해 가는 것처럼 보였을 것이다. 아직 별이 존재하지 않아서 우주는 천문학자들이 말하는 이른바 암흑시대로 접어들었다. 하지만 당연히 역사의 끝은 아니었다. 암석질의 지구에서, 생명을 주는 태양 빛 속에 푹 잠긴 우리가 여기 있으니 말이다. 그렇다면 무슨 일이 있었던 것일까?

우리에게는 다행스럽게도 자연은 우리의 세상을 가능하게 한 놀라운 마술을 세 차례 부렸다. 첫 번째는 별을 만든 것이고, 두 번째는 별 내부에서 새로운 원소들을 융합한 것, 그리고 세 번째는 그중 일부의 별을 폭발시킨 것이다. 별의 폭발은 새롭게 생겨난 원소를 내보내, 젊은 별의 일부를 이루게 하고 암석질의 행성들을 만들게 했다.

첫 번째 마술을 살펴보면, 빅뱅으로 시작한 우주 팽창을 중력이 점점 느리게 만들었다. 우주 급팽창은 거의 균일한 상태였던 초기 우주에 존재했던 아주 미세한 밀도 요동을 증폭하여 밀도 분포에 큰 차이를 만들었다. 암흑시대 동안 중력은 밀도가 높은 영역을 잡아당겨 더욱 밀도가 높은 곳으로 만들고, 마침내 은하들을 만들었다.[11]

이들 원시은하 내에는 밀도가 더 높은 영역이 존재하고, 그 영역에서는 끌어당기는 중력 때문에 밀도가 더욱더 높아지면서 별이 만들어진다. 처음 생겨난 이 별들은 충분히 밀도가 높아서 핵융합이 일어나 빛나기 시작한다. 암흑시대는 막을 내렸고, 별빛 시대가 시작되었다. 그리고 별빛 시대가 계속되어 오늘날 10,000,000,000,000,000,000,000개의 별이 있는 우주가 인간 현실이 된 것이다.

매우 초기에 만들어진 별들 주위에는 목성과 같은 기체형 행성들이 존재했을 수는 있지만 지구와 같은 암석형 행성은 존재하지 못했을 것이다. 기억하겠지만 우주를 이루는 물질은 대부분 수소이고 그다음으로 헬륨이 25퍼센트를 차지하며,

기본적으로 다른 물질은 존재하지 않는 상태였기 때문이다. 즉 암석을 만드는 데 필요한 원소들인 마그네슘, 철, 규소, 산소가 존재하지 않았다.

두 번째 마술은 새로운 원소의 핵을 합성하기 때문에 핵합성이라 불린다. 중세의 연금술사들은 납과 같은 흔한 금속으로 금을 합성하려고 부단히 노력했지만, 전혀 성공하지 못했다![12] 연금술사들은 허술한 실험실에서 작은 불꽃을 이용하여 **화학**반응을 유발할 수 있었다. 이 화학반응은 우리가 부엌에서 가스레인지 위에서 하는 것과 비슷한 방법으로, 한 원소에 있는 원자들이 다른 원소의 원자들과 결합하는 방법을 바꾸는 것일 뿐 원소 자체는 변하지 않았다.

화학반응은 원자의 외각에서 돌며 느슨하게 묶여 있는 전자들과 관련이 있다. 하지만 전자구름의 한가운데에 숨은 작은 원자핵은 연금술사들이 했던 어떤 공격에도 전혀 휘둘리지 않았다. 만약 우주가 연금술사의 기술에만 의존했더라면 우주는 수소로만 이루어졌을 것이다.

그러나 자연은 연금술사들이 결코 가진 적이 없는 실험실을 가지고 있으니, 그것은 바로 별의 중심부이다. 진정한 연금술의 산물인 새로운 원소는 별 내부에서 일어나는 **핵반응**에 의해 만들어진다. 양성자들이 서로를 밀치는 전기적 척력이나

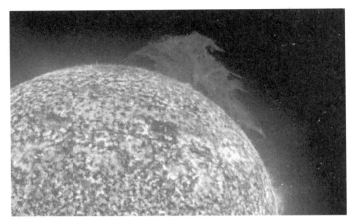

O 2-3

지구 지름의 열일곱 배 높이로 치솟는 기체 홍염이 보이는 태양 표면. 태양 표면도 이미 무서울 정도로 높은 온도를 가지지만, 그 온도는 수소 핵을 헬륨 핵으로 합성하고 있는 태양 중심부의 엄청나게 높은 온도와 비교하면 아무것도 아니다.[13]

양성자들조차 함께 묶어 둘 수 있는 압도적인 인력인 '강한 핵력'을 극복할 수 있을 정도로 극한 온도와 압력은 오직 별의 중심부에서만 만들어질 수 있다.

양성자를 두 개 가지는 헬륨부터 스물여섯 개를 가지는 철까지는 별 내부에서 핵융합을 통해 만들어진다. 여기에는 암석, 즉 지구의 주요 성분인 네 가지 원소가 포함된다. 이 과정에서 태양 내부에서 방출된 열이 지구를 데우고 생명을 가능하게 만들므로, 핵융합은 우리에게도 대단히 중요하다.

하지만 별 내부에서 만들어진 무거운 원소들은 별 내부에 갇혀 있기 때문에 행성을 만드는 데 이용되지 못한다. 더 심각한 것은 이런 단순한 융합으로는 철보다 더 무거운 원소들을 만들 수 없다는 것이다. 또 다른 막다른 길목일까?

아니다! 세 번째 놀라운 마술이 시작된다. 별이 수소 연료를 소진하면 특정 범위에 속하는 질량을 가지는 별들은 폭발한다. 다행스럽게도 우리 태양은 이 질량 범위에 속하지 않지만, 특정 질량을 갖는 별들은 초신성 폭발이라 불리는 정말로 거대한 폭발을 일으키게 된다. 이때 그 별들은 순식간에 자신이 속한 은하 내 100,000,000,000개의 모든 별보다 더 밝게 빛난다. 이때, 수소 원자핵들이 폭발적으로 결합하면서 철보다 무거운 원소들이 모두 생겨나는데 폭발 자체는 모든 원소를 초신성을 둘러싼 주위 공간으로 흩뿌리게 된다. 흩뿌려진 원소들은 그곳에서 만들어지는 새로운 별에 병합된다. 가장 최근에 지구 근처에서 폭발한 초신성은 서기 1054년 중국 천문학자들에 의해 관측되었는데, 그 폭발의 잔해는 필라멘트가 복잡하게 얽힌 모양을 띠는 게성운으로 알려져 있으며 지금도 관측 가능하다.

수십억 년이 넘는 오랜 역사에서 초신성 폭발이 연속적으로 일어나서, 더욱더 무거운 원소들이 우리은하에 속하게 되

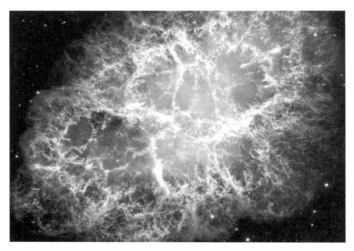

○ 2-4

서기 1054년에 관측된 초신성 폭발에 의해 퍼져 나가는 잔해가 필라멘트를 이루고 있는 게성운. 잔해에는 초신성 폭발 전과 폭발 과정에서 만들어진 무거운 원소들이 풍부한데, 이 원소들은 미래에 만들어질 새로운 별과 행성에 포함될 것이다.

었고, 마침내 태양계는 암석질 행성들이 형성되기에 충분할 만큼 무거운 원소들을 수용한 신세대를 맞았다. 이것이 바로 45억 년 전 우리 태양계가 존재하게 된 상황이다. 이와 같이 우주 역사를 거치며 **물질이 진화해 온** 것이 명백한데, 이것은 비록 친숙한 개념은 아니지만 빅 히스토리 연구자들에게는 매우 중요한 사실이다.[14]

칼 세이건Carl Sagan은 우리가 초신성 폭발의 잔해인 별 먼지로 만들어졌다고 즐겨 말했다. 놀랍지만 믿기 어려운 이 시나리오는 어떻게 우리 우주에 각인되었는지 여전히 이해하기 어려운 물리법칙들과 별 먼지에 포함된 입자들이 낳은 결과이다. 빅 히스토리를 인간 중심으로 바라보는 관점에서는 우리 행성을 건설하기 위한 준비가 완료된 셈이다.

우리 행성의 탄생

우주의 거대한 규모에 대한 경이로움으로 시작한 이 장을 이제 생명과 인류, 그리고 인간 종의 주목할 만한 역사를 위해 최적화된 이 엄청나게 특이한 행성, 지구를 가지게 되었다는 것에 대한 놀라움으로 맺을 수 있게 되었다.

우리 지구는 거의 상상 불가능한 대격변 중에 태어났다. 지구 역사에 관한 가장 중요한 질문 중 하나가 우리 행성의 초기 진화에 대한 한 연구에서 "지구의 탄생은 격렬하고 뜨거웠다. 어떻게 그렇게 격렬한 젊은 행성이 자라나 우리가 오늘날 알고 있는, 잘 조정되고 성숙한 행성이 되었을까?"라고 표현한 인상적인 문구에 잘 나타나 있다.[15]

얼마나 장관이었겠는가! 새롭게 태어난 별인 우리 태양은 어마어마한 양의 기체와 먼지를 끌어당기기 때문에 처음에

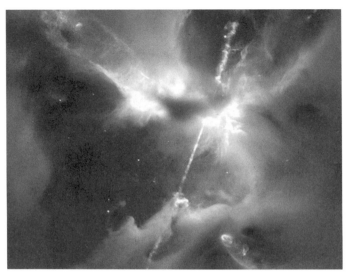

O 2-5

새롭게 탄생하는 별에서 방출되는 플라스마제트를 보여 주는 멋진 사진. 초기의 태
양계도 이와 같은 모습이었을 것이다.

는 떨어지는 잔해들에 의해 데워지다가, 나중에는 핵융합이
일어날 정도로 충분히 커져서 핵융합에 의해 데워졌다. 별
주위에는 기체와 먼지로 이루어진 원반이 있는데 이곳에서
잔해들이 모여 행성들이 자라났다. 중심 별은 수 광년에 이
르는 거대한 플라스마제트를 행성이 자라나고 있는 원반에
수직한 양방향으로 순간적으로 발사한다. 물론 45억 년 전에
생겨나는 우리 태양계를 찍은 사진은 당연히 존재하지 않는

다. 하지만 허블우주망원경은 태양계가 태어날 때의 모습과 닮은, 현재 별이 태어나고 있는 영역이 찍힌 멋진 사진들을 보내왔다.

별 탄생이 가장 격렬하게 일어나는 영역은 아마도 남반구 하늘에 위치한 카리나성운Carina Nebula일 것이다.[16] 이곳은 막대한 양의 기체와 먼지가 새로운 별의 탄생에 쓰이고 있는 거대한 요람이다. 우리 태양과 지구도 이와 같이 새롭게 태어난 태양계들의 거대한 가족의 일부였을 것이다. 하지만 45억 년을 거치면서 형제자매 별들이 은하의 곳곳으로 흩어졌기 때문에 현재로서는 그것이 진실인지 알 수가 없다.

충분히 자라나서 핵융합이 시작된 태양의 주위에는 오늘날 토성을 돌고 있는 원반과 비슷하지만 훨씬 거대한, 먼지와 암석의 단단한 조각들로 이루어진 얇은 원반이 분명 존재했을 것이다. 이런 조각들이 점점 더 큰 덩어리로 뭉쳐져서 결국에는 오늘날 우리가 알고 있는 여덟 개의 행성과 소행성, 혜성이 되었다. 컴퓨터 시뮬레이션들에 따르면, 이와 같은 행성 형성 과정이 실제로 일어났을 것으로 여겨진다.

지구가 점점 더 크게 자라는 동안, 거의 행성 크기만 한 것들과 자주 충돌했을 것이다. 이 충돌들은 공룡을 멸종시킨 유카탄반도의 충돌쯤이야 아무것도 아닌 것으로 만들어 버릴

O 2-6

허블우주망원경으로 관측한 거대한 기체와 먼지 구름에서 새로운 별들이 탄생하고 있는 카리나성운의 일부. 먼지를 꿰뚫는 X선으로 보면 이 성운에는 1만 4000개가 넘는 별이 있다.

만큼 파국적이었을 것이다.

좀 더 작은 행성이 좀 더 큰 행성에, 중심과 가장자리 사이 적당한 위치에서 충돌한다면 큰 행성의 상당한 부분이 뜯겨 나가게 될 것이다. 이 과정에서 잔해들이 큰 행성 주위에 원반을 이루고, 이 원반의 물질은 서로를 천천히 끌어당겨 뭉쳐서 위성을 만들게 된다. 이것이 현재 가장 합리적으로 받아들여지는 우리 달의 기원에 대한 이론이다.[17]

달은 인간 현실에서 중요한 일부를 차지해 왔다. 지구의 회전을 안정화시켰고, 바다동물들이 육지의 삶에 적응하도록 조수를 유발했고, 칠흑 같은 어둠으로부터 밤을 지켰고, 젊은 연인에게 낭만적인 저녁을 선사했고, 인간이 달력을 만드는 것을 도왔으며, 우주탐사 초기에 가까운 대상으로서 인간이 지구 밖에서 발을 디딜 곳을 내주었다. 그런데 거대한 달을 단 하나만 가진 행성이 흔하지 않다. 태양계에서 지구만이 유일하게 하나의 달을 가지고 있다. 달이 없거나, 두 개가 있거나, 또는 반대 방향으로 지구를 도는 달을 가질 수도 있었다. 그랬다면 인간 현실은 매우 달라졌거나 아예 인간이 존재하지 못했을 수도 있다.[18]

달을 있게 한 거대한 충돌은 지구의 형성이 끝나기 오래전에 일어났다. 이 사실은 작은 망원경으로도 확인할 수 있다. 달의 밝은 고지대는 작은 크레이터들로 온통 뒤덮여 있는데, 이들은 달이 만들어진 뒤 충돌에 의해 형성되었음이 분명하다. 물론 지구도 달이 만들어진 뒤로 같은 상황이었을 테지만, 우리 행성은 지질학적으로 매우 활발해서 나중에 생긴 크레이터들의 흔적이 남아 있지 않다. 달 이후 대충돌post-Moon bombardment은 매우 중요하다. 왜냐하면 달을 만들었던 거대한 충돌은 지구상의 물을 대부분 또는 모두 우주로 날려 버려서,

현재 우리 바다는 달이 형성된 이후 지구에 충돌한 혜성에 의해 공급되었을 것으로 여겨지기 때문이다. 이것은 매우 최근의 연구 주제이다.

1억 년 정도 동안 태양계의 잔해 대부분은 자라나는 행성들과 충돌하면서 병합되어, 지구는 훨씬 더 조용하고 안전한 곳으로 성장하는 과정을 밟았다. 하지만 이러한 고요함은 5억 년 뒤에 일어난 큰 충돌들의 재개로 한동안 중단된 것으로 보인다. 이 사건이 7장에서 만나게 될 후기 대충돌^{Late Heavy Bombardment}로, 달 표면에 맨눈으로도 볼 수 있는 거대한 크레이터들을 만들었는데, 그 뒤 크레이터들에는 검은 용암이 들어찼다. 하지만 그 사건이 끝나자 지구는 느린 대륙이동, 산맥 형성, 지금까지 이어지는 생명 진화를 포함하는 역사 속에 안착하게 되었다.

지금까지 살다 간 모든 인간이 그랬듯 우리는 한평생 그대로인 지구를 보아 왔기 때문에 이 멋진 지구를 당연한 것으로 여기곤 한다. 하지만 먼 과거를 빅 히스토리 관점으로 보면 그토록 격렬하고 불확실한 역사가 삶을 영위하기에 이처럼 완벽한 곳을 우리에게 제공했다는 사실이 놀랍고 고마울 따름이다.

지구

3장

지구가 준
선물

지구에 의해 응축된 별 먼지

칼 세이건은 "우리는 별 먼지로 만들어졌다"라고 즐겨 말했다. 이 유명한 천문학자는 많은 사람이 시청했던 1980년 TV 시리즈 '코스모스'를 통해 과학에 생명을 불어넣었다. 지금 와서 보면 '코스모스'는 빅 히스토리를 일찍이 매우 효과적으로 표현했다. 그의 요지는 가장 가벼운 세 원소인 수소, 헬륨, 약간의 리튬을 제외한 모든 화학원소는 별 내부에서 천천히 일어나는 핵반응의 부산물로 만들어지거나 초신성 폭발을 통해 급작스럽게 만들어지며, 별 내부에서 일어나는 핵반응은 별을 빛나게 하고, 별의 엄청난 폭발인 초신성 폭발은 새롭게 만들어진 원소를 우주공간으로 흩뿌린다는 것이다. 별에서 일어나는 원소의 합성이 2장의 중심 요지였다.

하지만 지질학을 바탕으로 빅 히스토리를 연구하는 나와 같은 사람은 세이건이 정리한 내용이 불완전하고, 심지어 혼란을 일으킬 수도 있다고 본다. 이야기는 초신성으로 끝나지 않는다. 성간공간에 흩어진 화학원소들은 우리가 알고 있는 세상을 만드는 데 아무 소용이 없기 때문이다. 우주선 한 대가 멀리 떨어진 다른 태양계를 향해 항해하는 도중, 컴퓨터 칩을 제작해야 해서 규소가 필요한 긴급한 상황에 처했다고 상상해 보자. 그 우주선이 과거의 초신성 폭발들로 이루어진 희박한 기체를 통과하고 있고 그 기체가 규소 원자들을 포함하고 있다 하더라도 우주인이 규소를 모아서 사용할 방법은 전혀 없을 것이다.[1] 그 원자들은 서로 너무 멀리 떨어져 있기 때문이다.

여기 지구에서는 사용 가능하도록 응축된 규소를 쉽게 찾을 수 있다. 돌멩이, 바닷가 모래, 광맥에서 석영 결정을 찾는 것은 어렵지 않다. 모두 규소에 산소가 결합된 이산화규소^{SiO_2}로 만들어진 것이다. 규소를 인간에게 유용한 형태로 만드는 과정에서 지구가 결정적 역할을 한 것은 분명하다. 빅 히스토리 연구자들이 우리는 별 먼지라는 칼 세이건의 아이디어를 수정하여, 우리는 **지구에 의해 응축된 별 먼지로 만들어졌다**고 인식하게 되기를 기대하면서 이 장에서는 어떻게 지구가 그런 역할을 하는지 탐구할 것이다.

지구가 자원을 유용하게 만드는 방법

다양하고 많은 원소가 뒤섞여서 만들어진 지구가 어떻게 그 원소들을 분리하고 응축된 자원으로 바꾸어 놓았을까? 이는 지구를 연구하기 위해 화학을 이용하는 지질학자인 지구화학자들의 주요 관심사이다. 이러한 측면의 인간 현실을 이해하기 위해서는 지구 역사에서 화학원소들을 분류하는 중요한 두 단계가 있었음을 이해하는 것이 필요하다. 첫 번째 단계는 지구가 만들어지던 맨 시작 부분에 일어났다. 이 단계에서 지구 전체의 화학 조성이 이루어졌는데, 산소, 마그네슘, 규소, 철, 이 네 원소가 지구에 가장 많은 원소이고 다른 원소들은 아주 적은 양만 존재한다. 하지만 지구는 이 모든 원소가 뒤섞인 상태로 만들어졌다.

두 번째 단계는 원소들을 순차적으로 분리하고 응축하는 과정으로, 지금까지 쭉 계속되고 있다. 지구가 이 작업을 해내는 방법은 다양한데, 그중에는 매우 복잡한 것도 있다. 그래서 빅 히스토리 연구자들이 좀 더 단순한 개념인 핵합성에 주목하는 것이 그리 놀라운 일은 아니다. 핵합성이란 빅뱅과 별 내부에서 새로운 원소들을 만들어 내는 과정이다. 이 장에서는 지구가 어떻게 이러한 마술을 구사하는지를 이해하기 위해 지구의 다양한 분리 방법 중 몇 가지를 탐구한다. 우리의 초점은 인류사에서 중요한 규소와 규소의 사용법에 있다. 이것을 규소의 '작은 빅 히스토리'라고 생각해도 될 듯싶다.

만약 지구화학에서 가장 중요한 발견을 한 가지 꼽아야 한다면 다음의 내용이 될 것이다. 빅뱅이 진행되는 동안, 그리고 나중에 별 내부에서 일어난 핵합성의 결과로 **태양계** 전체는 많은 수소, 적당한 양의 헬륨, 매우 적은 양의 다른 모든 원소들로 구성되었다. 그러나 **지구**에는 산소O, 마그네슘Mg, 규소Si, 철Fe, 이 네 원소가 월등히 많고, 그 밖에 많은 원소는 미량만 존재한다. 미량의 원소에는 우주와 태양계에서 가장 중요한 원소인 수소와 헬륨이 포함된다. 왠지 지구는 태양계에서 희귀한 원소들 중 몇 가지를 선별적으로 축적했다. 이렇게 위대한 지구화학적 발견을 어떻게 설명할 수 있는지, 그리고 그것이 빅 히스토리와 인간 현실에 어떤 영향을 미치는지 살펴보겠다.

네 가지 주요 원소 중 규소에 초점을 맞춰 보자. 규소는 우리 행성을 구성하는 광물 대부분과 암석의 근간이다.[2] 탄소가 생명의 기본이듯이, 규소는 암석의 기본이다.[3] 더구나 많은 암석은 그것들이 있던 환경에 대한 기록을 품고 있고, 지질학자들은 그 정보를 어떻게 캐내는지 알아냈다.[4] 나는 암석이 자신의 역사를 '기억한다'고 말하고 싶다.

규소에 초점을 맞추는 또 한 가지 이유는 대단한 기술 역량을 갖춘 인류로 발돋움하는 데 규소가 결정적 역할을 했기 때문이다. 인간이 최초로 사용한 도구들은 현재 아무것도 남아 있지는 않지만, 아마 나무로 만들어졌을 것이다. 믿을 만한 기록에 따르면 최초의 도구들은 규소가 기본 성분인 암석으로 만들어졌다. 자연이 우리에게 준 물질이 인공 물질로 이행한 중요한 하나가 유리인데, 이것은 규소가 풍부한 석영을 녹여 만든다. 그리고 마침내, 현대의 첨단기술을 보유한 문명은 규소를 이용해 매우 정교하게 만든 컴퓨터 칩에 의존하게 되었다.

지구가 어떻게 규소를 응축시켰는지 알기 위해서 2장에서 보았듯이 먼저 산소, 마그네슘, 규소, 철이 월등히 많은 행성인 지구가 만들어지는 과정을 살펴볼 것이다.

지구와 인간이 가장 선호하는 원소

중요한 지구화학의 발견으로 돌아가서, 태양계 대부분은 수소와 헬륨으로 구성되어 있지만 지구에는 암석을 구성하는 원소들(산소, 마그네슘, 규소, 철)이 월등히 많다는 사실을 어떻게 설명할 수 있을까? 어떤 과정이 이 대대적인 지구화학적 변화를 설명할 수 있다는 걸까?[5]

우리가 찾고 있는 그 과정은 태양계 역사에서 매우 초기 단계에 개시된 것이 분명하다. 오늘날 많은 물질이 지구로 유입되거나 빠져나가는 일은 없으며, 암석 기록이 있는 40억 년 동안 이 과정이 일어났다는 어떤 증거도 없기 때문이다. 태양계가 만들어지던 45억 년 전에는 지구가 먼지 입자 크기에서 행성 크기로 병합하고 엉겨 붙으면서 빠르게 성장하고 있었다. 지구 형성 시기에 선택된 몇 가지 원소는 지구에서 축적되고 어떤 원소들은 배제되었을 가능성이 분명 있었다.

어떤 원소들이 배제되었을까? 많은 원소가 그저 태양계에서 너무 희귀해서 지구의 중요한 성분이 될 기회가 없었다.[6] 그 밖의 원소들은 하나의 원자이거나 불과 몇 개의 원자로 구성된 덩어리로, 주로 기체 상태로 존재한다. 기체 원소들은 격렬한 젊은 태양이 분출하는 강력한 입자들에 의해 지구가 놓인 안쪽 태양계에서 바깥으로 휩쓸려 나갔고, 태양으로부터 멀리 떨어진 곳에서 뭉쳐서 목성, 토성, 천왕성, 해왕성과 같은 거대한 기체 행성들을 만들었다.

어떤 원소들이 배제되지 **않았**을까? 맨눈으로 볼 수 있을 정도로 크고 수많은 원소를 포함한 **광물 입자**들만이 태양이 방출하는 입자들의 압력을 이기고 지구가 만들어진 안쪽 태양계에 버티고 있을 수 있었다. 광물 입자들은 주로 규소, 산소, 마그네슘, 철, 이 네 개의 원소들로 구성되었다.[7] 그중에서 가장 결정적인 원소는 규소인데, 규소는 네 개의 원자와 결합이 가능해서 무수한 원자 네트워크를 만들 수 있기 때문에 광물 입자를 만드는 것이 가능하다. 따라서 규소는 지구가 가장 선호하는 원소라고 할 만하다.

이 장에서 우리는 규소에 집중하고 있으므로, 어떻게 지구가 처음에는 산소, 마그네슘, 철, 그리고 다른 소량의 원소들과 뒤섞여 있던 규소를 인간이 사용할 수 있는 형태로 분류하고 응축했는지 알아보자. 우리가 규소를 사용하는 것은 사실 놀라운 일이다! 인간을 다른 모든 동물과 구분하는 많은 특징 중에는 도구, 인공 물질, 그리고 컴퓨터가 있다.

도구는 자연적인 손과 몸이 할 수 없는 것들을 하게 해 주고, **인공 물질**은 자연 물질로는 불가능했던 일을 할 수 있게 해 주며, **컴퓨터**는 우리의 자연적 뇌가 할 수 없는 것들을 할 수 있게 해 준다. 석기, 유리, 컴퓨터 칩, 이 세 가지 범주를 앞으로 살펴볼 것이다. 이 각각은 지구뿐 아니라 우리도 가장 선호하는 원소 중 하나인 규소를 기반으로 한다. 지구는 어떻게 그 모든 규소를 응축했을까?

규소와 석기

먼저 이산화규소로 만들어진 석기를 생각해 보라. 또 오늘날 우리가 사용하는 다양한 종류의 도구를 생각해 보라! 간단한 칼, 망치, 톱, 나사돌리개에서부터 바이올린과 피아노, 여객열차, 추수 농기계, 산업용 직기와 같은 좀 더 복잡한 도구, 나아가서는 행성 간 우주선, 레이저 거리 측정 도구, GPS 수신기, 컴퓨터 제어 3차원 프린터와 같은 매우 정교하고 첨단 기술을 갖춘 도구까지. 끝이 보이지 않는 이 목록은 100만 년 전에는 상상도 할 수 없던 다양한 기술을 가진 어떤 종을 나타낸다.

영장류는 매우 간단한 도구를 사용하거나 가끔은 만들기도 한다는 것이 관찰되었고 어떤 새는 자연에서 절로 생겨난 물체를 원시적인 도구로 사용하기도 하지만, 인간이 복잡한 도구를 제작하고 사용하는 것은 매우 독특하다. 이것은 인간 현실에서 핵심적 부분이다. 우리 삶에서 도구가 얼마나 중요한지 제대로 이해하는 가장 좋은 방법은 1719년 대니얼 디포Daniel Defoe가 무인도에 고립된 선원을 그린 고전소설 『로빈슨 크루소』의 처음 몇 장을 읽는 것이다. 그의 생존은 난파한 배에서 구한 것들, 예를 들면 목공 도구, 못과 숫돌, 무기와 탄

약, 밧줄, 케이블과 돛천, 가위, 칼과 포크와 같은 것들과 자신이 만들 수 있는 도구에 달려 있었다. 화성에 난파한 우주인이 우주선에서 회수하거나 임시변통으로 제작하는 도구가 현대판 유사물이라고 할 수 있다.[8]

이러한 기교가 언제 어떻게 시작되었을까? 우연히 발견한 자연물과 목적을 가지고 만든 도구 사이의 중간에 있는 사례를 찾을 것 같지는 않다. 가장 가능성이 있는 물질인 나무는 너무 쉽게 썩는다. 그런데 석기에 대한 기록은 풍부하다. 역사를 세 부분으로 나누는 것을 좋아하는 고고학자들은 발굴된 도구의 종류를 바탕으로 인간의 과거를 오랫동안 세 시대(석기시대, 청동기시대, 철기시대)로 구분했다.

매우 최근까지 가장 최초인 것으로 인정받은 석기는 약 250만 년 전의 것으로, 아프리카 동부에서 발굴되었다. 도구를 만드는 능력을 반영하는 이름이 붙은 종, 호모하빌리스 Homo Habilis가 만든 것으로 보인다. 이 석기들은 무작위로 깨고 찧은 흔적이 있고 모서리가 날카로운 자갈인데, 뭔가를 자를 때 사용되었을 것이다. 이 석기들은 탄자니아 올두바이 협곡에서 이름을 따 올두바이 공작Oldowan Industry이라고 불린다. 현재 우리는 케냐 로메크위Lomekwi라는 곳에서 발견된, 더 오래전인 330만 년 전부터 사용된 석기들을 알고 있다.[9] 로메크

위에서 사용했던 도구들은 루시Lucy라고 불리는 화석으로 유명한 오스트랄로피테쿠스 아파렌시스Australopithecus afarensis와 동시대의 것이므로 사람 속genus Homo의 사람이 만든 것보다 앞섰다.

올두바이 공작보다 덜 오래된 석기들은 도구 제작자의 정교함이 향상된 것을 보여 준다. 어떤 도구는 매우 능숙하고 아름답게 만들어져 실용적인 물건일 뿐만 아니라 예술 작품으로 봐도 될 정도이다. 지난 300만 년 동안, 인간의 뇌와 도구 제작 능력은 일종의 되먹임 회로feedback loop에서 함께 성장한 것처럼 보인다.[10]

이 모든 것은 암석을 쪼갰을 때 매우 단단하고 날카로운 모서리가 생기기 때문에 가능했다. 이것은 무딘 이빨과 연한 손톱을 가진 우리 인간이 가장 날카로운 이빨과 가장 사나운 발톱을 가진 동물들의 절단 능력을 따라가거나 초월하게끔 해 주었다.

닉 토스Nick Toth와 캐시 시크Kathy Shick는 석기를 연구하는 고인류학자로 인디애나 대학에서 석기시대연구소Stone Age Institute를 설립했고, 빅 히스토리를 개척한 사람들이다.[11] 그들은 숙련된 석기 제작자이자 사용자인데, 그들이 아슐리안Acheulian 손도끼를 만드는 광경을 지켜보는 것은 놀라운 경험이다. 아

◑ 3-1
손도끼를 만들며 다음에는 어떤
조각을 쳐 낼지 고심하는 닉 토스.

슐리안 손도끼는 150만 년 전과 50만 년 전 사이에 호모에르
가스테르와 호모에렉투스ergaster/erectus가 사용한 주요 도구이
다. 닉과 캐시는 초기에 채식을 했던 인간이 육식을 할 수 있
는 이빨과 발톱이 없었는데도, 석기를 이용해서 에너지가 풍
부한 고기를 먹기 시작했다고 지적한다. 석기의 도움으로 우
리 인간보다 더 큰 동물들을 사냥할 수 있었고, 우리를 잡아
먹으려던 육식동물들을 쫓아 버릴 수 있었다.

　대부분의 암석들은 부서지면서 날카로운 모서리가 생기지
않거나 모서리를 쥐기에 너무 무르다. 그래서 사암, 석회암, 화
강암, 석고, 암염으로는 쓸 만한 도구를 절대 만들 수 없었다.

도구를 만들기에 가장 좋은 물질은 흑요석이라 불리는 화산 유리와 규질암 혹은 부싯돌이라 불리는 퇴적암이다. 흑요석은 이산화규소SiO_2가 풍부하지만 너무 희귀하므로, 여기서는 거의 순수한 이산화규소이면서 꽤 흔한 규질암에 집중해 보자. 규질암은 무엇이고, 어떻게 해서 그와 같이 매우 특별하게 조성되었을까? 이 장의 주제를 환기하기 위해 질문을 바꿔 보겠다. 지구가 어떻게 규질암 속으로 이산화규소를 응축시켰을까?

규질암은 석회암에서 단괴nodule라고 불리는 덩어리로 나타난다. 둘 다 생물학적 기원의 퇴적암이다. 석회암은 광물성의 방해석($CaCO_3$)으로 만들어지는 반면, 규질암은 극히 미세 입자의 석영(SiO_2)이다. 가장 무른 것에서부터 가장 단단한 것으로(활석, 석고, **방해석**, 형석, 인회석, 정장석, **석영**, 황옥, 강옥, 다이아몬드 순이다) 광물의 굳기 정도를 나열하는 굳기계에서 보면, 규질암으로 석회암보다 더 좋은 도구를 만들 수 있다.

해양 유기체들은 대부분 바닷물에서 추출한 방해석으로 자신들의 껍질을 만드는 반면 몇몇은 이산화규소를 추출하는데, 이 과정에서는 특히 해면동물과 방산충이라 불리는 떠다니는 단세포 생명체들이 가장 중요한 역할을 한다. 막 집적된 석회암 진흙의 대부분은 적은 양의 이산화규소를 포함한다.

그런데 이 석회암이 물에 의해 무른 퇴적물의 알갱이들 사이로 녹아들어서 화학적으로 이로운 상태로 응축되고 침전되어 석기를 만들었던 우리 조상이 소중히 여긴 규질암층이나 단괴를 만든다. 이것이 우리가 탐험할, 지구가 규소를 응축한 첫 번째 방법이다.

영국 남부 지역에 있는 유명한 석기시대 유적인 스톤헨지는 기반암인 석회암에 고품질의 규질암 단괴가 특별히 풍부했던 장소에 세워졌고 약 800년에 걸쳐 개선되었다. 스톤헨지 덕분에 오늘날과 마찬가지로 석기시대에도 규소가 중요한 원소였음을 깨달았다. 어쩌면 스톤헨지를 그 시대의 실리콘밸리로 생각할 수도 있겠다.

인간이 석기를 만들고 그로 인해 뇌가 발달하고 지성이 발전한 것은 지구가 규질암을 만들었기 때문에 가능했다. 지구는 철과 마그네슘과 같은 주요 원소들에서, 또는 우리 행성에 있는 소량의 모든 원소들에서 이산화규소를 분리해 내는 생물학적이고 화학적인 방법들을 알고 있다. 지구는 그 방법들을 써서 도구를 만드는 데 필요한 순수한 이산화규소로 이루어진 규질암 단괴를 형성했다.

유리와 컴퓨터의 재료, 모래

규질암이 모서리가 날카롭고 단단한 석기를 만드는 데 사용할 수 있는 유일한 물질은 아니다. 화산에서 생기는 자연 유리인 흑요석으로도 석기를 만들 수 있다. 흑요석은 용암이 급속도로 식어서 결정이 자랄 시간이 없을 때 생긴다. 그래서 오래전부터 인간은 자연적으로 발생하는 화산유리를 이용해 판상板狀의 날카로운 도구를 가질 수 있었다. 그러나 인간은 결국 인공 유리를 만드는 법을 스스로 터득했으며 그것을 다른 목적에 사용했다. 유리 기술은 메소포타미아나 이집트에서 구리와 주석을 섞어 청동을 만들던 것과 같은 시대와 장소에서 시작한 것으로 보이는데, 이에 대해서는 9장에서 다룰 것이다. 유리와 청동은 인간이 그 후 더욱 다양하고 놀라운 인공 재료를 만들고 사용하는 법을 배우기 시작한 역사의 시발점을 찍은 것으로 보인다.

유리가 우리에게 어떤 일들을 하게 해 주는지 잠깐 생각해 보자. 유리창은 낮에 햇빛을 집, 차, 기차, 비행기 안으로 통과시키고 전구는 밤을 밝히는 데 사용된다. 유리는 방수 주전자, 병, 유리잔에 사용되고, 거울과 교정 렌즈에도 사용된다. 망원경, 현미경, 무수히 다양한 과학 기기들에 사용되어 우리가 세상을 이해할 수 있도록 도와준다. 유리는 높은 전압의 송전선들을 절연시키므로 광섬유 케이블, 컴퓨터의 모니터나 터치스크린에 사용된다. 또한 모자이크유리와 스테인드글라스를 사용한 창문과 같이 훌륭한 예술 재료로도 사용되어 왔다.

오늘날 만들어진 거의 모든 유리는 녹여서 급격히 냉각시킨 이산화규소이고, 약간의 다른 원소를 첨가하여 원하는 특성을 부여하기도 한다. 여기서 중요한 점은 유리가 만들어지는 세세한 과정이 아니라, 유리 제조에 사용하는 이산화규소를 지구가 어떻게 응축했는지이다. 이것은 화학원소들을 분리하고 응축시키는 달인과 같은 지구의 능력을 잘 이해하게 해준다. 유리 제조에 쓰이는 이산화규소는 석기를 만드는 데 사용된 이산화규소와 완전히 다른 방법으로 응축되었기 때문이다. 다행스럽게도 유리를 만들기 위해서 풍부하지 않은 규질암 단괴에 의존하지 않아도 된다. 반면에, 평범하고 오래된 모래같이 매우 흔한 지질학적 침전물이 이산화규소의 거대한 공급원이다.

수천 년 동안 석영 모래의 주요 용도는 유리 제조였는데, 지금은 중요한 사용처가 따로 있다. 21세기 초, 우리는 새로운 규소 시대를 살고 있다. 지구의 중요한 성분이고, 한때는 석기

시대 도구의 근간이던 규소는 현재 우리 기술, 우리 삶, 우리 문명의 거의 모든 방면에 침투한 컴퓨터 칩을 만드는 데 토대가 되기 때문에 다시 결정적으로 중요해졌다. 스톤헨지의 고대 실리콘밸리는 캘리포니아의 새로운 실리콘밸리와 그와 비슷한 여러 첨단기술 센터로 대체되었다.

규소 원소는 산소와 쉽게 결합해서 석영(SiO_2)과 감람석(Mg_2SiO_4)과 같은 규소 광물들을 만든다. 산소와 결합하지 않은 천연 규소 금속은 자연에서 거의 발견되지 않는다. 하지만 컴퓨터 칩을 만들 때 사용되는 것은 규소 금속이다. 그렇기 때문에 화학공학자들은 모래에 있는 이산화규소SiO_2에서 산소를 제거하고 순수 규소 금속을 얻는 제조 과정을 개발했다. 이 경우, '순수'는 99.999999999퍼센트만큼 극도의 순수를 의미한다.

판구조론과 석영 모래

대개 모래는 대부분 혹은 거의 전부 아주 작은 석영 알갱이로 구성된다. 이는 인간 현실의 일부로, 바닷가나 모래언덕을 따라 걸어 본 사람이라면 누구나 아는 사실이다. 그러나 지구가 어떻게 원소를 응축했는지 생각하면 놀라움이 앞선다. 지구가 생겨나던 초기에는 석영이 만들어질 수 없었기 때문이다. 앞에서 보았듯이, 갓 생겨난 지구에 마그네슘, 철, 규소와 산소를 응축하는 방법은 있었다. 풍부한 규소와 산소가 석영, 즉 이산화규소를 많이 형성했을 것이라 여길지도 모른다. 하지만 상황은 그렇지 않다. 그 대신, 주위의 풍부한 철과 마그네슘이 모든 규소와 산소와 결합해서 석영이 아니라 감람석과 같은 규소 광물을 만들어 버린다.

유리와 컴퓨터 칩을 만드는 데 사용하는 다량의 석영 모래 퇴적을 생성하기 위해서 지구는 수십억 년이 필요했다. 어떻게 이런 일이 일어났는지에 대한 이야기는 정말이지 놀랍다. 그리고 지나치게 단순화될 위험이 있지만, 나는 이 이야기를 1960년대와 1970년대에 나타난 통합적 지구 이론인 위대한 판구조론의 틀에 넣고 싶다. 그러므로 이 논의는 다음 두 장의 중심이 될 판구조론에 대한 소개가 될 수도 있겠다.

'구조론Tectonics'은 대륙, 해양 분지, 산맥과 같은 큰 규모에서 지구의 지질학적 특징을 연구하는 것이다. 이 단어는 '건축'(architecture, 여기서는 우리 행성의 건축)과 같은 어원에서 왔다. '판plate'은 지구의 단단한 바깥층의 큰 영역으로, 두께가 약 110킬로미터인 것으로 알려졌고 윗부분이 어느 곳에서는 대륙지각이 되고, 또 어느 곳에서는 해양지각이 된다. 판들은 구형의 지구 위쪽에 놓은 휘어진 모자 같아서 '모자'라고 했더라면 더 좋았을지도 모르겠다. 그러나 '판'이라는 이름이 이미 고착되었다. 대부분의 판은 대륙지각과 해양지각 모두를 포함한다. 예를 들어, 북아메리카판의 경우는 북아메리카대륙과 절반의 북대서양과 중앙대서양을 포함한다.

판구조론의 핵심은 각 판이 근본적으로 단단하고 거의 변형되지 않으나, 인접한 판에 상대적으로 움직여서 지표면에서 일어나는 대부분의 변형은 '판의 경계'에서 일어난다는 깨달음이다. 판 경계의 한 가지 유형인 '변환단층'에서는 하나의 판이 다른 판을 수평으로 미끄러지듯이 지나간다. 캘리포니아에 위치한 샌앤드리어스San Andreas 단층을 따라 태평양판이 북아메리카판을 상대하여 북서쪽으로 움직이는 것이 한 예이다. 이러한 움직임은 위험한 지진을 유발하기는 해도 모래를 만드는 일에는 거의 관여하지 않는다. 그러나 다른 두 유형의 판 경계는 석영 모래 생산에 중요하다.

두 번째 유형의 경계는 '발산 경계'라 불리는데, 이러한 경계에서는 두 판이 멀어져 간다. 예컨대 북아메리카판은 북대서양 바닥의 서쪽 절반을 포함하는 반면, 유라시아판은 동쪽 절반을 포함한다. 판의 경계는 북대서양 중앙선을 따라 뻗어 있는데, 이곳에서 지구 깊숙한 곳에 있던 암석들이 상승하고

○ 3-2

샌앤드리어스 변환단층은 로스앤젤레스와 샌프란시스코 사이에 있는 커리조Carrizo 평원을 가로지른다. 캘리포니아주 일부를 포함하는 태평양판이 북아메리카판을 상대하여 500킬로미터 넘게 북서쪽으로 움직였고, 오늘날에도 계속 움직이고 있다.

해양 바닥은 발산되고 있다. 중앙선에서 새로운 해양지각이 계속 생겨나 북아메리카판과 유라시아판에 더해지고 있는데, 흡사 컨베이어 벨트 두 대가 양방향으로 천천히 멀어지면서 발산되는 것과 같다. 9장에서 설명하겠지만, 이 견해는 프린스턴 대학에서 나의 지도교수였던 해리 헤스Harry Hess가 1960

○ 3-3
아이슬란드에 있는 좁은 홈은 북아메리카판과 유라시아판이 서로 멀어지며 발산하고 있는 틈 사이로 깊게 파여 있다.

년 처음으로 내놓았다.[12]

대부분의 발산 경계는 깊은 바다에 있지만, 해수면 위쪽에서 발산이 일어나는 데가 한 곳 있는데 바로 아이슬란드이다. 아이슬란드는 현무암 유수, 현무암 화산, 그리고 발산이 일어나는 틈이 있는 섬으로, 천천히 넓어지고 있다. 이렇게 해양지각이 형성된다.

판 경계의 세 번째 유형은 '수렴 경계'이다. 새로운 해양지각이 발산 경계에서 만들어지지만, 지구는 더 커질 수는 없기 때문에 오래된 해양지각이 제거될 필요가 있다. 그래서 오래

○3-4

1980년에 분출한 세인트헬렌스산. 이 산은 소멸하는 해양지각의 판 조각 위에 있는 워싱턴주의 캐스케이드산맥에 위치한다.

된 해양지각은 소멸한다. 수렴 경계에서는 침강이 일어난 해양지각이 지각 아래에 놓인 맨틀로 돌아간다. 소멸하는 해양지각에 뭔가가 일어나는데 무엇인지는 아직 정확하게 모른다. 하지만 그 위에서 암석이 용해되어, 남아메리카의 서쪽을 따라 뻗어 있는 안데스산맥이나 오리건주와 워싱턴주의 캐스케이드산맥과 같은 화산의 큰 사슬에서 분출된다.

대륙은 움직이는 판에 올라타고 있어서, 만약 두 대륙 사이에 있는 해양지각이 소멸하고 있다면 결국 두 대륙은 만나게 되는데 이것을 대륙 충돌이라고 한다. 하지만 대륙지각은 해양지각보다 가벼워서 뜨기 때문에 해양지각처럼 순조롭게 소멸하지 않는다. 대륙 충돌은 천천히 일어나지만 두 대륙의 앞 가장자리를 집중적으로 변형시키고 산맥을 형성한다. 이것이 애팔래치아산맥과 알프스산맥과 같은 고대 산맥의 기원이다. 이 두 산맥에 대해서는 5장에서 다시 언급할 것이다. 이 과정이 현재의 산맥 중 가장 큰 히말라야산맥의 기원이기도 하다. 히말라야산맥은 충돌하는 인도 대륙과 아시아 대륙 사이에 끼여 있다.

지금까지 서술한 내용이 판구조론의 지극히 간단한 개요이다. 그런데 판구조론이 지구가 석영 모래를 만드는 방법과 무슨 관계가 있을까? 암석은 고체라서 지질시대에는 거의 변하

○ 3-5

이탈리아 북부에 있는 옅은 색의 돌로미티(백운암)산맥은, 알프스를 만든 대륙 충돌에서 이탈리아 지각이 유럽 지각 위로 상승하기 전에, 이탈리아 지각 위에 집적된 퇴적암으로 이루어져 있다.

지 않았다는 것을 기억하자. 그러나 소멸 지역과 대륙 충돌, 두 종류의 판 경계에서 암석은 데워져 마그마라 불리는 용융 암석을 만들 수도 있다. 그리고 암석이 녹을 때 모든 유형의 변화가 일어날 수 있다.

일어날 수 있는 변화 중 하나는, 마그마가 식어서 고형화될 때 고형화된 최초의 광물은 밀도가 높으며 이산화규소가 부족하다는 것이다. 이 광물들은 마그마보다 밀도가 높아서 침강하고, 남은 마그마에는 이산화규소가 풍부해진다. 남아 있는 마그마가 고형화되면, 녹기 전의 본래 암석보다 이산화규소가 풍부한 광물이 만들어진다. 그러므로 판구조론은 이산화규소 함량이 점차적으로 증가하는 암석을 생산하는 거대한 화학 처리 공장, 또는 더 나은 비유로 두 개의 거대한 화학 처리 공장처럼 작동한다. 지구 깊숙한 곳에 있는 암석들은 약 44퍼센트의 이산화규소를 포함하는 반면, 해양지각은 약 50퍼센트, 소멸 지역 위에 위치한 화산은 약 60퍼센트, 그리고 대륙 충돌에 의해 만들어지는 화강암은 약 75퍼센트의 이산화규소를 포함한다. 75퍼센트의 이산화규소는 석영이 결정화되기에 충분하며, 실제로 화강암에서는 석영이 보통 약 3분의 1을 차지한다.

그래서 이제 인간은 석영 결정을 갖게 되었다. 하지만 그것은 표면 저 아래에서 단단한 화강암에 갇혀 있다. 지구는 어떻게 그것을 밖으로 빼내어 순수한 석영 모래로 전환시킬까?

인간 수명의 관점에서 수십 년 단위로 측정하면, 아니 인류사 전부를 통틀어 보더라도 산들은 풍경에서 변하지 않는 특징처럼 보인다. 하지만 지질학적 관점에서 산맥은 그저 짧은 순간에 존재한다. 그것은 태어나서 거대한 높이로 서서히 자란 후 소멸해 가는데, 천천히 깎여 나가서 결국에는 어떤 지형도 남지 않게 된다. 화강암 덩어리가 포함된 산의 깊은 뿌리

조차 표면까지 서서히 올라와서 침식에 의해 드러나게 된다. 그 결과 화강암은 고대에 만들어진 산맥에서 흔히 볼 수 있는 암석이 됐다. 이 지점, 석영 모래를 생산하는 과정에서 판구조론의 역할은 끝이 난다.

이제 풍화작용이 인계받아 석영을 정제할 시간이다. 지표에서 일어나는 화학적 풍화작용은 흙을 만드는 방법과 같다. 흙의 산성화에 의해 풍화가 일어나는 동안, 특히 뜨겁고 습한 기후에서 석영을 제외한 화강암에 있는 모든 광물은 지표에서 화학적으로 안정되지 못하기 때문에 부식하여 점토로 바뀐다. 점토광물은 입자가 매우 작아서 석영만 남겨 놓고 물이나 바람에 쉽게 휩쓸려 가 버린다. 석영 입자들은 지극히 안정적이서 모래언덕이나 강의 수로, 그리고 해변에 쌓여서 거의 영원히 남는다. 시간이 지나면서 자연은 이러한 모래 퇴적을 사암이라 불리는 암석으로 굳힌다. 가장 순수한 사암은 거의 백 퍼센트에 이르는 이산화규소 성분으로 이루어져, 석영을 제외한 어떤 것도 포함하지 않는다.

이렇게 하여, 판의 이동으로 인한 과정과 거친 풍화작용을 거치면서 처음에는 행성에 존재하지 않던 석영이 지구에서 만들어졌다. 지구에 의해 생산된 석영 사암의 부피는 놀라울 정도로 크다. 5억 3000만 년 전과 4억 4000만 년 전 사이에 북아프리카와 아라비아를 덮었던 사암은 알래스카를 포함한 미국을 1.6킬로미터 깊이의 석영 입자에 묻어 버리기에 충분한 양일 것이다![13] 그리고 지금은 세계 많은 지역의 대규모 사암 퇴적에서 유리와 컴퓨터 칩을 만드는 데 필요한 석영을 채취하고 있다.[14]

지구 물질과 인간 현실

우리는 지구가 석기, 유리, 그리고 컴퓨터 칩을 만드는 데 사용하는 이산화규소를 축적하는 여러 원리를 살펴보았다. 하지만 이는 우리 행성이 우리가 사용하는 자원의 집적물을 생산하는 다양한 원리를 그저 간신히 겉핥기로 알아본 정도이다. 거의 모든 화학원소는 한 가지 또는 여러 가지 방법으로 지구에 의해 응축된다. 그러나 원소의 집적물과 화석연료와 같은 자원의 집적물은 골고루 분포하지 않는다. 여러 자원이 지표의 다양한 부분에서 집적된다. 이것은 인간 현실과 인류사에 지대한 영향을 끼쳐 왔다.

현재에는 고르지 않은 석유 분포가 경제, 정치, 국제 관계에 엄청난 결과를 낳았는데, 미래에는 사람들이 이것을 그들의 역사로 보게 될 것이다. 중동의 일부와 같이 기름이 풍부한 지역은 자연적 풍부함의 수혜자이기도, 피해자이기도 하다. 기름이 나지 않는 지역 역시 다른 방식으로 고통을 받기도 하고, 혜택을 받기도 한다. 석영을 포함하지 않는 현무암으로 만들어진 하와이에는 석영 모래가 없지만, 사하라에는 풍부하다. 하지만 여러 종류의 석영 모래가 있고 사하라에 있는 나라들에는 모래언덕이 많은데도 북쪽 나라에 있는 빙하의 잔해에서 나온 날카롭고 각진 모래를 수입해야 한다. 사막 모래언덕에서 얻는 둥근 입자의 모래는 모래 분사기에 넣기에 적당하지 않기 때문이다.

빅 히스토리 관점에서 보면 우리는 **지구가 집적한** 별 먼지일 뿐 아니라 그 집적물의 불규칙한 분포가 인류사의 경로를 만드는 데 근본적인 역할을 한다는 교훈을 얻을 수 있다. 석기를 만드는 데 쓰이는 규질암, 금이나 은과 같은 귀한 금속, 그리고 화석연료와 같이 소중한 자연 자원이 생겨난 방식을 보면 인간 현실의 측면인 부의 불균등한 분포를 이해할 수 있는 단서를 얻을 수 있다.[15] 이러한 고르지 못한 자원 분포를 만든 지질학 역사가 인류사의 모든 경제적 측면을 명확하게 설명하지는 못하지만, 인류의 경제사에 영향을 미치는 주요 요인이었고 계속 영향을 주고 있다.

4장

대륙과 해양이
있는 행성

인간 현실에서 대륙과 해양
- - - - - - - - - - - - - - - - - - - -

1968년 크리스마스이브에 인간이 처음으로 지구를 떠나서 달 주위를 돌았다. 우주선 아래 황량하고 생명이 존재하지 않는 달과 아득히 보이는 아름다운 지구를 대조하며 외경심으로 가득 찬 우주비행사들은 우주선에서 창세기를 인용하여 지구로 교신을 보냈다. "태초에 하나님이 천지를 창조하셨다. … 하나님이 보시기에 좋았다." 그들이 보내온 사진을 통해 우리 인간은 물이 전혀 없는 곳을 처음으로 보았다. 달과는 대조적으로 우리는 물이 풍부한 행성에서 살고 있다. 이것은 인간 현실에 절대적인 근간이다. 물이 없다면 인간도 없을 것이고, 생명도 없을 것이며, 지구는 수성, 금성, 달과 같이 빈 공간에서 공전하는 죽은 천체일 뿐이기 때문이다.

하지만 지구에는 대륙이나 섬과 같이 건조한 땅도 있기에 지구는 물이 있는 행성 그 이상이다. 그리고 이것 역시 육상동물인 우리 인간에게는 인간 현실의 근본적인 부분이다. 건조한 땅이 없어도 우리만큼 지능적인 동물이 지구에 생겨났을 수 있지만, 해수처럼 부식성이 있는 환경에서는 기계와 도시, 전자 통신 따위를 만드는 것은 상상하기 어렵다. 건조한 육지의 생명체로서 우리는 여러 대륙의 대도시와 많은 섬에서 살고 있으며, 대륙과 대양의 지리적 구성은 인류사의 주요 결정 요인이다.

대륙의 지리는 인류사에서 중요한 역할을 담당했던 왕국, 제국, 공화국의 윤곽을 결정한다. 대륙의 지형과 기후는 역사적으로 정착의 양상과 통신망을 통제했다. 자원은 대륙들에 걸쳐 불균일하게 분포하고, 육상에서의 전쟁은 지형의 체스판에서 벌어진다. 해양 지형은 탐사, 무역과 이주의 경로를 결정했고, 해전의 무대가 되었다.

인류사의 먼 과거로 가 보면, 우리 인간은 고립된 열대 대륙인 아프리카에서 한 종으로 등장했고, 모든 축복과 저주를 포함한 인간 본성은 그곳에서 기원했다. 우리 조상이 6만 년 전에 아프리카를 떠났을 때, 그들의 행로는 지구상의 땅과 물의 지형에 제약받았다. 아프리카를 벗어난 행로가 두 가지 있었던 것으로 보이는데, 하나는 중동으로 가는 다리 역할을 하는 시나이반도를 지나는 길이고, 다른 하나는 홍해의 남쪽 끝단에 있는 좁은 해협을 건너는 길이다. 이 해협은 아라비아로 이어졌는데, 캐나다와 스칸디나비아의 빙하에 많은 물이 갇혀 해수면이 낮아졌기 때문에, 물길이 오늘날보다 좁았다. 빙하 때문에 낮아진 해수면은 아시아인들이 아메리카로 이주하게 된 원인이기도 하다. 인간이 세계 도처로 천천히 퍼져 나감에 따라 이 행로는 해안 평야와 강 유역으로 이어지다가 산에 의해 막혔다.

대륙의 전체적인 모양도 중요했을 것이다. 『총, 균, 쇠』에서 재러드 다이아몬드Jared Diamond는 동서 방향으로 길쭉한 유라시아와 남북 방향으로 뻗은 아메리카는 그곳 사회와 사람들에게 중요한 영향을 끼쳤고, 이는 결국 1492년 이후 유럽인과 아메리카인이 만나면서 크나큰 결과를 초래했다고 주장했다.[1] 온갖 폭력, 분열, 질병을 수반한 만남은 대륙, 대양, 섬의 양상에 의해 결정된 지리적 환경에서 수십 년, 수백 년에 걸쳐 진행되었다.

역사가 대륙과 해양의 지형에 의존한다는 것이 새로운 개념은 물론 아니다. 역사학자가 아니라도 지도를 보면 쉽게 알 수 있다. 그러나 인류사는 기껏 해 봐야 수천 년에서 수십만 년 정도로 짧아서, 그 기간에 지리적 환경은 기본적으로 고정되어 있다. 빙하기가 왔다가 감에 따라 해수면은 낮아졌다 높아졌고, 해안선은 가라앉고, 피오르fjord는 잠기고, 만은 쇄설물로 막혔다. 하지만 수천만 년이나 수억 년의 시간 규모로 일어나는 극적인 지질학적 변화에 비하면, 대륙과 해양의 기본 양상은 크게 변하지 않았다.

그러나 빅 히스토리의 관점은 많은 사람에게 익숙하지 않은 중요한 통찰을 제공한다. 기록된 역사보다 100만 배는 긴 지질학적인 역사를 거치며 대륙의 배열은 근본적으로 바뀌었고, 재구성된 수억 년, 수십억 년 전 대륙의 지도는 알아보기가 쉽지 않다. 지구의 대륙들은 아주 천천히 움직여서 때로는 거대한 초대륙으로 뭉쳤다가 때로는 현재와 같이 개개의 대륙으로 흩어지며 끊임없이 변화했고, 인류사는 그 지도 위에서 펼쳐진 영화의 한 장면일 뿐이다. 고대의 지도를 보기 전에 시간 규모에 대해 잠시 생각해 볼 필요가 있다. 2억 년 전 또는 7억 년 전과 같은 표시가 있는 지도를 보면 처음에는 그것들이 이해하기 어려울 정도로 오래된 과거의 시간처럼 보일 것이다. 그렇게 엄청난 시간을 이해하기 위해서 지질학자들이 생각하는 방법은 다음과 같다. 기록된 인류사는 5000년 정도 되지만 지구 역사는 약 50억 년이 된다. 그러므로 지구 역사 규모는 인류사보다 100만 배 더 길다.

그러므로 지구 역사의 500만 년은 기록 역사의 5년과 같다고 말하는 것이 지질학적 시간을 이해하는 데 도움이 된다. 이렇게 보면 500만 년 전은 꽤 최근인 셈이다. 공룡이 멸종한 6600만 년 전은 인류사에서 66년 전과 같다. 이 정도는 대부분의 사람이 기억할 수 있는 시간이다. 화석 기록이 약 5억 년 전부터 시작되는데, 지구의 과거에서 이것은 인간의 과거에서 르네상스 시대 정도에 속한다. 이것은 쉽게 익힐 수 있는 방법으로, 우리 행성의 역사를 생각하는 데 정말 도움이 된다.

포르투갈, 스페인, 그리고 대륙과 해양의 지도 제작

21세기 기술사회에서 우리는 모든 대륙과 섬의 해안선을 매우 정확하게 알고 있으며 온라인상에서 위성사진을 확인하고 확대하여 해안의 나무와 덤불까지 모두 살펴볼 수 있다. 위성사진 시대에는 지리적 비밀이나 신비가 없다. 그러나 최근까지만 해도 그렇지 않았다.

6세기 전, 대륙과 섬의 모양과 위치에 대한 사람들의 지식은 극도로 제한적이고 신뢰할 만하지 않았다. 중세 초기, 먼 곳에 대한 설명은 주로 소문과 환상적인 이야기에 기반을 둔 것이었다.[2] 중세 후기에 이븐바투타Ibn Battuta와 같은 이슬람 학자들이 거대한 무슬림 세계를 여행하면서 그들이 본 장소를 이야기했으며, 마르코 폴로Marco Polo는 아시아를 가로지르는 긴 여정을 이야기했지만, 그 시대에는 어떤 여행자도 정확한 지도를 작성하지 않았다.

해안선에 관한 유일한 정량적인 정보는 마르코 폴로의 탐험보다 1000년 전에 클라우디우스 프톨레마이오스Claudius Ptolemy가 『지리학Geography』3에 기록한 위도의 측정값과 경도의 어림값 목록이었다. 이 값들은 심각한 오류로 가득했지만, 지금 보면 프톨레마이오스의 성과는 놀라운 것이다. 하지만 15세기에 이르러서는 목적이 있는 탐험과 더 정확해진 위치 측정값이 과거에 여행자가 전하던 이야기와 오래된 것이 갖던 권위를 대체하기 시작했다.

15세기 초 명나라는 조공을 모으는 목적뿐 아니라 탐험을 위해 인도양 주변에 커다란 함대를 보냈다. 그러나 아직 밝혀지지 않은 이유로 1425년경에 탐험을 포기하고 국내로 관심을 돌렸다. 그리고 바로 그때, 유럽 뒤쪽으로 가장 먼 끄트머리의, 이베리아반도 가장자리에 있는 작고 가난한 포르투갈이 결과적으로 세계를 하나로 연결하는 체계적 탐험을 시작했다.4

왜 포르투갈이었을까? 포르투갈은 대서양에 접해 있고, 스페인의 옛 왕국으로 당시 지배적인 힘을 가졌던 적대적인 카스티야Castile에 의해 유럽의 다른 지역과 차단되었기 때문에 당시 프랑스, 영국, 스페인 왕국들이 관심을 가졌던 전쟁에 참여하지 않았다.[5] 그 대신 포르투갈 사람들은 탐험에서 그 시대에 활력을 불어넣었던 모험 정신의 출구를 찾았다. 그리고 아마도 가장 중요한 것은, 항해자 헨리 왕자Prince Henry the Navigator라 알려진, 놀랍고도 까다로운 천재인 동 엔히크Dom Henrique에 의해 탐험이 시작되었다는 것이다.[6]

엔히크 왕자의 동기는 완전히 알려져 있지 않지만, 아마도 금에 대한 욕망을 채우거나 북아프리카의 무슬림에 측면공격을 가하기 위해, 또는 전설적인 기독교 왕인 프리스터 존Prester John과 연합하거나, 아니면 기독교로 개종시킬 사람들을 찾기 위해서였을 것이다. 그는 자신의 통제 아래 수도원 기사단의 재정을 자원으로 삼아 자신의 시종들을 캐러벨(caravel, 작은 쾌속 범선—옮긴이)이라 불리는 작은 배에 태워서 아프리카 해안을 따라 남단 끝까지 내려가도록 명령했다. 그것은 더딘 과정이었다. 탐험가 질 이아느스Gil Eannes가 가장 멀리 나아갔고 유럽인들에게 알려진 보자도르곶Cape Bojador을 1434년에 통과했다. 1444년에는 사하라사막을 지나 풍부한 적도의 식생을 가지고 있는 베르데곶Cape Verde에 이르고, 엔히크 왕자가 죽은

지 10년이 지난 1471년에는 서아프리카에 있는 금광 지대에 접한 엘미나El Mina를 지났다. 1488년에는 희망봉the Cape of Good Hope을, 그리고 1498년에 인도에 다다랐다. 그 무렵 포르투갈인들은 대륙과 해양의 지도를 제작하는 데 엄청난 발전을 이루었다.

역사학자는 포르투갈인들의 항해를 기록할 수 있고, 과학자는 그들의 발견에 감탄할 수 있다. 하지만 위성사진 시대에 살고 있는 우리가 의심을 허용하지 않는 종교적 신념과 미신적 공포의 시대에 작은 배를 타고 무서운 미지의 세계로 대담하게 나아가는 정서적 경험을 이해하기는 어렵다. 18세기 후반 새뮤얼 테일러 콜리지Samuel Taylor Coleridge가 지은 시 「노수부의 노래The Rime of the Ancient Mariner」에서 그 두려움을 간접적으로 경험할 수 있을 것이다. 역사와 지형의 정확성이 이 시에서 중요한 점은 아니다. 하지만 초창기 항해에 대한 신념, 미신, 그리고 공포가 선명하게 다가옴을 느낄 수 있다.

바다는 썩었소, 오 맙소사!
세상에 이런 일이 있다니!
그렇소, 끈적끈적한 것들이 다리로 기어다녔소
끈적끈적한 바다 위에서.

빙글빙글 광무를 추며

도깨비불이 밤에 춤을 추었소

물은, 마녀의 기름처럼,

녹색, 청색, 백색으로 불탔소.

그리고 몇 사람은 꿈에서, 우리를 이처럼

괴롭히는 정령을 분명히 보았소

아홉 길 깊이 그 정령은 우리를 따라왔소

안개와 눈의 땅에서부터.[7]

스페인은 이 사업에 늦게 합류했는데, 1492년 콜럼버스가 아메리카 대륙을 우연히 발견했다. 통속적 믿음과는 달리 콜럼버스는 오랫동안 학자들에게 알려진 바처럼 지구가 구형이라는 사실을 증명하지 않았다. 그리고 평평한 지구를 주장했던 살라망카 대학의 교수들 앞에서 지구가 둥글다는 것을 옹호했다는 이야기도 명백히 잘못되었다.[8] 콜럼버스가 한 주요한 지적 기여는 지구 지름을 실제 값보다 훨씬 작게 생각한 잘못된 믿음에서 온 것이었다. 그때 이미 포르투갈인들과 살라망카 대학의 교수들은 지구 지름을 아주 잘 알고 있었다. 지구 지름을 실제보다 훨씬 작게 생각한 오류로 인해 콜럼버스는 서쪽으로 항해하면 아시아에 다다를 수 있다고 믿었다. 콜럼버스를 구한 것은 예상하지 못했던 아메리카 대륙의 존재였으니, 발견에서는 때로 실력보다 운이 따라야 한다는 과학자들의 생각을 입증한 셈이다.

100년 동안 스페인과 포르투갈이 유럽인에게 알려지지 않았던 대륙과 대양 곳곳을 탐험하여, 지구의 지도는 제 모양을 갖추어 갔다. 하지만 인간은 끔찍한 대가를 치러야 했다. 천연두와 같은 치명적인 전염병은 많은 아메리카 원주민을 죽음으로 몰았고, 매독과 같은 끔찍한 질병이 유럽에서 발병했다. 수많은 아프리카인이 노예로 전락해 아메리카 대륙으로 이송되었다. 유럽 국가들은 아메리카 대륙에서, 나중에는 세계 여러 지역에서 제국을 정복했고, 막대한 양의 금은을 축적하여 부자가 되었다. 반면에 이전에 우세했던 이슬람, 인도, 중국 문화는 뒤처졌다. 지금도 우리는 발견을 이룬 항해의 성과 속에서 살아가며 적응하기 위해 노력하고 있다. 인간 현실에서 아메리카 대륙의 존재는 분명 매우 중요한데, 그 대륙이 존재하게 되고 유럽인이 발견하기 훨씬 이전에 아시아인이 이주해서 거주할 수 있게 된 것은 지질학의 역사 덕분이다.

프랑스 역사학자이며 역사 서술에 영향력이 있는 아날Annales파의 선도자 페르낭 브로델Fernand Braudel은 1949년, 그의 저서 『지중해: 펠리페 2세 시대의 지중해 세계』[9]를 출판했다. 브로델은 역사를 단순한 인간 사건의 연속이라고 보는 개념을 단호히 거부했다. 이런 역사 개념은 "쓸데없는 것들의 나열"이라 불렀다. 그는 역사학자들이 훨씬 긴 안목the longue durée을 가지고, 인류사를 조절하거나 그것에 영향을 행사하는 지중해의 지리를 세세히 이해하기 시작했다고 주장했다. 그래서 첫 권의 전부와 두 번째 권의 절반을 위대한 스페인 왕의 통치를 위한 장면을 설정하는 데 할애했다.

브로델은 지중해의 풍경을 만들어 낸 지질학적 역사를 고려하여 기술했던 것으로 보인다. 하지만 그가 살던 시대에 알려진 것은 솔직히 그다지 흥미롭지 않았다. 안타깝게도 브로델은 너무 일찍 그 책을 쓴 것이다. 그 시대의 지질학자들은 대륙이동과 판구조론을 알지 못했고 지중해, 이베리아반도, 나아가 지구 대륙의 전체적인 형태를 만든 극적인 지질학 역사를 전혀 이해하지 못했다.[10] 지질학적인 이야기의 개요가 정립된 시기는 고작 지난 몇 년 전이기 때문에, 이 장에서는 만약 브로델이 50년 뒤에 작업을 했더라면 그가 썼을지도 모를 내용을 써 보려고 한다.

대륙이 움직인다!

길어 봐야 100년인 인간 수명은 지질학적 변화가 거의 없는 짧은 시간이므로, 우리는 자연스럽게 우리의 삶과 역사가 진행되는 물리적 세상이 고정되어 있고 영원하다고 생각한다. 그러나 17세기 이탈리아의 니콜라우스 스테노^{Nicolaus Steno}를 필두로 지질학자들은 산이 천천히 상승하고 점차적으로 깎여나가는 것처럼 물리적인 세상이 매우 긴 시간 동안 극적인 변화를 겪는다는 것을 점차 깨닫게 되었다.[11]

그러나 역설적이게도 지질학자들은 오랫동안 대륙과 해양 분지를 지표면의 영구적인 특성으로 여겼다. 지질학자들은 산이 생겨났다가 사라질 수도 있으나 산이 자리한 대륙은 움직이지 않는다고 생각했다. 그들은 산꼭대기에 위치한 천해 화석과 같이 수직적 움직임을 입증하는 증거는 많이 발견했지만, 대규모 수평운동의 증거는 발견하지 못했기 때문에 그러한 움직임이 일어나지 않았다고 결론지었다. 증거의 부재가 부재의 증거는 아니기 때문에, 오늘날에 와서 되돌아보면 이는 논리적 오류였다.

하지만 사실 대규모 수평운동의 증거는 내내 제자리에 있었다. 절묘하게 맞아떨어지는 남아메리카와 아프리카 해안선이 그것이다. 한때 두 대륙이 나란히 있었다면 그 이후로 이동하여 수천 킬로미터 멀어진 것이다. 이 해안선을 처음 발견한 것은 포르투갈과 스페인 탐험가들이었다. 1502년에 작성된 플라니스페리우 드 칸티누Cantino Planisphere라 불리는 포르투갈 지도에서 브라질이 아프리카의 움푹 들어간 곳에 잘 들어맞는 것을 눈치챌 수 있다. 1570년에 이르러, 대서양을 따라 해안선이 일치한다는 것이 매우 명백해졌다. 벨기에의 지도 제작자 아브라함 오르텔리우스Abraham Ortelius는 그해에 만든 지도에서 해안선이 일치하는 것을 지적하며 "아메리카는 …. 가라앉은 것이 아니라 … 지진과 홍수에 의해 유럽과 아프리카에서 찢겨 나갔다…."[12]라고 주장했다. 구세계의 사람들이 신세계의 지도를 만들기 시작한 지 한 세기도 지나기 전에 오르텔리우스가 이 사실을 인지했다는 것이 놀라울 따름이다!

1912년에 독일 기상학자인 알프레트 베게너Alfred Wegener가 해안선 맞추기에서 시작하여 상세하게 기술된 대륙이동설을 발표했다.[13] 그는 대륙들을 하나의 초대륙으로 합쳐 '모든 대륙'을 의미하는 판게아Pangaea라 명명하고, 판게아 지도에서는 연속적이지만 현재는 분리된 지리적 특징을 다양한 사례를 들어 제시했다. 이것은 퍼즐 조각의 모양이나 그림을 맞추는 것과 같았다. 그러나 아무도 대륙이 이동하는 원리를 제시하지 못했기 때문에 1920년대 말까지 지질학자들은 베게너의 대륙이동에 대한 증거와 이론을 받아들이지 않았다.[14] 지질학자들은 대륙은 고정되어 있다는, 자신들이 받아들이기 편한 견해로 돌아갔다.

30년이 지난 후, 베게너가 옳다고 입증되었을 때는 이미 그가 죽은 뒤였다. 제2차 세계대전 동안과 그 후의 해양 연구에서 해양이 대륙보다 지리적으로 훨씬 더 단순하다는 것이 분

○ 4-1
1963년 콜롬비아의 라과히라반도에서 와이우Wayúu 민족 원주민과 헤스.

명해졌는데, 이 사실은 해양이 지질학적으로 젊다는 것을 의미한다. 1960년, 프린스턴 대학의 지질학자 해리 헤스는 판구조론 혁명에 착수했다. 그는 대륙이 양옆으로 갈라져 멀어짐에 따라 그 사이에서 해양 바닥이 새로 자라서 넓어진다는 의견을 내놓으면서 해양이 대륙보다 젊고 지질학적으로 단순한 이유를 설명했다.[15]

1960년대와 1970년대에 연이은 흥미로운 발견 덕에 해저가 팽창한다는 헤스의 생각은 더 포괄적이고 유력한 판구조론으로 발전했다. 판구조론에서 대륙은 판의 경계를 기준으로 분리된 이웃하는 판을 상대하며 각각 움직이는 십여 개의 '판' 위에 올라탄 것으로 보인다. 3장에서 보았듯이, 판은 대서양 중앙해령과 같은 판의 끝부분에서 자란다. 판은 또 다른 끝부분에서 깊은 맨틀로 가라앉는데, 이것은 안데스산맥과 같은 수렴 경계에서 일어나는 현상이다. 그리고 판은 캘리포니아 샌앤드리어스 단층과 같은 변환 경계에서 서로를 지나쳐 간다. 이 이론은 이제 지질학자들에 의해 보편적으로 받아들여지고 있다. 지질학자들은 지구가 판구조론의 관점을 제외하고는 지질학적 의미를 전혀 갖지 않는다고 생각한다.

나는 프린스턴 대학에서 헤스가 가르친 마지막 대학원생 중 한 명이다. 판구조론을 개발하는 데 기여하지는 않았지만 링 옆의 관중석에 앉아서 경기를 지켜보았던 셈이다. 멋진 발견들로 퍼즐이 차례로 끼워 맞춰지면서 의심할 여지 없이 대륙이동을 증명해 나가는 것을 지켜보았다. 그 당시에 대해 가장 또렷이 기억하는 것은 주체할 수 없는 지적 흥분이었다. 그것은 완전한 과학혁명이었으며, 그 시간을 살았던 지질학자라면 결코 잊을 수 없는 사건이다.

지구 역사의 순환

빅 히스토리에서 얻는 즐거움 중 하나는 멀찍이 물러나서 과거를 전체적으로 보고 역사의 특성을 생각하는 것이다. 이것은 지질학자, 고생물학자, 인류학자, 천문학자, 역사학자 들이 좋아하는 세세한 연구에서는 보기 어렵다. 이 책의 마지막 장에서 역사가 어떻게 진행되는지 다룰 테지만, 판구조론을 통해 이 질문을 좀 더 깊이 살펴볼 수 있다.

역사는 가끔 스티븐 제이 굴드Steven Jay Gould가 **시간의 화살**이라 일컬은 긴 기간의 양상과 되풀이되는 패턴, 또는 **시간의 순환** 사이의 상호작용으로 생각된다.[16] 시간의 화살은 지구 역사의 많은 양상에서 명백하다. 우리는 판구조론에서 대륙의 지질학적 양상이 서서히 복잡해지는 뚜렷한 경향을 볼 수 있다. 산맥이 형성되는 동안 암석들은 변형되고, 때로는 우리가 잘 알지 못하는 방식으로 가열되고 녹아 표면에서 화산 폭발을 일으키거나 지하 깊은 곳에서 화강암 덩어리를 만든다. 지질학을 공부할 때 경험하는 특별한 도전이자 즐거움 중 하나는 산맥에서 암석이 생성된 사건들의 순서를 알아 가는 것이다. 시간이 지나면서 새롭게 만들어지는 산이 오래된 산의 구조를 변형시키는데, 이러한 경향이 45억 년에 걸쳐 축적된 결과가 대륙에 새겨진 복잡한 지질학적 구조이며, 이는 지질학자들을 기꺼이 끊임없이 도전하게 하는 요인이다.

복잡한 지질에 익숙한 지질학자들은 1960년대에 해양 분지의 지질학적 특성이 단순하다는 사실을 발견하고는 놀랐다. 하지만 이것이 시간의 순환이 가져온 결과라는 것을 이해하게 되었다. 하나의 대륙이 두 쪽으로 갈라져서 천천히 분리될 때 새롭게 역사를 시작하는 해양이 그 사이에서 생겨나고, 머지않아 지구 깊은 곳으로 다시 사라질 것이다. 해양의 형성과 소멸이라는 이 완벽한 순환은 거듭 되풀이되기 때문에 어떤 해양도 지질학적으로 매우 복잡해질 만큼 오래가지 않는다.

사실 우리는 판구조론에 이르는 역사에서 세 가지 순환 유형을 인지할 수 있다. 가장 지역적인 것은 지질학자들이 두 세기에 걸쳐 이해하게 된 **지질학적 순환**이다. 지질학적 순환에서 산맥이 형성되고 침식에 의해 파괴되고, 어딘가에 새로운 산이 만들어진다. 지질학적 순환은 어떤 특정한 장소에 있는 암석에서 읽어 내는 것이며, 이것은 판구조론을 알기 훨씬 전부터 확실히 알고 있던 것이다.[17]

판구조론 덕분에 지금 우리는 지질학적 순환이 해양 분지가 열리고 닫히는 과정임을 안다. 이 근원적인 역사적 패턴을, 이것을 처음으로 인식한 캐나다 지질학자 존 투조 윌슨 John Tuzo Wilson을 기려서 **윌슨 순환**으로 일컫는다.[18] 새 해양 분지가 열리면 대륙의 가장자리 두 개가 새로 만들어지며, 이곳에 두꺼운 퇴적물이 쌓인다. 나중에는 해양 분지가 소멸하고 대륙의 경계면끼리 충돌하여 새로 쌓인 퇴적물을 변형시키며 산맥을 밀어 올린다. 그 산맥이 다시 서서히 침식되는 동안 다른 곳에서는 더 젊은 해양 분지가 다시 열릴 것이다.

하지만 지질학자들은 한발 물러나 최대한 넓은 맥락에서 윌슨 순환을 살펴보고는 그것이 더 넓은 **초대륙 순환**의 일부임을 이해했다. 초대륙 순환에서는 대륙 조각들이 때로는 현재의 모습처럼 지구에 흩어지고 때로는 대부분 또는 모든 대륙지각이 하나의 초대륙으로 뭉치는데, 가장 최근에 존재한 초대륙을 판게아라고 부른다.

지구 역사에서 몇 차례 일어난 초대륙 순환의 역사를 이해

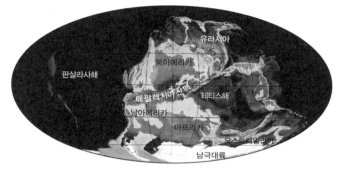

○ 4-2

론 블래키Ron Blakey가 복원한 3억 년 전의 판게아 초대륙. '모든 대륙'을 뜻하는 판게 아는 해상의 대륙(진회색)과 천해 아래로 침수된 대륙(연회색) 모두를 포함한다. 깊은 해양은 검은색이고 '모든 해양'을 의미하는 거대한 판살라사Panthalassa해와 휘어져 들어간 판게아 동쪽의 만인 테티스Tethys해까지 포함한다. (유럽의 베리스칸산맥을 포함하여) 애팔래치아산맥은 판게아가 가장 마지막으로 합쳐져 만들어진 시기에 북쪽과 남쪽의 대륙이 크게 충돌하며 형성되었다. 흰색은 남쪽 만년설이다.

하는 데 집중하는 연구들이 최근 활발히 진행되고 있다.**19** 판게아보다 오래된 초대륙의 존재를 믿을 만한 합리적 증거가 있다. 하나는 우리가 로디니아Rodinia라고 부르는 것으로, 이것의 합체와 분리가 매혹적인 지질학 이야기를 만들었다.**20** 그리고 더 오래된 초대륙 한두 개에 대한 희미한 증거도 있다. 지질학자들은 자신들이 밝혀내는 초대륙 역사에 너무 매료된 나머지 그것과 인류사의 연관성을 탐험하는 데에는 거의 관심이 없다. 그렇다면 지금 한번 해 보자. 빅 히스토리와 브로델의 정신으로, 초대륙 순환을 포르투갈인과 스페인인의 탐험과 엮어 보는 것은 흥미로울 것이다.

판게아의 운명과 탐험의 미래

분리되기 전의 판게아는 커다란 파이 모양이었고, 동쪽에 쐐기 모양의 조각이 하나 빠져 지질학자들이 테티스해Tethys Ocean라고 부르는 거대한 만을 이루고 있다. 지질학자들이 이해하려고 부단히 노력했던 복잡한 지질 활동이 테티스해에서 엄청나게 많이 발생했다.[21]

판게아는 약 3억 2000만 년에서 2억 년 전까지 매우 오래 지속되다가 분리되기 시작했고, 오늘날과 같이 대륙 조각들이 흩어져 인간 현실의 일부 토대를 형성했다. 스페인과 포르투갈이 될 이베리아는 판게아 내에서 테티스해 서쪽 꼭대기 근처에 있었는데, 판게아가 계속 분리되면서 이베리아는 점차 고립되었다. 약 1억 1500만 년 전에 이베리아의 형태가 나타나 해안선을 형성했다. 이 해안선을 통해 처음에는 포르투갈이, 그다음에는 스페인이 세계 탐험의 선구자가 될 수 있었다.

콜럼버스가 아메리카 대륙을 발견한 지 불과 2년 만인 1494년에 이뤄진 토르데시야스조약Treaty of Tordesillas에서 로마 교황은 전 세계를 나누어 탐험하고 식민지화하도록 했다. 명확하지 않은 대서양의 한 경도선에서 동쪽에 있는 모든 것은 포르투갈에, 서쪽에 있는 모든 것은 스페인에 배당되었다. 오늘날에는 이 조약이 로마 교황의 엄청난 오만함으로 보이지만, 4세기 동안 계속되다가 1492년에야 끝이 난, 기독교의 이베리아 재정복의 역사를 생각하면 역사적으로 이해가 된다. 그 정복의 기간 동안 기독교 왕국인 포르투갈, 레온León, 카스티야Castilla, 아라곤Aragon 간의 갈등을 피하기 위해 로마 교황은 조약을 통해 기독교인들이 정복하려는 무슬림 영토를 미리 나눠 주었다. 토르데시야스조약은 그저 이러한 관례를 전 지구적 규모로 확장한 것이다.[22]

약 1억 2500만 년 전, 판게아가 분할되면서 남아메리카가 동쪽으로 크게 튀어나와 토르데시야스 선의 동쪽으로 뻗어나가게 되었는데, 그것이 바로 브라질이 되었다. 이렇게 지질학적 역사와 인류사를 결합함으로써 왜 브라질 사람들이 포르투갈어를 사용하는지, 어떻게 작고 고립된 유럽 한 국가의 언어가 사용자 수에서 볼 때 세계에서 여섯 번째로 중요한 언어가 되었는지 설명할 수 있게 된다.

대륙이동이 훨씬 뒤늦게 다른 방식으로 인류사에 영향을 주기도 했으니, 왜 포르투갈이 스페인이 뛰어들기 약 100년 전에 탐험을 시작했는지 설명해 준다. 서지중해 지역에는 너무 작아서 초소형 대륙이라 불릴 수밖에 없는 복잡하게 얽힌 대륙지각이 있었다. 가장 명백한 예는 사르데냐섬과 코르시카섬이다. 이 섬들은 회전하여 현재의 남북 방향으로 정렬되기 이전에는 프랑스 남해안을 따라 놓여 있었다.[23]

최근의 연구에 따르면 알보란Alborán 초소형 대륙은 서쪽으로 이동하고 스페인의 남동쪽과 충돌하여 시에라네바다의 거대한 산맥을 밀어 올렸다.[24] 이 높고 방어에 좋은 산맥 덕분에 그라나다왕국은 이베리아에서 마지막 남은 이슬람 수장국으로서 반도의 나머지 지역이 기독교에 의해 재정복된 후에도 250년 동안 유지될 수 있었다. 반면에 서쪽으로 서서히 진행된 충돌의 영향을 아직 받지 않은 이베리아 남서부의 완만한 지형을 마주하는 포르투갈은 1250년경에 이미 완전히 기독교에 재정복되었다. 시에라네바다산맥에 위치한 그라나다의 이슬람 왕국은 거의 난공불락이어서 역사적으로 중요한 해인 1492년까지도 스페인의 재정복이 완성되지 않았다. 그때까지 이미 포르투갈은 한 세기 동안 바다를 탐험하고 있었다. 어디에 높은 산이 존재할지, 그 때문에 누가 먼저 탐험을 시작할지 결정한 것은 초소형 대륙인 알보란의 이동이었다. 나는 브로델이 지질학적 역사와 인류사의 결합으로 지중해를 들여다보는 이 통찰력을 사랑했을 것이라고 상상하고 싶다!

리스본의 파괴

15세기와 16세기에 왕성했던 포르투갈의 탐험은 오래전에 끝났지만, 1755년의 리스본은 여전히 세계 제국의 수도이자 보물과 같은 건축물들과 위대한 발견의 모든 기록들과 기념물들로 가득 찬 특별한 도시로 남아 있었다. 그러다가 위령의 날All Souls' Day인 11월 2일, 재난이 닥쳤다. 지진 규모를 잴 기기는 존재하지 않았지만 리스본 지진은 유럽 역사상 가장 큰 지진으로, 규모가 8.5를 넘었다.

지진으로 인한 흔들림, 저지대에 범람한 해일, 그리고 홍수 위에서 발생한 화재로 도시 리스본은 사실상 파괴되었으며, 포르투갈의 많은 지역이 1755년에 폐허가 되었다. 사망자 수가 엄청났을 것이 틀림없다. 훌륭한 건물들도 파괴되었다. 남아 있었더라면 수많은 질문에 답을 줄 수 있었던, 탐험에서 얻은 비밀 자료들이 사라져 버렸기 때문에 학자들은 그 자료에 어떤 내용이 있는지 절대 알 수 없게 되었다.

리스본 지진은 포르투갈에서 일어난 물리적 파괴에 더해 18세기 유럽의 지적 세계를 바꾸어 놓았다. 종교인들은 그 상

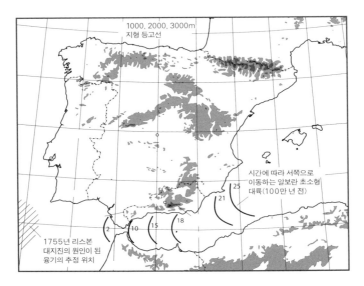

1000, 2000, 3000m
지형 등고선

시간에 따라 서쪽으로
이동하는 알보란 초소형
대륙(100만 년 전)

25

21

18

15

10

2

1755년 리스본
대지진의 원인이 된
융기의 추정 위치

○ 4-3

서쪽으로 이동하는 알보란 초소형 대륙은 스페인과 포르투갈의 역사에 영향을 끼쳤다. 첫 번째로 시에라네바다산맥을 밀어 올려서 1492년까지 이슬람 왕국인 그라나다가 스페인 기독교에 정복되지 않게 보호했다. 1492년에서야 스페인은 콜럼버스를 앞세워 세계를 탐험하기 시작했다. 반면에 포르투갈은 1250년경까지 남쪽 저지대의 이슬람을 쉽게 정복했고, 스페인보다 거의 한 세기 전에 탐험을 시작할 수 있었다. 두 번째 영향은 1755년에 일어난 리스본 대지진으로, 이 지진은 알보란 초소형 대륙 앞쪽에서 융기한 지각의 앞쪽에서 일어난 것으로 추정된다.[25]

황을 이해할 수 없었다. 왜 하나님은 가장 거룩한 날에 도시의 교회를 모두 파괴하셨을까? 철학자들도 마찬가지로 당혹스러웠다. 인간이 사용하도록 아름답게 설계된 것 같은 세상에서 자연이 어떻게 이토록 악의적일 수 있을까? 볼테르Voltaire

의 『캉디드』는 현실 가능한 세계 중 가장 좋은 곳에서 산다고 믿었던 유럽 지성인의 환멸을 반영한다. 그들의 신념은 리스본 지진과 그 직후에 일어난 끔찍한 7년전쟁(1756~1763)으로 크게 흔들리게 된다.

오늘날의 지질학자들에게 리스본 지진은 다른 중요성이 있다. 이 지진은 이베리아 남서쪽의 해양 분지에서 일어난 것으로 보인다. 포르투갈 지질학자가 이끄는 국제 연구 팀은 2013년 논문에서 리스본 지진은 초대륙 순환에서 중요한 전환점을 나타낸다고 주장했다.[26] 아마도 리스본 지진이 서쪽으로 움직여 시에라네바다산맥을 밀쳐서 그라나다왕국을 정복하기 어렵게 했던 초소형 대륙의 새로운 경계에서 일어났을 것이라고 제안한다. 더 나아가, 확장하고 있는 대서양 내 섭입대(해양판과 대륙판이 충돌할 때 상대적으로 무거운 해양판이 가벼운 대륙판 밑으로 밀려 들어가는 현상이 일어나는 곳—옮긴이)의 시작점일 수 있다고 주장한다. 아마도 이것이 해양의 확장이 수축으로 전환하는 시작점으로, 초대륙 순환의 전환점일 수 있다.[27] 대서양이 결국 사라질 것이고, 몇억 년 뒤에 새로운 초대륙이 형성될 것이다. 매혹적인 추측이지만, 슬프게도 우리가 알고 있는 어떤 지질학자도 그것을 직접 확인할 수는 없을 것이다.

과학이 포르투갈의 발견과 함께 시작되었을까?

몇 년 전에 나는 운 좋게도, 물리학 박사 학위를 따고 인문학과 과학에 두루 정통한 포르투갈 과학사학자 엔히크 레이탕Henrique Leitão과 우정을 쌓을 수 있었다. 보통 현대 과학이 시작된 시기는 코페르니쿠스가 천문학과 물리학 혁명을 시작한 1543년으로 제시되지만, 우리는 그보다 100년 전인 15세기에 포르투갈의 항해가 가져온 지질학 혁명으로 인해 현대 과학이 시작되었다고 볼 수도 있는지를 검토해 보았다.

그런 주장은 그저 견해의 문제이기는 하지만, 코페르니쿠스의 시기가 너무 보편적으로 받아들여지다 보니 현대 과학이 좀 더 일찍 시작되었다거나 천문학이나 물리학 대신 지질학에서 시작되었다고 생각하는 사람이 거의 없었기 때문에, 우리는 이런 생각도 해 볼 수 있지 않을까 제안할 필요가 있다고 생각한 것이다.

우리에게는 그것이 꽤 강력한 논쟁거리가 될 것처럼 보였다.[28] 포르투갈 탐험가들은 과학이라는 개념이 아직 존재하지 않던 중세 시대의 사람들이었지만, 오늘날 과학자들이 하는 비슷한 방식으로 자신들이 살고 있는 세상에 대해 질문하고 밖으로 나가서 그 답을 찾고자 했다. 그리고 지금의 지질학자들이 하듯이 지구에 의문을 가졌다.

탐험가들은 해답을 찾기 위해서 밖으로 나가 NASA와 행성 지질학자들이 오늘날 우주의 적대적인 환경에서 하는 것처럼 낯설고 냉혹한 드넓은 대서양에서 여행할 방법을 새로 개발했다. 캐러벨이라는 작고 기동성 있는 탐험선과 **나오스**naos라는 큰 수송선을 만든 것이다. 그들은 또한 스페인-포르투갈 유대인 천문학자이자 수학자인 아브라함 자쿠토Abraham Zacuto가 개발한 항해용 아스트롤라베astrolabe와 같은 장거리 항법 장치를 개발하여 항해를 가능하게 했다. 그들은 수학이 항해의 열쇠임을 깨달았는데, 아마도 16세기 최고의 유럽 수학자는 포르투갈 학자인 페드루 누느스Pedro Nunes일 것이다. 그는 과학사에서 엔히크의 중심 관심사였다.

포르투갈 사람들은 현대 지질학자들이 하는 것처럼 바람, 해류, 자기 나침반의 편차, 해안선 구성을 체계적이고 정량적으로 측정했다. 그들의 지도는 점점 더 정확해졌다. 그리고 그 결과로 현대의 지질학자들이 자신들의 분야에 속하는 것으로 여길 만한 발견들이 이루어졌다. 이 발견에는 대기와 해류의 대순환, 자기장이 약화되는 경향, 지구의 일곱 가지 기후 벨트(두 개의 극지 벨트, 두 개의 온대 벨트, 두 개의 저위도 사막 지대, 그리고 초목이 풍부한 적도 벨트), 그리고 나중에 대류이동과 판구조론으로 이어지는 남아메리카와 아프리카 해안선의 일치가 포함된다.

만약 이것이 최초의 과학혁명이었다면, 그것은 지식인이 아니라 보통 사람들, 즉 선원들과 작은 배의 선장들에 의해 수행되었다는 점에서 코페르니쿠스의 과학혁명과 다르다고 엔히크는 지적했다. 사실 그들이 밝혀낸 세상에 대한 새로운 시각은 권위와 전통에 의존하던 지식인들의 저항을 받았다.

아리스토텔레스나 프톨레마이오스와 같은 고대 권위에 대한 중세의 의존성을 타파한 사람은 포르투갈 선원들이었다. 아리스토텔레스는 초목의 적도 벨트에 대해서 몰랐기 때문에 기후 지대가 다섯 가지 있다고 말했다. 그러나 포르투갈인들은 나가서 눈으로 확인하여 일곱 가지 지대가 존재한다는 것을 찾아냈다. 프톨레마이오스의 지도에서는 인도양이 유럽에서 배로는 닿을 수 없는 사방이 막힌 바다였다. 그러나 포르투갈인들은 배를 타고 나가서 프톨레마이오스의 지도를 수정했다. 권위를 거부하고 관측과 실험에 의지하는 것은 당연히 현대 과학의 주요한 특징 중 하나이다.

마지막 관찰 하나가 특별히 내 마음에 와닿는다. 이 장의 앞에서 언급했듯이 1960년대와 1970년대 판구조론 혁명기의 특징은 격렬한 흥분과 발견의 즐거움이었다. 포르투갈의 항해

O 4-4

리스본에 있는 제로니무스 수도원에서 나온 마누엘 양식의 조각들. 이 조각들은 포르투갈의 항해로 이루어 낸 발견의 흥분을 전한다.

시대에도 그랬을 것이다. 리스본을 방문했을 때 엔히크는 밀리Milly와 나에게 제로니무스Jerónimos 수도원에서 포르투갈의 탐험 시대에 만든 사랑스러운 돌 조각품을 보여 주었다. 돌 곳곳에 밧줄이 조각되어 있었고 이국적인 새들, 꽃과 조개껍데기, 지구와 하늘을 상징하는 혼천의, 심지어는 옭매듭 위에서 기지개를 켜는 고양이도 있었다. 마누엘 1세King Manuel의 이름을 따서 명명된 이 양식의 포르투갈 조각은 장난스럽고 지극히 세속적이며, 동시대 스페인의 종교적이고 상징적인 엄숙한 조각품과 완전히 달랐다.

마누엘 양식의 조각들을 보면 1500년경의 포르투갈 사람들은 그들의 탐험이 가져온 발견들에 즐거워한 것이 분명하다. 엔히크가 우리에게 말해 준 보고서에 따르면, 탐험선이 리스본 항구에 들어오면 이번에는 또 어떤 경이로운 것들을 발견했는지 보고 들으려고, 사람들이 선창으로 달려갔다고 한다. 오늘날 발견이 일상이 된 시대를 사는 우리가 중세의 제한적이고 정적인 세계관과 새로운 발견들이 이루는 대조를 상상하기란 쉽지 않다.

포르투갈인들이 15세기와 16세기에 대륙 해안선을 탐험하면서 이룬 혁명적 발견은 500년 후 지질학자들이 판구조론 혁명으로 대륙들이 지금의 모양을 하게 된 이유를 마침내 이해했을 때 경험한 것과 같은 흥분을 야기했다고 볼 수 있다.

5장

두 산맥 이야기

빅 히스토리의 산맥들

앞 장에서 대륙들을 장식하는 산맥을 지나는 것에 대해 이야기했다. 규모는 산맥보다 대륙이 더 크지만 산맥이 더 눈에 잘 띄고 인상적이다. 지구상에는 전체 대륙을 바라볼 수 있는 곳이 없다. 지금은 위성사진으로 전체 대륙을 볼 수 있지만 우주에서 본 아메리카나 오스트레일리아 대륙은 흥미롭긴 해도 마음에 와닿지 않는 지도처럼 보인다. 거대한 산맥 아래에 서서 높이 솟은 봉우리를 올려다보거나 산속으로 들어가 야생의 아름다운 풍경에 둘러싸이는 것은 직접적이면서도 감성적인 경험이 된다. 산맥은 물리적으로나 감성적으로 모두 인간 현실의 기본적인 일부이다.

산맥은 빅 히스토리 연구자들에게 훌륭한 주제이다. 지구를 연구하는 역사학자인 지질학자나 인간을 연구하는 역사학자 모두에게 기본적인 관심사이기 때문이다. 지질학자에게 산맥은 모두 초대륙 순환을 보여 주는 매혹적인 역사를 가진 지구의 주요 특징이다. 그리고 산맥이 형성되기 전의 지구 역사의 기록을 보여 주는 암석들을 대규모로 드러내기도 한다. 예를 들어 이탈리아의 아펜니노산맥은 수천만 년 전에 형성되었지만 노출된 암석들은 2억 년 전까지 거슬러 올라가 6600만 년 전의 대멸종을 비롯해 그 기나긴 시간 동안 무슨 일이 일어났는지 이해하게 해 준다.[1]

인간을 연구하는 역사학자가 보았을 때 산맥은 소통과 이동에 결정적 장애물이었다. 히말라야산맥과 알프스산맥은 인도와 이탈리아 문명을 보호해 주었다. 물론 침략을 받지 않은 것은 아니었고, 그중 어떤 것은 역사의 전환점이 되기도 했다. 오늘날에는 비행기와 거대한 터널을 이용하여 산맥들을 쉽게 가로지르므로 불과 한 세기 전만 해도 산맥이 역사에서 얼마나 대단한 역할을 했는지 잊게 된다.

모든 산맥은 지질학적으로 흥미롭지만 인류사와 별로 연관되지 않는 산맥도 있는데(남극대륙을 가로지르는 산맥을 생각해 보라!) 이런 산맥을 빅 히스토리와 연결 짓기는 더 어렵다. 그런가 하면 인류사에서 핵심적인 역할을 한 산맥도 있다. 우리는 남아메리카의 안데스산맥이 잉카문명이나 식민지화 혹은 남아메리카의 독립 전쟁들에 미친 영향이나, 메소포타미아문명의 탄생부터 20세기 후반과 21세기 초의 전쟁에 이르기까지 이란의 자그로스산맥이 미친 영향, 로키산맥이 캐나다와 미국 탐험가들의 탐험과 정착에 미친 영향, 러시아 역사에서 우랄산맥이, 유목민과 농경민의 오랜 상호작용에 중앙아시아의 산맥들이 미친 영향 등에 초점을 맞출 수 있다. 이 장에서 중점적으로 살펴볼 훌륭한 사례 두 가지는 알프스산맥과 애팔래치아산맥이다.

알프스산맥은 이탈리아와 유럽 대륙 사이의 비교적 규모가 작은 대륙 충돌 때문에 지금도 만들어지는 중이다. 알프스산맥은 이 두 지역 사이의 장벽이자, 이 지역들에 대한 역사적 기록이 있는 시기부터 지금까지 유럽 역사에서 중요한 역할을 하는 장벽이었다. 현재 일곱 개국이 알프스산맥의 일부를 지배하고 있다. 프랑스, 스위스, 리히텐슈타인, 독일, 오스트리아, 슬로베니아, 이탈리아이다. 그래서 알프스 지역에는 로마인, 게르만족, 슬라브족에서 온 언어와 지역명이 있다. 하나의 산에 여러 언어로 지은 이름이 있을 수도 있다. 그리고 이것은 이 멋진 산맥에 대한 인류학적, 지질학적 복잡성의 시작일 뿐이다.

애팔래치아산맥은 약 3억 년 전, 4-2 그림에서 본 가장 최근의 초대륙 판게아가 만들어질 때 로렌시아대륙과 곤드와나

대륙의 큰 충돌로 만들어졌다. 하지만 알프스산맥보다 오래되었기 때문에 많이 침식되어 경치는 알프스산맥에 비해 극적이지 않다. 애팔래치아산맥은 알프스산맥보다 훨씬 늦게 기록 역사에 등장했지만, 처음에는 미국 13개 주가 지리적 한계를 깨고 나오는 것을 지연시켰고, 나중에는 동쪽 해안을 따라 전체 대륙으로 확장하여 20세기 역사를 지배하게 된 데에 중요한 역할을 했다.

빅 히스토리 차원의 접근을 견지하면서 우리는 두 산맥을 처음에는 역사학자의 관점으로, 다음에는 여행자와 예술가의 관점으로, 마지막으로는 지질학자의 관점으로 살펴볼 것이다.

역사학자가 산맥을 보는 관점

기록 역사를 연구하는 학자들의 시간 개념은 아무리 멀어도 몇천 년밖에 거슬러 올라가지 않는다. 유럽의 알프스산맥보다 짧고 북아메리카의 애팔래치아산맥보다는 훨씬 더 짧다. 그렇게 짧은 기간에는 산맥이 거의 변하지 않는다. 스칸디나비아와 캐나다를 덮고 있던 거대한 대륙빙하는 기록 역사가 시작될 때는 사라진 지 오래였고, 그 이후의 주요한 변화는 아주 천천히 진행되는 침식과 알프스산맥의 산악빙하들의 느린 흔들림이었다. 이 흔들림이 지금은 빠르게 약해지고 있다.

이렇게 느리게 변하기 때문에 역사학자들은 알프스산맥을 역사가 펼쳐지는 고정된 무대로 볼 수밖에 없다. 이 산맥은 게르만, 켈트, 스칸디나비아, 슬라브 족과 같은 북유럽인들을 이탈리아인들로부터 분리시키는 변하지 않는 지리학적 장애물이다. 사실 알프스산맥은 대부분의 역사 기록에 거의 등장하지 않는다. 장벽으로 언급될 수는 있지만 자세하게 묘사되거나 분석된 적은 거의 없다. 대부분의 역사학자들은 도서관이나 자료실에서 연구하지 산에서 연구하지 않기 때문이다.[2]

역사학자들이 보기에 알프스산맥은 역사의 거대한 흐름에 영향을 주거나 역사의 흐름을 조정했다. 언어권과 종교를 분리하고, 알프스산맥을 지날 수 있는 통로들로는 무역 경로와 군대, 순례자들이 몰렸다. 로마를 공격하기 위해 알프스산맥을 넘은 한니발Hannibal부터 갈리아 정복을 위해 반대 방향으로 넘은 카이사르, 서기 440년에 알프스산맥을 넘어 로마를 점령한 서고트의 알라리크Alaric the Visigoth와 1077년 교황 그레고리우스 7세에게 용서를 빌기 위해 겨울에 알프스산맥을 넘은 하인리히 4세, 나폴레옹이 천재적 군대 지휘 능력을 이탈리아에 처음으로 보여 준 1796년, 그리고 제1, 2차 세계대전까지. 알프스

산맥은 유럽 역사에서 아주 중요한 역할을 했다.[3]

고고학자들은 거대 대륙빙하의 성장과 쇠퇴, 그 결과로 일어난 해수면의 상승과 하강, 그리고 지난 수십만 년 동안 대륙 전체에 걸친 기후변화까지 유럽을 더 긴 시간 개념으로 본다. 그 시간 동안 최초의 호모에렉투스가 유럽 전체로 퍼졌고 이어서 네안데르탈인이 유럽을 지배했으며, 결국에는 현재 살아 있는 유일한 인류인 호모사피엔스가 등장했다. 최근까지만 해도 고인류학자들은 이 다른 인류 종들이 서로 어떻게 교류했는지에 대해서는 추정 말고는 할 수 있는 일이 거의 없었다. 그들은 공존하면서 서로 교미했을까, 아니면 서로 싸웠을까? 그런데 최근 분자유전학의 발달로 몇 가지 의문에 답을 찾는 한편 새로운 의문들이 생겼다.[4]

흥미롭게도 유럽의 선사시대를 훨씬 더 먼 과거로 돌아볼 수 있는, 그 누구도 감히 기대하지 않았던 기회를 최근 알프스산맥의 빙하가 제공해 주었다. 1991년 몇 명의 알프스 등반가들이 얼음 속에서 얼어붙은 사체를 발견했다. 조사 결과 그것은 현대에 일어난 사고가 아니라 고대에 일어난 의문의 살인 사건임이 밝혀졌다. 그 사람은 5000년도 더 전에 살았고, 알프스산맥을 걸어서 넘다가 화살을 맞아 죽었다. 외치Ötzi로 알려진 이 고대의 등반가에게 정확하게 무슨 일이 있었는지 알기는 어렵지만, 수천 년 동안 빙하 속에 얼어붙어 있던 그의 몸과 옷, 도구는 그렇게 먼 과거 유럽에서의 생활을 엿볼 수 있는 매우 드물고 귀한 자료가 되었다.[5]

애팔래치아산맥은 16세기 스페인 탐험가들과 1600년 이후 북아메리카의 대서양 해변을 따라 식민지를 점차 확대해 간 영국인들과 함께 훨씬 더 최근에 기록 역사 속으로 들어왔다. 1776년 영국에 대항하기 시작할 때까지 식민지들은 사실상 해안과 애팔래치아산맥 사이에 갇혀 있었는데, 조지 워싱턴을 포함한 지도자들은 그 점이 새 나라의 미래에 가장 큰 위협이라고 생각했다.[6] 산맥 건너편의 땅을 영국이나 프랑스, 스페인이 지배한다면 식민지들의 처지는 정말로 위태로울 것이다. 오늘날 애팔래치아산맥은 로키산맥에 비하면 작은 장애물이지만 당시에는 만만찮은 장벽이었다. 다음 장에서 우리는 복잡한 지질학 역사가 만들어 낸 지형이 어떻게 신생국인 미국이 장벽을 극복하고 결국에는 태평양까지 확장하게 했는지 살펴볼 것이다.

외치를 비롯하여 고고학자들의 발굴은 우리를 지금 우리가 아는 것과는 아주 다른 인간 세계로 이끈다. 하지만 산맥들을 거의 끝없는 시간에서 태어나고 자라고 성숙하고 사라져 가는 살아 있는 생명체처럼 볼 수 있게 된 것은 지질학자들의 오

랜 노력의 결과이다. 하지만 알프스산맥과 애팔래치아산맥을
오랜 시간에 걸쳐서 살펴보기 전에 먼저 산맥들을 아주 다른
두 가지 관점에서 생각해 보겠다.

초기의 여행자들이 산맥을 본 관점

현재 우리 세계에서 산맥들은 자연의 아름다움을 간직한
곳이나 여름에는 하이킹과 등산을, 겨울에는 스키를 즐기는
곳으로 귀중하게 여겨지고 있다. 19세기의 조지프 말러드 윌
리엄 터너Joseph Mallord William Turner나 20세기의 앤설 애덤스Ansel
Adams 같은 위대한 화가나 사진작가들은 산맥의 아름다움을
작품에 담아냈고, 산악 스포츠 선수들은 4년마다 동계올림픽
에 참가한다. 예술가나 스키 선수가 아니라도 산을 여행하는
사람들은 마음이 안정되고 영혼이 치유되는 것을 느낀다. 산
맥에 대한 이런 호의적인 관점은 오늘날에는 아주 널리 퍼져
있어서 의문의 여지가 없을 정도이다.

하지만 불과 몇 세기 전만 해도 사람들은 산맥들을 완전히
다른 시각에서 보았다. 내가 가장 좋아하는 표현은 1657년의
것으로, 산맥을 "자연의 수치이자 상흔", 혹은 깨끗한 자연의
얼굴에 난 "사마귀, 물집, 종양, 종기"라고 비난했다.7

18세기나 19세기까지도 여행자들은 두려움을 품은 채 산맥으로 갔는데, 그 이유를 이해하기는 어렵지 않다. 당신이 제대로 된 지도와 안내자도 없이 중세에 알프스산맥을 넘어 독일에서 이탈리아로 가려고 하는 여행자라고 상상해 보라. 이정표 없는 교차로에서 잘못된 길로 들어서 눈 덮인 암석과 바윗덩어리 속에서 길을 잃었다는 것을 깨달았다고 상상해 보라. 저 등성이만 넘으면 마을이 있을 것이라고 기대하며 사라져 가는 길을 따라 길고 급한 오르막을 올랐는데, 마을은 보이지 않고 또 다른 계곡과 등성이, 그리고 그 너머에 또 다른 등성이만 보이는 경우를 상상해 보라. 그때 오후의 빛이 약해지면서 태양은 다른 등성이 너머로 내려가고 추운 밤이 다가오는 한기가 느껴진다. 도와줄 사람도 없고 쉴 만한 안식처도 없어 다음 날 아침까지 견디지 못할 수도 있다.

이것은 사라진 길, 눈사태와 산사태, 번개가 치는 폭풍, 야생동물과 함께 알프스산맥을 넘으려 하는 초기의 여행자들에게는 악몽과 같았다. 이런 자연적인 난관에 더해 강도와 자신의 구역을 지나가는 대가로 통행료를 요구하는 지방 호족들도 있었다. 극단적인 경우로, 972년 프랑스 남쪽 해안 프랙시네텀Fraxinetum에 자리 잡은 무슬림 해적들이 알프스 서부를 습격하여 클뤼니Cluny 대수도원의 원장을 사로잡아 몸값을 요구한 적도 있다. 그 당시의 사람들과 편안하게 산맥을 넘는 현대의 여행자들의 관점은 극단적으로 다르다.

산맥을 여행하는 여행자들에게는 이런 실질적인 공포 말고도 지적, 혹은 심리적 불편도 있었다. 적어도 서구 기독교 세계에서 사람들은 세상의 역사가 아주 짧다고 믿었다. 초기 역사의 유일한 정보는 구약성서의 첫째 권에 있는, 누가 누구를 낳았다는 아브라함가의 계보뿐이었다. 수백 년 동안 학자들은 이 계보를 반복해서 연구하여 시간을 계산하고 지구의 나이가 수천 년밖에 되지 않는다는 결론에 모두 동의하게 되었다.[8] 이런 어린 행성에서 구불구불한 산맥들은 끔찍한 재앙의 잔해로 보일 수밖에 없었고, 적어도 잘 교육받은 여행자들은 그것이 마음에 걸렸을 것이 틀림없다.

현대 여행자와 예술가가 산맥을 보는 관점

산맥을 보는 관점은 현대에 극적으로 변했는데, 이런 관점의 변화는 현대의 위대한 지적 혁명 중 하나임이 분명하다. 무엇이 바뀌었을까? 아마도 현대의 세 가지 발전이 산맥을 공포와 증오의 대상에서 사랑의 대상으로 바꾸는 데 크게 기여했을 것이다. 여행의 발달, 낭만파 예술, 그리고 지질학자들의 발견이다.

로마제국의 길이 붕괴한 후 알프스 여행은 중세 초기에 최저점에 달했다. 그 후 몇몇 경로들의 길이 점점 좋아지면서 여행의 어려움이 조금씩 줄어들었지만, 결정적인 변화는 산맥을 가로질러 철도가 놓인 19세기에 일어났다.

지금 보아도 그렇게 높은 곳에 철도를 놓은 스위스 기술자들의 성과에 놀랄 따름이다. 철길의 경사가 너무 급하면 기관차 바퀴가 미끄러질 것이다. 이것을 극복하는 데에는 세 가지 방법이 있는데, 알프스산맥에 철도를 건설한 사람들은 이 세 가지 방법을 모두 사용했다. 첫 번째 방법은 기본 레일 사이에 놓인 톱니 궤도와 기관차 주행 바퀴에 톱니를 설치한 톱니 철도로, 기차를 높은 곳으로 올려 보내는 데 사용된다. 두 번째 방법은 왕복 철로를 이용하여 올라가는 것이다. 더 극적으로는 산 주위를 돌면서 올라가는 나선형 터널을 만들어 들어간 곳과 가깝지만 좀 더 높은 곳으로 나오는 것이다. 이런 나선형 터널은 취리히와 밀라노 사이의 주요 철도선에 세 개가 있다. 세 번째 방법은 북쪽 계곡에서 남쪽 계곡으로 터널을 뚫어 높이 올라갈 필요가 없도록 만드는 것이다. 이 세 가지 기술을 이용하여 스위스 기술자들은 적어도 수백 년 동안 풀기 어려웠던 알프스산맥을 넘는 문제를 해결했다.

20세기에는 비행기의 발달로 산맥들이 여행자들과 상관없는 곳이 되어 버렸고, 누군가에게는 산맥이 내려다보기 좋은 풍경 이상이 아니었다. 21세기인 지금은 산을 통과하는 철도 여행의 진수를 맛볼 수 있게 되었다. 스위스의 새로운 계획은 북유럽과 이탈리아를 연결하는 두 개의 거대한 '베이스 터널base tunnel'을 만들어 알프스산맥을 가로지르는 승객과 화물 수송의 속도를 크게 높이는 것이었다. 서부 스위스에 있는 길이 34.4킬로미터의 뢰츠베르크Lötschberg 베이스 터널은 2007년부터 사용되었고, 동부 스위스에 있는 길이 56.6킬로미터의 고트하르트Gotthard 베이스 터널은 2016년 6월 1일에 개통식이 열렸다. 이 두 터널은 너무나 길어서 낮은 고도에서 시작하고 끝나기 때문에 기차가 산을 올라갈 필요가 전혀 없게 되어 여행하는 동안 알프스산맥의 존재를 깨닫기도 어려울 정도이다. 나는 그토록 오랫동안 유럽 역사에서 중요한 구실을 했던 산맥이 지금은 거의 아무런 문제가 아니게 되었다는 점에서 정점에 오른 철도 기술의 발전이 놀랍기도 하고 슬프기도 하다. 하지만 이것도 인류사에서 계속 진행되는 주제 중 하나인 교통의 발전 과정에서 가장 최근의 사건일 뿐이다.

　철도 덕분에 알프스산맥 여행이 쉬워진 19세기에, 낭만파로 알려진 예술가들이 산을 보는 우리의 관점을 바꾸어 놓았다.

고전 예술의 경직성, 계몽주의의 이성주의, 산업혁명의 불결함에 저항하여 이 화가들은 자연을 찬양하고 남들은 위험과 자연의 상흔으로만 보던 것에서 아름다움을 발견했다.[9]

미국에서는 19세기 허드슨 리버 화파Hudson River School 화가들이 허드슨강의 낭만적인 아름다움과 산업 시대의 도시와 공장이 퍼져 나가고 있음에도 여전히 장엄한 미국의 풍경을 표현했다. 허드슨 리버 화파 화가 중 한 명인 앨버트 비어슈타트Albert Bierstadt는 마운틴웨스트Mountain West에서 대부분의 작업을 했지만 알프스산맥도 그렸다. 인터넷에서 볼 수 있는 그의 「마터호른Matterhorn」은 낭만주의의 위대한 작품이다.

낭만파 풍경화 화가 중 뛰어난 영국의 화가 터너는 상당히 젊을 때인 나폴레옹전쟁 직후에 알프스산맥을 여행하고 그림을 그렸다. 터너는 뛰어난 색채감으로 알프스산맥에 대한 잊지 못할 장면들을 우리에게 남겼다. 그가 표현한 알프스산맥의 아름다움은 지금까지도 많은 예술가들에게 영감을 준다. 그와 동시에 지질학자들 역시 사람들이 산맥을 보는 관점을 바꾸고 있었다.

암석에 쓰인 산 역사 읽기

18세기와 19세기에 이루어진 중요한 발견들로 지질학자들은 지구 역사가 짧지 않다는 사실을 알게 되었다. 지구 역사는 수천 년 정도가 아니라 훨씬 더 길고, 지금은 약 45억 년까지 거슬러 올라간다. 이 발견들과 함께 산맥 역시 거대한 재앙의 결과물이 아니라 오랫동안 지속되는 느린 과정의 결과물로, 우리가 오늘날 즐기는 산맥의 풍경은 점진적으로 만들어지고 침식된 것이라는 사실을 알게 되었다. 이제 우리는 산맥이 상흔이 아니라 조각품이라는 것을 깨닫게 되었다.

우리가 알고 있는 지구 역사에 대한 거의 모든 지식은 암석에서 비롯한다. 암석은 액체나 기체와 달리 잊지 않고 기억하기 때문이다. 대부분의 사람들은 그저 한곳에 자리한 채 움직이지 않는 암석보다는 움직이고 자라는 동물과 식물에 관심을 가진다. 하지만 암석을 그토록 훌륭한 역사의 기록자로 만드는 것은 바로 그 변하지 않는 성질이다.

서로 다른 암석들은 서로 다른 역사를 기억하며, 우리는 그 모든 것을 산맥에서 찾을 수 있다. 석회암이나 사암과 같은 퇴적암은 산호초나 강바닥, 사막의 모래언덕, 빙하에 의한 빙퇴석과 같이 퇴적이 일어난 환경을 기억하고 지질학자들은 그 환경을 아주 자세하게 알아낼 수 있다. 암석들은 만들어진 후에 단층에 의해 어떻게 휘어지고 부러졌는지와 같이 무슨 일이 일어났는지도 기억한다. 암석이 가열되거나 땅속 깊이 묻히면 변성암으로 바뀌고 산맥 깊은 곳에서 압력, 온도, 힘을 받은 시기를 기억한다. 암석이 충분히 가열되면 녹아서 대개는 조사할 수 없는 깊은 곳에 있는 암석들을 표면으로 운반하여 산맥의 기반이 어떻게 이루어져 있는지 알려 주기도 한다. 내가 가르친 학생 중 하나는 최근에 "나는 암석을 사랑해!"라고 주장하는 에세이를 썼다. 이것은 역사를 사랑하는 사람들에게는 후천적인 취미이자 충분한 보상일 것이다.

초기의 지질학자들은 지구 역사에 대한 암석 기록의 연대를 알 수 있는 방법을 몰랐지만 퇴적암층을 연구하여 사건의 순서는 알아낼 수 있었다. 핵심은 복잡한 요소가 없다면 젊은 암석이 오래된 암석 위에 놓인다는 것이다. 이것은 1660년대에 니콜라우스 스테노가 이탈리아 중부 토스카나주에서 발견한 '누중법칙principle of superposition'이다.[10] 지질학자들은 화석을 이용하여 같은 시대의 지층을 알아내 노두들 사이의 관계, 더 나아가서는 다른 나라나 다른 대륙 사이의 암석들의 상관관계도 알아낼 수 있게 되었다.[11]

지구 역사를 읽는 법과 이 역사가 엄청나게 길다는 사실을 알게 되자 지질학자들은 과거 지구에 일어난 사건들의 **구체적인 연대**를 알아내기 위하여 오랫동안 진행된 연구를 시작했다. 19세기의 일부 성과와 20세기의 기발한 연구들을 통해 이제 우리는 가장 최근의 사건부터 지구의 기원에 이르기까지 많은 사건의 연대를 특정 범위의 오차 이내로 알아낼 수 있는 다양한 방법을 가지게 되었다.12 지질학적인 사건의 연대를 알아내는 능력을 갖춘 지질학자들이 우리 행성의 역사를 더욱더 자세하게 구축해 가고 있다. 이것은 과거 지구의 아주 다양한 측면을 아우르는 흥미로운 연대기이다. 가장 재미있는 측면 중 하나는 알프스산맥이나 애팔래치아산맥과 같은 산맥의 진화에 대해 알게 된 것이다.

우리가 다루는 연대는 **몇 년**이 아니라 **몇백만 년** 단위이다. 기록 역사는 약 **5000**년이지만 지구 나이는 약 **50억** 년이므로, 지질학자들은 시간의 기본 단위로 100만 년을 사용한다. 화석 기록이 풍부해지기 시작한 5억 4000만 년 전과 같은 연대는 포르투갈인들이 발견의 항해를 하던 540년 전 정도와 비슷하다고 생각하면 된다. 처음에는 이상하게 보이겠지만 사실 우리는 이미 이렇게 하고 있다. 예를 들어 우리는 가구의 길이를 측정할 때는 센티미터를 단위로 사용하지만, 다른 도시로의 이동을 이야기할 때는 킬로미터를 사용한다. 시간 단위를 년에서 100만 년으로 바꾸는 것은 지구 역사를 파악하는 좋은 방법이다.

스테노가 지질학적으로 단순한 토스카나주에서 누중법칙을 발견하여 지질학을 발명한 것은 행운이었다. 그가 지질학적으로 거의 무한할 정도로 복잡한 알프스산맥에서 그 법칙을 찾으려고 시도했다면 성공할 가능성이 거의 없었을 것이고, 오늘날의 어떤 지질학자도 스테노의 이름을 들어 보지 못했을 것이다.

산 샌드위치를 만드는 방법

스테노의 연구에서 200년이 지난 19세기 중반에 스위스의 지질학자 아르놀트 에서 폰 더 린트Arnold Escher von der Lindt는 본격적인 알프스산맥 지질 탐사를 시작했다. 당시의 지질학은 1840년 에셔가 발견한 복잡한 지층을 설명할 수 있을 정도로 충분히 발전해 있었다. 오래된 지층이 젊은 지층 위에 있는 예외적인 경우였다. 스위스 글라루스Glarus주에서는 날카로운 선이 높은 봉우리들을 가로질러 지나가고 있다. 지질학자들이 접촉면contact이라고 부르는 구조로, 서로 다른 두 암석을 분리하는 선이다.13 화석을 이용하여 에셔는 글라루스 접촉면의 위쪽은 페름기의 바위라는 사실을 알아냈다. 페름기는 약 2억 8000만 년 전이다. 아래쪽 바위는 약 4000만 년 전인 에오세의 바위이다. 누중법칙이 글라루스에서는 성립하지 않는 것이 분명하다. 왜 그럴까?

많은 논쟁 끝에 드디어 답을 알게 되었다.[14] 그 답은 지질학자들이 산맥을 제대로 이해하도록 이끌었다. 산맥에 대한 이해는 지금도 깊어지고 풍부해지고 있다. 글라루스 접촉면 위쪽의 페름기 바위는 그곳에서 퇴적된 것이 아니라, 남쪽에서 퇴적된 후 한참 뒤에 북쪽으로 이동하여 접촉면 아래쪽에 있는 에오세 바위 위로 올라간 것이다. 글라루스 접촉면은 **충상단층**(thrust fault, 수평면과 단층면 사이가 이루는 각이 매우 작은 단층에서 단층면을 경계로 상반이 하반 위로 밀려 올라간 일종의 역단층—옮긴이)이었다. 오래된 암석이 젊은 암석 위로 밀려 올라간 경계면이다. 이것은 암석이 압력을 받아 밀릴 때 생기는 것으로, 알프스산맥은 압력에 의해 형성된 산맥의 예가 되었다. 에서의 발견 이후 170년 동안 지질학자들은 압력에 의해 생긴 산맥에서는 충상단층이 흔하게 존재한다는 사실을 알게 되었다.[15]

충상단층에 대한 위대한 발견이 이어졌다. 글라루스 충상단층은 아주 작은 규모일 뿐이었고, 훨씬 더 큰 단층들이 알프스산맥에서 발견되었다. 19세기 말과 20세기 초에 지질학자들은 암석이 퇴적된 환경을 알아내기 위해 연구했다. 그들은 육지의 얕은 물에서 퇴적된 암석과 깊은 바다에서 퇴적된 암석을 구별할 수 있게 되었다. 서서히 알프스산맥은 수직으로 쌓인 세 개의 주요 성분으로 이루어져 있다는 사실이 분명해졌다. 가장 아래에는 북유럽 대륙 주변부가 있고 맨 위에는 이탈리아 대륙 주변부가 있다. 그리고 그 사이에 지금은 완전히 사라진 바다에서 퇴적된 암석층이 있다. 알프스산맥의 이 세 성분을 구별하는 접촉면은 충상단층이다. 충상단층은 압력에 의해 만들어지므로 한때 북유럽과 이탈리아 사이에 있던 바다(앞 장에서 본 테티스해)는 북유럽과 이탈리아가 함께 이동할 때 눌려서 사라졌다는 것을 알려 준다.

이것은 다른 두 유형의 과학적 증거가 같은 결론에 도달하는 것을 보여 주는 멋진 예이다. 대륙들을 모아 판게아를 재구성하면, 지질학자들이 테티스해라고 부르는 쐐기 모양의 바다가 만들어진다. (4-2 그림의 지도를 보라) 테티스해는 사라졌지만 해양 암석은 알프스산맥 높은 곳에서 발견된다. 지구 역사는 어느 누가 상상한 것보다 더 복잡하고 흥미로운 것임에 틀림없다!

사라진 테티스해가 발견되는 과정을 보면 알프스산맥을 샌

o 5-1

스위스 동쪽 클로스터스Klosters 근처에서 동쪽의 오스트리아를 바라본 모습. 눈 덮인 봉우리들은 테티스해 바다 암석 위로 북쪽으로 밀려 올라간 이탈리아 대륙지각 암석이고, 테티스해 바다 암석은 유럽 대륙지각 암석 위로 북쪽으로 올라갔고, 유럽 대륙지각 암석은 아래쪽 깊이 있어서 이 사진에는 보이지 않는다.

드위치로 생각해 볼 수 있다. 아래쪽 빵은 유럽의 고대 대륙 주변부이고 위쪽 빵은 이탈리아 대륙 주변부, 그 사이에는 테티스해의 지각과 퇴적층이 있다. 이것은 상상하기는 편하지만 자연은 당신과 다른 방법으로 샌드위치를 만든다는 사실을 곧 깨닫게 될 것이다. 당신은 아마도 샌드위치를 만들 때 빵을 놓고 그 위에 샌드위치 속을 넣은 후 빵을 또 그 위에 얹을 것이다. 자연이 만드는 것과 같은 방법으로 샌드위치를 만들려면 두 빵을 테이블 위 적당한 거리에 떨어뜨려 놓은 다음 샌드위치 속(예를 들면 땅콩버터 젤리)을 두 빵 사이에 깔아 놓고 두 빵을 천천히 밀어서 땅콩버터와 젤리를 모은 다음 빵 하나를 다른 빵 위로 밀어 올리면서 땅콩버터와 젤리를 그 사이에 오도록 하면 된다. 이것이 샌드위치를 만드는 가장 좋은 방법은 아니지만 알프스산맥에 분명하게 기록되어 있는 자연의 방법이다!

애팔래치아산맥은 어떨까? 높이만 놓고 보면 알프스산맥에 비해 그다지 인상적이지 않다. 애팔래치아산맥에서 가장 높은 봉우리는 노스캐롤라이나에 있는 미첼산Mt. Mitchell으로 높이가 2037미터이다. 이것은 알프스산맥의 최고봉인 몽블랑Mont Blanc의 높이인 4810미터의 절반도 되지 않는다. 알프스산맥의 봉우리들은 훨씬 더 험하며 아직도 빙하들이 활동하고 있다. 이것은 단순히 나이 때문이다. 알프스산맥은 아직도 형성 중이고 상승하고 있으며 활동적인 침식으로 험준한 지형이 만들어지고 있다. 하지만 애팔래치아산맥은 2억 5000만 년 전에 형성이 멈췄고 원래 높았던 봉우리들은 오랜 침식으로 낮아졌다.

하지만 규모로 보면 애팔래치아산맥이 훨씬 더 인상적이다. 알프스산맥의 길이는 960킬로미터에 불과한 데 반해 애팔래치아산맥의 길이는 4000킬로미터나 되고, 중부 유럽의 바리

스칸산맥Variscan Mountains과 1900킬로미터 더 연결되는 것을 고려하면 원래 길이는 5900킬로미터가 되어 알프스산맥보다 여섯 배 이상 더 길다. 내부적으로 애팔래치아산맥은 충상단층과 샌드위치 성질과 같이 알프스산맥과 구조가 같다. 알프스산맥의 샌드위치 구조가 북유럽과 이탈리아의 충돌로 만들어졌다면 애팔래치아산맥은 어떤 대륙이 북아메리카와 충돌하여 만들어졌을까? 현재는 상대편에 대서양밖에 없다.

판구조론, 윌슨 순환, 초대륙 순환이 나오기 전에는 이 질문에 답할 수 있는 희망이 없었다. 하지만 이제는 알고 있다. 애팔래치아산맥은 아프리카와 북아메리카대륙의 충돌로 만들어졌다. 판게아 초대륙을 만든 충돌이다(4-2 그림). 하지만 그 충돌 후에 판게아는 갈라졌다. 아프리카가 북아메리카에서 떨어져 나가면서 애팔래치아산맥보다 더 젊은 대서양을 만들었다.

그러므로 미국의 13개 주가 갇혀 있던 좁은 해변 지역은 지구 역사의 거대한 두 사건 때문에 만들어진 것이다. 약 3억 2000만 년 전 애팔래치아산맥과 마지막 초대륙 판게아를 만든 곤드와나-로렌시아 충돌과 약 1억 8000만 년 전 대서양을 만들고 현재 인간이 살고 있는 대륙을 만든 판게아의 분열이다.

산으로 만든 조각품

인터넷에서 비어슈타트의 낭만주의 그림 「마터호른」을 다시 찾아보자. 거대한 피라미드 모양의 바위가 구름 속에 숨어 있는 높은 주변 산맥보다 수천 미터 더 높이 솟아 있다. 여행자나 등반가에게 마터호른은 우아하고 아름답게 하늘로 솟은 거대한 바윗덩어리이다.

지질학자도 마터호른의 거대함과 아름다움을 감상할 수 있지만 완전히 다른 것도 이해할 수 있다. 그것은 마터호른이 침식 후에 남은 작은 잔해일 뿐이라는 사실이다! 침식의 흔적은 깊은 빙하 계곡 어디에나 있다. 안타깝게도 그 빙하들은 빠르게 녹아서 사라지고 있다. 마터호른의 사면체 피라미드 모양은 중심의 꼭대기를 남겨 두고 많은 양의 바위를 네 개의 빙하가 깎은 결과물이다.

비어슈타트의 그림을 보면서 마터호른 꼭대기에서 일어난 침식을 상상하는 것은 어렵지 않다. 미켈란젤로가 대리석 덩어리로 시작하여 끌로 가장자리를 뜯어내어 조각품을 만든 것과 비슷하다. 알프스산맥의 침식에서 놀라운 점은 이것이 마치 미치광이 조각가가 엄청나게 큰 대리석을 사서 거의 전부를 깎아 낸 다음 아주 작은 조각품을 만든 것과 같다는 것이다. 알프스산맥의 침식은 마터호른의 꼭대기가 아니라 훨씬 더 높은 곳에서 시작했다!

그렇다고 알프스산맥이 지금보다 훨씬 더 높았다는 말은 아니다. 융기와 침식이 동시에 일어난 것이다. 조각 비유를 좀 더 가져가 본다면, 계속해서 커지는 마법의 대리석으로 미켈란젤로가 조각을 하여 자기가 원하는 모양과 크기가 될 때까지 계속해서 깎아 내는 것과 같다.

알프스산맥은 이탈리아와 유럽의 충돌로 산을 솟아오르게 하는 압력과 산을 낮아지게 만드는 중력과 침식 사이의 경쟁의 결과이다. 이 경쟁이 수천만 년 동안 계속되었다는 사실을 생각하면 알프스산맥의 역사 동안 엄청난 양의 바위가 솟아오르고 깎여 나갔다는 것을 알 수 있다. 지질학자들은 알프스산맥을 안정된 상태라고 말할 수도 있다. 현재의 마터호른은 몇 백만 년 이내에 사라지고 지금은 땅속 깊은 곳에 있는 바위로 만들어진 새로운 봉우리가 그 자리를 차지하게 될 것이다.

실제로 이 과정을 재현한 수학 모형은 알프스산맥의 지형이 계속 진화하고 있고 융기와 침식이 반복되면서 균형을 이루고 있다는 것을 보여 준다.[16] 그 침식으로 만들어진 잔해는 알프스산맥 측면의 바닥에 퇴적물로 쌓여 있다. 이것은 지질학자들이 알프스산맥의 융기와 침식의 역사를 자세히 연구할 수 있게 해 준다. 융기가 우세하여 알프스산맥이 더 높았을 때와 침식이 우세하여 더 낮았을 때를 알게 해 주는 것이다.

하지만 초대륙 순환이 새로운 국면에 접어들면 이탈리아와 유럽 대륙의 충돌이 결국에는 끝날 것이다. 그렇게 되면 융기도 같이 멈추게 되겠지만 침식은 계속되어 알프스산맥의 지형은 점점 낮아져 결국에는 거의 편평하게 될 것이다. 하지만 산맥이 낮아질수록 침식 속도도 느려져 완전히 침식될 때까지는 수천만 년이 걸릴 것이다.[17]

앞 장에서 우리는 멀리 떨어진 대륙들의 모양을 살펴보았고, 인간 현실에서 가장 기본이 되는 그 모양이 기나긴 초대륙 순환에서는 짧은 순간에만 있을 뿐이라는 사실도 알게 되었다. 이제 인간 현실에서 또 하나의 중요한 부분인 산맥들 역시 지표면의 일시적인 모양이라는 것을 살펴보았다. 대륙이 충돌하는 곳에서는 밀려 올라가고 초대륙 순환이 새로운 국면에 접어들면 침식되어 없어질 것이다. 인류가 1억 년 더 일찍, 혹은 늦게 진화했다면 인간 현실이 되는 대륙과 산맥의 모습은 완전히 달랐을 것이다.

사람들은 즐거움을 위해서 혹은 이동을 위해서 혹은 필요한 자원을 캐기 위해서 산으로 간다. 하지만 인간의 활동이 훨씬 더 많이 일어나는 곳은 거대한 강이 물을 공급하는 낮은 지역이다. 다음 장에서는 강의 지질학적, 인류학적 역사를 살펴볼 것이다.

6장

고대 강에 대한
기억

기차에서 본 풍경

초대륙 순환은 지구 내부의 열에 의해 진행된다. 이 열은 방사성붕괴나 철로 이루어진 핵이 천천히 고체로 변하면서 방출하는 열이다. 그러니까 이것은 지구의 내부 과정에 의해 진행된다. 산맥이 솟아오르는 것은 내부 과정에 의한 것이지만 침식은 강이나 빙하처럼, 태양에서 오는 열로 진행되는 외부 과정에 의해 일어난다. 이 장에서 우리는 특히 강, 빙하, 바람과 같은 외부 과정이 만들어 내는 지구 역사를 더 자세히 살펴볼 것이다. 이것은 사람들에게 익숙한, 우리가 일상에서 보는 풍경을 만들어 내는 지질학적인 변화이다.

당연히 풍경은 어디에나 있으니 선택할 수 있는 예는 끝이 없다. 나는 그중에서 단 하나의 예를 골라 자세히 살펴볼 것이다. 미국을 가로지르는 대륙 횡단 경로다. 기차를 타고 가는 방법을 이용해 보기로 하자. 당신도 언젠가 해 볼 수 있을 것이다. 우리의 여정은 뉴욕에서 시작하여 시카고, 덴버, 솔트레이크시티를 지나 샌프란시스코에서 끝난다. 기차는 대륙 전체를 가로질러 풍경을 볼 수 있는 이상적인 수단이다. 비행기는 더 넓은 시야를 제공하지만 내려다보이는 것이 무엇인지 거의 알 수가 없다. 너무 빨리 지나가고 구름이 시야를 가리기도 한다. 자동차를 이용하면 길에 주의를 기울여야 한다. 하지만 기차는 풍경의 한가운데를 지나가고 편안한 속도로 움직이니, 원하는 만큼 얼마든지 창밖을 내다볼 수 있다.

우리의 암트랙(Amtrak, 미국철도여객공사 암트랙은 American 과 Track의 합성어이다―옮긴이) 여행은 허드슨강을 따라 뉴욕에서 북쪽으로 올버니까지의 동부노선Lakeshore Limited에서 시작하여, 서쪽으로 옛 이리 운하Erie Canal를 따라가는 경로로 이리호Lake Erie가 있는 버펄로까지 간다. 첫날 밤 동안 펜실베이니아주, 오하이오주, 인디애나주의 저지대를 통과하여 다음 날 아침 미시간호Lake Michigan 호수 변에 있는 시카고에 도착한다. 거기서 캘리포니아 제퍼California Zephyr로 기차를 갈아타고 서쪽으로 일리노이주와 아이오와주의 농장을 통과하여 미시시피강을 만난 다음, 어둠 속에서 미주리강을 건너 오마하를 지나 네브래스카주를 통과한다. 다음 날 아침에 깨었을 때는 덴버에 다가가고 있고 로키산맥이 점점 가까워지리라.

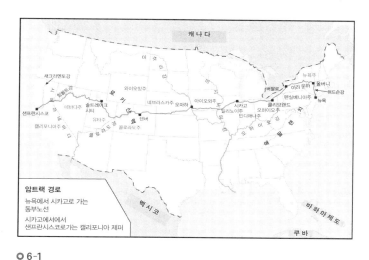

○ 6-1

뉴욕에서 샌프란시스코까지 가는 암트랙을 타고 강을 탐사한 경로.

　덴버를 지나 식당차에서 아침을 먹으며 우리는 처음으로 로키산맥의 멋진 경치를 본다. 거기서 우리는 기차가 아니라면 접근이 불가능했을 계곡들을 통과하며 하루 종일 콜로라도강을 따라 320킬로미터를 간다. 오후 늦게 우리는 콜로라도고원의 일부를 보고, 워새치산맥을 지나 자정께에 솔트레이크시티에 도착한다. 자정 이후에는 네바다주의 사막을 통과하여 아침 식사 시간에 리노에 도착한다. 그러고는 시에라네바다산맥 동쪽의 급경사를 올라가다가 서쪽의 완만한 경사를 따라 골드러시Gold Rush 지역을 통과하여 새크라멘토에 도착한다. 마지막으로 새크라멘토강의 내륙 삼각주를 통과하여 샌프란시스코만에 도착하고, 우리의 여행은 에머리빌에서 끝난다.

북아메리카대륙의 풍경을 보는 데 이보다 더 기막힌 방법은 없다. 역사적 관점과 풍경의 진화를 살피는 지질학자의 자세로 경치를 보면 지구 역사의 놀라운 이야기와 그것이 인류사에 미친 영향을 알게 될 것이다. 준비되었는가? **모두 탑승!**

허드슨강

동부노선은 오후에 뉴욕의 펜Penn 역에서 출발하여 도시의 복잡한 지하 노선을 지나 허드슨강의 동쪽 강변을 따라 밖으로 나온다. 이 강을 따라 올버니까지 북쪽으로 갈 것이다. 처음 40킬로미터를 이동하는 동안 왼쪽으로 강 건너 서쪽 강변을 보면 팰리세이즈Palisades라고 하는 120미터 높이의 거대한 검은 바위 절벽이 보인다. 반면 동쪽 강변은 밋밋하다.

이런 지형은 지질학적인 구조를 알려 준다. 침식은 약한 암석에서 더 잘 일어나 팰리세이즈와 같은 단단한 바위는 그대로 높이 서 있는 것이다. 절벽은 팰리세이즈 관입암상(sill, 마그마가 기존 암석의 지층 사이를 뚫고 들어가 지층과 평행하게 퍼저서 평평해진 판 모양의 화성암체—옮긴이)의 동쪽 끝이다. 이 관입암상은 거대하고 편평한 바위로, 용암 상태에서 지층 사이를 뚫고 나와 지금은 서쪽으로 살짝 기울어져 있다.

팰리세이즈 절벽의 단단한 바위는 지구 역사에서 아주 중요한 사건으로 만들어졌다. 그 사건은 북아메리카가 아프리카, 남아메리카, 유럽과 판게아 초대륙으로 묶여 있던 2억 년 전에 일어났다. 지각 아래에 있는 맨틀에서 솟아오른 뜨거운 거대한 바위가 지구 깊은 내부의 압력과 온도에서 천천히 흘러 지각의 바닥에 도착하여 지각의 일부를 녹였다. 그러고는 용암이 팰리세이즈 관입암상의 경우처럼 지층을 따라 나오거나, 포르투갈과 스페인에 걸쳐 있는 것처럼 수직의 긴 열하(fissure, 지하 깊은 곳에서 암석이 깨져서 갈라진 긴 틈—옮긴이)를 만들거나, 오늘날 브라질과 서아프리카에서 볼 수 있는 것처럼 표면으로 분출하여 현무암의 흐름을 만들었다. 지질학자들은 이와 같은 지형을 거대 화성암 지대Large Igneous Province라고 부르고 이것을 특별히 중앙대서양 마그마 지대(CAMP, Central Atlantic Magmaetic Province)라고 부른다. 침식이 일어나기 전 CAMP는 아마도 가장 큰 거대 화성암 지대 중 하나였을 테고, CAMP가 만들어진 시기는 그다음에 일어난 대멸종과 마지막 대멸종 사이이다.[1] 팰리세이즈 관입암상은 아마

○ 6-2
허드슨강 서쪽에 있는 팰리세이즈 절벽(1903).

도 CAMP가 가장 멋지게 나타난 모습일 것이다. 수백만 명의 사람들이 몇 킬로미터 이내에 살고 있고, 많은 사람이 매일 이것을 보며 지나다닌다.

특별한 지형이 인류사에서 중요한 역할을 하는 것은 흔한 일인데 팰리세이즈가 그런 경우였다. 미국독립전쟁 초기인 1776년, 영국의 계획은 길고 이동이 가능한 허드슨강을 자신들의 강력한 해군으로 장악하고 미국을 반으로 나눈다는 것이었다. 이 계획을 막기 위해 조지 워싱턴 장군은 허드슨강

양쪽에 두 개의 요새(맨해튼섬 위쪽의 워싱턴 요새Fort Washington
와 뉴저지의 리 요새Fort Lee)를 만들었다. 오늘날 조지 워싱턴 다
리의 양쪽 끝으로, 강을 타고 올라가는 영국 배를 향해 대포
를 쏠 수 있는 곳이었다.

미국의 계획은 성공하지 못했다. 영국은 당시 맨해튼의 도
심 끝부분만 차지하고 있던 뉴욕을 점령했고, 1776년 11월에
는 워싱턴 요새를 점령했다. 그리고 영국군은 리 요새를 공격
하기 위해서 팰리세이즈를 점령했다. 하지만 워싱턴은 상황이
불리함을 깨닫고 이미 뉴저지로 후퇴했다. 이것은 이 전쟁에
서 가장 나쁜 상황이었다. 토머스 페인Thomas Paine은 이렇게 썼
다. "이것은 인간의 영혼을 시험하는 시간이다." 워싱턴이 크
리스마스 다음 날에 델라웨어강을 건너 트렌턴과 프린스턴에
서 승리를 거둔 뒤에야 미국의 상황이 나아졌다. 너무나 많은
경우가 그렇듯이 지구 역사에 의해 만들어진 지형은 인류사
와 불가분의 관계에 있다.

이제 허드슨강으로 돌아가 보자. 동부노선 기차가 허드슨
동쪽 강변을 따라 북쪽으로 가는 동안 우리는 멋진 광경을
볼 수 있었다. 허드슨강은 미시시피강보다 길지는 않지만 훨
씬 더 넓다. 그리고 배경의 대부분이 평원인 미시시피강과는
달리 허드슨강은 접근이 금지된 성처럼 생긴 웨스트포인트West

Point 미국 육군사관학교 건물이 보이는 멋진 산을 가로질러 흐른다. 미국의 동부 해안을 따라 흐르는 허드슨강은 아주 특별하다. 어떤 강보다 넓고 깊으며 아주 멀리 상류까지 항해가 가능하다. 왜 그럴까?

허드슨강의 비밀은 이것이 그냥 하곡river valley이 아니라는 것이다. 마지막 대빙하기 동안 거대한 캐나다 빙하에 의해 깎이고(깊고 넓어지고) 거대한 대륙빙하가 녹아 해수면이 올라갈 때 물에 잠겼던 하곡이다. 이것은 약 1만 2000년 전에 일어난 일이다. 사실 허드슨강은 미국 동부에서 이런 빙하에 의한 침식이 일어날 정도로 북쪽에 있었던 유일하게 큰 규모의 강이다. 결과적으로 이 강 덕분에 올버니까지 항해가 가능하게 되었다. 그뿐 아니라 조류tide도 있어서 증기선 이전 시대에 밀물이 들어올 때는 강의 흐름을 거슬러 배가 북쪽으로 갈 수 있었고 썰물 때는 빠르게 내려갈 수 있었다. 한마디로 허드슨강은 이상적인 강이다! 영국이 허드슨강을 식민지 미국의 저항을 물리치는 전략의 핵심으로 생각한 것도 이상하지 않다. 그리고 이것은 미국 역사에서 허드슨강이 지닌 중요성의 시작일 뿐이다. 동부노선 기차는 저녁 먹을 시간쯤에 올버니 역에 도착했다. 우리는 신생국 미국의 발전에 허드슨강이 어떤 기여를 했는지 알아볼 것이다.

이리 운하

우리는 뉴욕에서 시카고를 향해 서쪽으로 가려고 하는데 왜 경로를 벗어나 210킬로미터나 북쪽에 있는 올버니를 향해 여행을 시작했는지 궁금할 것이다. 이유는 앞 장에서 본 것처럼 초기 미국의 동쪽 해변 평원과 서쪽 전 지역 사이의 큰 장벽이 되고 있는 애팔래치아산맥과 관련이 있다. 쉽게 항해가 가능한 허드슨강은 애팔래치아산맥을 통과하는 메인Maine 강과 미시시피강 사이에 있는 유일한 자연적인 경로에서 절반을 차지한다. 나머지 절반은 우리 기차가 올버니에서 서쪽으로 방향을 바꾸어 모호크강Mohawk River과 이리 운하를 따라갈 때 시작된다.

여기에 지구 역사와 인류사가 연결되는 훌륭한 예가 있다. 애팔래치아산맥 지역은 약 3억 년 전 북아메리카대륙과 아프리카가 충돌하여 초대륙 판게아가 만들어질 때 충돌 면을 따라 변형된 띠에 해당한다. 충돌로 앞부분이 찌그러진 차처럼 휘어진 퇴적암층의 편평한 선들이 앨라배마에서 펜실베이니아까지 북서쪽으로 뻗어 있다. 그 퇴적암층은 밀려서 쭈글쭈글해진 깔개처럼 단층을 따라 기반암에서 떨어져 나온 습곡이다. 뉴욕주의 서쪽에서부터 애팔래치아산맥의 모습이 달라진다. 습곡이 사라지고 북쪽의 애디론댁Adirondacks산맥과 뉴잉글랜드로 가면 더 깊은 곳의 암석이 밀려 올라와 표면에 드러나 있다.

결과적으로 미국 서쪽을 가로지르는 낮은 지형의 동서 방향으로 난 띠가 생겼다. 나중에 그 선을 따라 스키넥터디Schenectady, 유티카Utica, 시러큐스Syracuse, 로체스터Rochester, 버펄로 등에 동부노선의 역들이 만들어졌다. 이 낮은 띠의 대부분은 앨러게이니고원Alleghany Plateau 북쪽 끝을 따라 분포하는 약한 퇴적암을 따라가고 있다. 그러니까 뉴욕주의 복잡한 지질학적인 역사가 애팔래치아산맥을 통과하는 자연적인 경로를 만든 것이다.

지형을 구성하는 암석들은 오래되었지만 풍경을 만드는 침식과 퇴적은 아주 최근에 일어났는데, 이는 빙하기의 빙하들이 여러 번 왕복한 결과이다. 그 기간에 뉴욕주 대부분이 얼음에 덮였는데, 그 증거는 어디에나 있다. 철도의 바로 남쪽에는 카유가Cayuga호와 세니카Seneca호를 비롯하여 모두 십여 곳으로 이루어진 핑거호Finger Lakes가 있다. 이 호수들은 빙하의 손가락들fingers에 파이고 빙하가 남긴 잔해들에 가로막힌 계곡들이 잠긴 것이다.

로체스터 양쪽으로 수 킬로미터 가는 동안 동부노선은 남북으로 길쭉한 작은 둥근 언덕을 수없이 지난다. 이것을 빙퇴구(drumlin, 빙하의 퇴적으로 만들어진 작은 언덕—옮긴이)라고 한다. 이 언덕들은 흐르는 빙하의 잔해로 만들어진 것이다. 로체스터와 시러큐스 사이에 있는 팔미라Palmyra를 통과할 때는 빙퇴구 평원의 중심에 있는 셈인데 철도에서 6.4킬로미터 남쪽에는 커모라Cumorah 혹은 모르몬Mormon 언덕이라고 불리는 빙퇴구가 있다. 여기가 1823년부터 1827년 사이에 조지프 스미스Joseph Smith가 모로니Moroni라는 이름의 천사로부터 금판으로 만든 모르몬경Book of Mormon을 받았다고 주장하는 곳이다. 그러니까 당연히 여기가 모르몬교도들이 솔트레이크시티로 이어진 여정을 시작한 곳이다. 우리는 기차로 며칠 만에 그곳에 도착할 것이다.

바로 그 무렵, 1817년에서 1825년 사이에 건설되어 미국이 위대한 나라로 성장하는 데 결정적인 역할을 한 이리 운하가 완성되었다.[2] 1783년 영국에서 독립한 후 워싱턴은 애팔래치아산맥이라는 장벽을 쉽게 가로지를 수 있는 경로를 찾는 일이 시급하다는 것을 깨달았다. 그는 이 산맥이 원래의 13개 주와 서부의 변경을 분리하여 서부의 변경이 독자적인 나라가 되거나 프랑스나 영국, 혹은 스페인에 점령되어 미국이 좁은 해안 벨트에 갇히게 되는 것을 두려워했다. 포토맥강Potomac

○ 6-2

19세기 뉴욕 록포트에 있는 이리 운하의 갑문.

River을 따라 산맥을 넘어가는 운하를 만들려는 워싱턴의 시도
는 성공하지 못했다. 지구 역사가 그것을 실용적인 경로로 만
들어 놓지 않았다.

올버니와 버펄로 사이의 150미터나 되는 고도 차이, 올버니
와 스키넥터디 사이의 코호스 폭포Cohoes Falls, 나이아가라 급
경사면Niagara escarpment과 같이 해결해야 할 장애물들이 있긴 했
지만 허드슨강과 모호크강, 그리고 뉴욕주 서쪽의 낮은 띠 지
대는 이상적인 경로가 되었다. 이리 운하를 건설하는 데 동의
를 얻는 것은 어려웠고 수공업 시대에 수로를 파고 둑을 건설

하는 것은 엄청나게 힘든 일이었지만 1825년에 운하가 일단 완성되자 모든 것이 달라졌다. 서부의 농산물과 동쪽의 공산품이 운하의 평온한 물길을 따라 쉽게 오갔다. 운하는 해안에 있는 주들과 내륙의 새로운 지역들을 연결하여 활기차고 성장하는 나라를 만들었다. 상품 가격이 떨어지고 서부의 인구는 증가했으며 이리 운하-허드슨강 경로는 뉴욕을 작은 시골 도시에서 거대한 대도시로 성장시키기 시작했다.

뉴욕주 서부의 운하 경로는 몇십 년 후 우리가 지금 타고 있는 철도로 이어졌다. 운하는 더 넓어졌고 일부는 경로가 변경되어 20세기 초 뉴욕주 바지 운하New York State Barge Canal로 만들어졌다. 기차 창문으로 몇 군데가 보이는 이 운하와 같은 경로를 따라 주간고속도로 90호선Interstate 90이 만들어졌다. 훨씬 더 좁은 원래의 오래된 이리 운하는 (지금은 양쪽으로 나누어지고 오래된 나무 그늘에 덮인 고인 물들이 띄엄띄엄 있는 형태로) 가끔씩 보이면서 새로운 나라를 건설한 위대한 교통의 동맥이었던 몇십 년의 시절을 조용히 떠올리게 한다.

빙하 경계 강과 인류

이리 운하의 서쪽 끝인 버펄로에 도착했을 때는 완전히 어두워져 있었다.[3] 첫날 밤에 우리는 이리호 호숫가를 따라 서쪽으로 가 클리블랜드와 털리도를 통과하고 인디애나 북부를 가로질러 아침에 시카고에 도착했다. 아마도 우리는 몇 블록을 걸으면서 지금도 1만 년 전에 끝난 빙하기를 떠올리게 하는 5대호 중 하나인 미시간호를 보았던 것 같다. 이른 오후에 캘리포니아 제퍼를 타고 일리노이의 농장을 가로질러 서쪽을 향했다.

저녁 시간에는 식당차의 창문을 통해 벌링턴Burlington, 아이오와를 지나가며 미시시피강의 멋진 모습을 볼 수 있었고, 밤에는 미주리강을 건너 네브래스카주의 오마하에 도착했다. 그러니까 우리는 미국 내륙에 있는 Ψ(프사이) 모양을 이루는 큰 강 세 곳 중 두 곳을 건넌 것이다. 이리 운하를 따라 북쪽으로 이동한 경로 때문에 오하이오강만 건너지 못했다. 프사이의 두 팔(서쪽의 미주리강과 동쪽의 오하이오강)은 북아메리카 풍경의 진화에 대하여 아주 중요한 이야기를 해 준다. 이두 강의 북쪽은 거의 모든 땅이 빙하로 덮여 있고, 남쪽은 높은 봉우리만 빙하로 덮여 있다. 이 강들은 대략적으로 대륙빙하의 남쪽 한계를 표시한다. 이유는 빙하기로 거슬러 올라간다. 빙하는 남쪽으로 내려가면서 주요 강들(미주리강과 오하이오강)을 남쪽으로 더 멀리 이동시켰다. 약 1만 년 전에 빙하가 다시 녹았을 때 이 강들은 남쪽 빙하 경계선까지 흐르는 상태로 남았고 오늘날에도 그러하다.

하지만 강의 지형은 아주 달라질 수도 있었고 그에 따라 인류사도 달라질 수 있었다. 스티븐 더치Steven Dutch는 위스콘신 대학 그린베이University of Wisconsin-Green Bay의 사려 깊고 창의적인 지질학자이다. 2006년 그는 미국지질학회 발표를 위하여 '빙하기가 조금 덜 추웠다면 어떻게 되었을까?'[4]라는 제목의 초록을 썼다. 이것은 2장에서 소개한 책『지구의 달이 두 개였다면 어떻게 되었을까What if the Earth had two moons?』[5]와 같은 식의 반사실적 역사에 대한 하나의 예이다. 반사실적 인류사에 대한 책은 아주 많은데[6] 인간의 현재 상황이 얼마나 쉽게 크게 달라질 수 있었는지를 보여 준다.

스티븐은 마지막 빙하기에 초점을 맞추고 "북아메리카의 대륙빙하가 캐나다 국경 아래로 내려오지 않고, 스코틀랜드와 스칸디나비아의 대륙빙하가 합쳐지지 않은" 시나리오를 연구했다. 그는 미주리강과 오하이오강은 현재의 경로까지 남쪽으로 내려오지 않았을 것이며, 물의 흐름은 현재와는 완전히 다른 강의 형태로 흘렀을 것이라고 제시했다. 결과적으로 "서쪽에 벽이 형성되어 13개 주는 대서양 연안에 영원히 간혔을 것이다. 거대 호수도 이리 운하도 없었을 것이다. 동서 방향으로 쉽게 물을 운반하는 오하이오강과 미주리강이 없었으므로 미국의 역사는 크게 달라졌을 것이다." 그는 계속해서 스코틀랜드와 스칸디나비아의 대륙빙하가 더 작았다면 영국 해협이 없고 영국 섬들이 유럽의 반도가 되었을 텐데, 이는 유럽 역사에 엄청난 영향을 주었을 것이라는 의견을 냈다. 나는 이것이 빅 히스토리에 중요한 기여를 하는 자료라고 생각하여 스티븐의 허락을 얻어 주석에 그의 초록 전체를 소개한다.[7] 나는 이 책의 주요 주제 두 가지, 즉 지질학 역사가 인류사에 어떤 영향을 주었는지, 상황이 크게 달라지기가 얼마나 쉬웠는지를 이보다 더 잘 묘사하는 방법을 생각할 수가 없다.

고대의 잃어버린 강 찾기

아침에 덴버를 벗어나 우리는 식당차에서 아침을 먹으며 콜로라도 로키산맥의 프런트 레인지Front Range 경사면의 장관을 즐기고 작은 터널들을 연이어 통과한 후 해발 2800미터 고도에 길이 10킬로미터의 모펏 터널Moffat Tunnel을 통과하여 대륙 분기점Continental Divide을 지나갔다. 터널에서 빠져나오자마자 콜로라도강의 지류인 프레이저강을 만났고, 몇 킬로미터 지나 그랜비Granby에서 콜로라도강과 만났다. 제퍼는 멋진 산

○ 6-4

캘리포니아 제퍼 경로를 따라 콜로라도 로키산맥의 고어 계곡에서 나오는 콜로라도 강. 멀리 있는 바위들은 17억 년 된 것들이다.

의 경치 사이로 거의 온종일 이 강을 따라 320킬로미터를 갔다. 그 경치에는 길이 없는 바이어스Byers 계곡과 고어Gore 계곡도 포함된다. 이 계곡들에서 강은 정말 오래된 암석들 사이를 통과한다. 야바파이 벨트Yavapai Belt라고 불리는 약 17억 년 전부터 있던 암석들로, 초대륙 판게아와 로디니아보다 한참 전으로 거슬러 올라간다.[8]

오후 늦게 우리는 콜로라도고원과 루비 계곡Ruby Canyon에 도착했다. 우리가 콜로라도강을 보는 마지막 날이었다. 계곡의

벽은 아름다운 분홍색이고 약 2억 1000만 년에서 1억 6000만 년 전 사이에 퇴적된 엔트라다Entrada라고 불리는 사암으로 이루어져 있다. 이것은 강 역사의 멋진 이야기를 품고 있는 콜로라도고원의 거대한 사암 세 가지 중 하나이다.

지질학자들은 이 사암들이 고대의 사막에서 퇴적되었다는 것을 오래전부터 알고 있었다. 사암에 있는 둥글고 반투명한 석영 알갱이들은 바람에 날린 모래알들끼리 무수히 충돌한 결과이기 때문이다. 기차에서도 잘 보이는, 아래로 향한 거대한 지층면은 고대 모래언덕의 앞면이다. 엔트라다가 퇴적되는 동안 미국 서부의 이 지역은 오늘날의 사하라사막처럼 보였을 것이고, 모래언덕 앞면 지층의 방향은 모래가 와이오밍Wyoming에서 와서 남서쪽을 향해 날아갔다는 것을 말해 준다. 고대 바람의 방향을 알아내는 것은 놀라운 일이다. 그런데 몇 년 전 애리조나 대학의 빌 디킨슨Bill Dickinson과 조지 게럴스George Gehrels의 연구 덕분에 이 이야기가 훨씬 더 재미있어졌다.9

이 고대 모래언덕에 있는 모래의 대부분은 석영이지만 아주 적은 일부는 지르콘zircon 광물이다. 지르콘은 석영과 마찬가지로 암석을 흙으로 만드는 토양 산성화에 따른 침식에 매우 강하기 때문에 거의 영원히 유지된다. 석영과는 달리 지르콘은 나이를 알 수 있다. 지르콘은 방사성붕괴를 하는 우라늄을 약간 포함하고, 우리는 우라늄이 방사성붕괴를 하는 속도를 알고 있다. 그래서 석영만이 아니라 지르콘 알갱이가 포함된 암석의 나이를 알아낼 수 있는 것이다. 디킨슨과 게럴스는 콜로라도고원의 사암에서 얻은 1600개가 넘는 지르콘 알갱이의 나이를 측정했다. 그런데 놀랍게도 그 나이는 암석의 기원이 될 수 있는, 와이오밍이나 북아메리카 서부에서 알려진 어떤 암석과도 일치하지 않았다. 지르콘의 나이로 가장 많이 측정된 것은 10억 년에서 12억 년 사이였다.

암석의 기원이 될 수 있는, 나이가 맞는 유일한 암석이 있는 곳은 미국 동부의 애팔래치아산맥이었다! 이 산맥은 대륙 충돌로 로디니아 초대륙이 구성될 때 만들어졌다. 이 고대의 충돌 지역은 그렌빌 벨트Grenville Belt로, 북아메리카 동쪽 경계를 따라가고 서부에는 존재하지 않는다. 실제로 이리 운하의 동쪽 3분의 1 지점의 바로 북쪽에 있는 애디론댁산맥이 바로 그 나이의 암석들로 이루어져 있다. 아마도 많은 양의 석영 알갱이가 나이를 측정할 수 있는 지르콘 알갱이와 함께 우리가 암트랙으로 여행한 것처럼 서쪽으로 여행했던 것으로 보인다.

어떻게 애팔래치아산맥에서 온 석영이 콜로라도고원에 모래언덕을 만들 수 있었을까? 이것은 최근에는 일어날 수 없는 일이다. 애팔래치아산맥에서 서쪽으로 바람이나 강으로 운반되는 모래는 미시시피강에서 끝나 멕시코만으로 실려 갔을 것이기 때문이다. 그보다 전인 백악기에는 북아메리카 내륙이 넓고 얕은 만코스 바다^{Mancos Sea}에 잠겨 있었고, 그 바다에 도착한 모래 알갱이들은 그곳에 머물렀을 것이다.

하지만 쥐라기에는 디킨슨과 게럴스가 지적한 대로 북아메리카의 지형이 완전히 달랐다. 동쪽에는 낮은 애팔래치아산맥이 있고 가운데에는 미시시피강, 그리고 서쪽에는 현재의 모습을 아직 갖추지 않은 로키산맥이 있었다. 쥐라기의 북아메리카에는 아프리카가 떨어져 나가며 솟아오른 동쪽의 높은 지형에서부터 지금은 로키산맥이 있는 지점인 해수면까지 내려가는 길고 완만한 경사가 있었다. 정확한 경로는 상상할 수밖에 없는, 서쪽으로 흐르는 큰 강이 애팔래치아산맥에 있던 많은 양의 모래 알갱이를 와이오밍의 해변으로 운반했고, 모래는 그곳에서 바람에 날려 최종 안식처인 유타^{Utah}에 도착했다. 루비 계곡의 엔트라다 절벽을 지나면서 누가 이곳이 사라진 긴 강이 3200킬로미터 대륙을 가로질러 옮겨 놓은 애팔래치아산맥의 일부라고 상상할 수 있을까?

한밤의 사막 여행

    루비 계곡과 콜로라도강을 떠나 기차는 계속해서 서쪽으로 어두운 회색의 이암mudrock으로 이루어진 칙칙한 풍경의 만코스 셰일Mancos Shale을 지나갔다. 마른 날씨에는 문제가 없지만 비가 온 후에는 풀 같은 진흙이 위험한 늪을 만드는 곳이다. 이것은 약 8500만 년에서 7000만 년 정도 전의 백악기 후기의 얕은 만코스 바다의 퇴적물이다. 디킨슨과 게럴스가 발견한 쥐라기의 대륙을 가로지르는 강이 드디어 끝나는 곳이다.

    기차의 오른편에서 북쪽을 보면 만코스 셰일을 덮고 있는 단단한 황갈색 사암으로 이루어진 북클리프Book Cliffs를 볼 수 있다. 기차가 이 절벽들을 약 240킬로미터 따라가는 동안 거기에 어떤 지질학의 역사가 숨어 있을까 하는 의문이 인다. 엑손모빌 업스트림 리서치 컴퍼니ExxonMobil Upstream Research Company의 지질학자 존 반 왜거너John Van Wagoner가 이끈 힘든 연구 끝에 이 모래들은 백악기의 산에서 시작하여 서쪽으로 흘러 천천히 만코스 바다에 이른 사라진 강들의 퇴적물이라는 것을 아주 자세히 이해할 수 있게 되었다.[10] 반 왜거너와 그의 동료들은 강, 삼각주, 얕은 바다 모래에 대한 흥미로운 이야기를 밝혀냈다. 서부의 산맥들이 솟아오를 때는 동쪽으로 흐르기도 했고, 만코스 바다가 일시적으로 높아질 때는 후퇴하기도 했다는 것이다. 이 이야기는 지구 역사를 이해하기에 무척 좋은 것이어서 전 세계 지질학자들이 연구를 위해 이곳으로 왔으니, 그때는 만코스 셰일을 지나갈 수 없는 장벽으로 만드는 흔치 않은 사막 폭풍과 마주치지 않기를 늘 바라야 했다.

저녁 식사 시간쯤에 우리는 그린리버Green River에 도착했다. 이곳은 야외 탐사를 온 지질학자들과 강에 래프팅을 하러 온 사람들이 저녁에 레스토랑 레이스테번Ray's Tavern에서 모이는 주간고속도로 70호선Interstate 70의 휴게 도시이다. 여기서 기차는 북쪽으로 방향을 바꿔 계속 북클리프를 따라간다. 어둠 속에서 우리는 워새치산맥을 올라 솔저서밋Soldier Summit을 지나 프로보Provo와 솔트레이크시티로 내려갔다. 솔트레이크시티는 이리 운하를 따라 시작한 모르몬교도들의 여행이 의도하지 않게 끝난 곳이다. 우리는 이제 유타와 네바다에 걸쳐 있는 그레이트베이슨Great Basin에 있다. 이곳은 강들이 달아날 수 없게 닫혀 있는 큰 사막 지대이다.

밤에는 기차에서 솔트레이크시티 뒤편에 있는 워새치산맥의 산기슭을 따라 놓인 수평의 단구terraces가 보이지 않지만 낮에는 뚜렷이 보인다. 이것은 비가 훨씬 더 많이 오던 수만 년 전에, 유타주의 북서쪽에 위치한 신선한 물의 거대한 창고인

보너빌호Lake Bonneville의 파도가 만든 고대의 호수 변이다. 보너빌호와 연관된 지구 역사의 놀라운 이야기가 있다.**11** 우기가 건기로 바뀌었을 때 호수는 그냥 사라지지 않았다. 그 대신 약 1만 7400년 전 물은 배수로를 흘러 유타주 로건Logan의 북쪽을 가르고 아이다호Idaho로 흘러들어 격렬한 침식으로 나중에 91번 고속도로가 따라가는 아이다호주 스완호Swan Lake를 향하는 멋진 수로를 만들었다. 4000세제곱킬로미터가 넘는 물이 이 수로로 쏟아져 북쪽의 스네이크강과 컬럼비아강을 지나 태평양으로 들어갔다. 그리고 남은 것이 그레이트솔트호이다. 지금은 물이 많이 증발하여 소금기 섞인 물만 남아 있다.

하나의 큰 흐름만이 그레이트솔트호에 여전히 물을 공급하고 있다. 프로보에서 솔트레이크시티까지 기차가 따라온 강이다. 성경 이야기에 익숙한 초기의 모르몬교도들은 좋은 비교 대상을 발견했다. 성지에서는 신선한 물의 갈릴리바다Sea of Galilee가 요르단강Jordan River에 물을 공급하고 그 물은 남쪽으로 흘러 염분이 높은 사해Dead Sea로 들어간다. 유타주에서는 신선한 물의 유타호가 이 강에 물을 공급하고 이 물은 북쪽으로 흘러 염분이 높은 그레이트솔트호로 들어간다. 지리적으로 뒤집힌 이 유사성에 매료된 모르몬교도들은 이 강을 요

○ 6-5

이 오래된 그림에서 산기슭을 따라 보이는 수평의 선들은 고대 보너빌호의 파도로 만들어진 호수 변 단구들이다. 이것은 유타주 솔트레이크시티에서 88킬로미터 북쪽에 있는 웰스빌 근처에 있고, 오늘날의 그레이트솔트호보다 훨씬 더 컸던 그레이트솔트의 조상이다.

르단강이라고 불렀다.

밤에 깨어 있다면 기차가 너무나 편평하고 똑바로 뻗은 길을 달리고 있다는 것을 느낄 것이다. 그곳은 그레이트솔트호의 서쪽 소금 평지를 가로지르는 길로, 과거 증발된 보너빌호의 서쪽 부분이다. 기차는 밤늦게 네바다주로 들어가 아마도 가장 이상한 강일 험볼트강Humboldt River의 구불구불한 길을 따라갔다. 험볼트강은 네바다 북동쪽의 작은 샘에서 시작하여 서쪽으로, 그레이트베이슨의 남북 방향의 많은 산맥들 틈새를 흐른다. 지도에서 보면 마치 멕시코에서 나와 북쪽으로 기어가는 벌레 무리처럼 보인다고 누군가 말한 적이 있다. 이 작은 산맥들은 단층으로 갈라진 기울어진 지각 덩어리이다. 그레이트베이슨이 장력으로 당겨져서 떨어졌기 때문이다. 캘리포니아는 예전보다 더 멀어져 있는 것이다.

험볼트강은 그레이트베이슨의 그릇 모양을 빠져나가지 못하고 결국에는 카슨싱크 Carson Sink 라고 하는 마른 호수 바닥에서 증발된다. 하지만 네바다주의 동서를 잇는 유일하게 쉬운 경로를 제공한다. 산맥들 사이의 틈들은 비가 더 많이 오던 시기에, 초기에는 더 강력했던 험볼트강에 의해 침식된 것일까? 그럴 수도 있지만 증명하기는 쉽지 않다. 불행히도 강은 지질학자들이 보고 싶어 하는 증거들을 지우는 습관이 있기 때문이다.

험볼트강은 19세기 마차를 탄 개척자들에게, 다음에는 대륙횡단열차에, 그리고 지금은 주간고속도로 80호가 지나는 길을 제공했다. 이리 운하가 뉴욕주 서부에 그러했듯이 험볼트강도 미국이 완전히 새로운 영역을 여는 것을 가능하게 해주었다. 이번에는 캘리포니아주였다.

캘리포니아의 골든 리버

마지막 날 아침, 리노Reno에 정차한 후 기차는 트러키강Truckee River 계곡을 빙글빙글 돌아 시에라네바다의 동쪽 급경사를 올라갔다. 우리는 1846년 조지 도너George Donner가 이끈 마차 행렬이 때 이른 눈 때문에 갇혔던 도너호Donner Lake를 내려다보았다. 도너 일행의 불행한 이야기는 아직도 캘리포니아에 전해지고 있으며 인류사에서 강의 역할, 혹은 강이 없을 때 생길 문제를 강조하고 있다. 시에라네바다를 가로지를 수 있는 쉬운 경로를 만들어 주는 강은 없기 때문이다. 산맥을 가로지르는 마지막 80킬로미터는 캘리포니아로 가는 긴 마차 여행에서 가장 어려운 부분이었다.

도너패스Donner Pass와 에미그런트갭Emigrant Gap을 지난 후 서쪽 경사를 내려오면서 기차의 왼쪽 편을 보면 깊은 계곡으로 갈라진 서쪽으로 경사가 완만한 부드러운 표면이 보인다. 이것은 시에라네바다가 약간 서쪽으로 기울어진 거대한 지각 덩어리라는 것을 분명히 보여 준다. 리노를 지난 후 우리가 올라왔던 동쪽의 급경사는 지각 덩어리를 기울게 만든 거대한 단층이다.

캘리포니아는 팽창하던 지구적 소통과 무역의 연결망으로

부터 오랫동안 보호받았다. 동쪽과 남쪽에 걸쳐 있는 사막인 시에라네바다와 혼곶Cape Horn을 돌아가거나 태평양을 가로지르는 긴 바닷길 때문이었다. 하지만 그 벽들은 19세기 중반 금의 유혹으로 무너졌다. 시에라네바다의 완만한 경사를 따라 서쪽으로 흐르는 강들은 유바Yuba, 모켈럼Mokelumne, 칼라베라스Calaveras, 스타니슬라우스Stanislaus로, 골드러시를 연상시키는 이름을 가지고 있다. 1848년 제임스 마셜James Marshall이 존 서터John Sutter의 제재소를 건설하다가 강바닥에서 금을 발견한 곳인 아메리칸 리버American River 사우스포크South Fork가 바로 여기에 있다. 지금은 새크라멘토가 된 서터 요새Sutter's Fort에 있던 존 서터의 농산물 기지는 다음 해에 도착한 금을 찾는 무리인 포티나이너스49ers에 의해 파괴되었다.

금을 품은 강들은 그 자체로 흥미로운 이야기를 가지고 있다. 처음에 광부들은 그냥 강바닥에서 금덩어리를 주웠고 그 다음에는 무거운 금 조각이 걸러지도록 이랑이 진 나무통인 슬루스박스sluice box에 모래와 자갈을 넣어 씻기만 했다. 하지만 포티나이너스는 강 자갈에 있는 금을 잽싸게 모조리 채취하고 강바닥의 금이 어디서 왔는지를 알아냈다.

금의 원래 기원은 주맥Mother Lode이라 불리는 석영맥quartz veins인데, 이것은 깊은 지하에서 채굴되었다. 하지만 강의 자갈에

○ 6-6
19세기 캘리포니아 시에라네바다산맥에서 수압식 채굴로 금을 채굴하는 모습.

도 아주 풍부한 금 퇴적물이 있었다. 오늘날 강의 자갈은 아니다. 금은 현재의 시에라네바다가 기울어지기 한참 전인 약 5000만 년 전 에오세 당시의 시에라풋힐Sierra Foothills 지역을 가로질러 흐른 고대 강의 자갈에 있었다. 이 고대의 자갈들은 고대 유바강Ancestral Yuba River이라고 하는 사라진 강에 대한 이야기를 들려준다.[12] 에오세의 금을 품은 자갈들은 더 젊은 화산암들 아래에 묻혀 있다가 현재의 계곡들 옆면에 모습을 드러냈다. 그곳에서 광부들은 큰 호스로 자갈을 씻고 슬루스박스를 통과시켜 금을 뽑아내는 법을 배웠다.

그것은 채굴에는 아주 효과적인 방법이지만 환경에는 치명적이어서 시에라풋힐의 일부를 맬러코프 광산Malakoff Diggins과 같은 황무지로 만들어 버렸다. 맬러코프 광산은 150년이 지난 지금도 위성사진에서 흉터처럼 보인다.[13] 수압식 채굴로 씻긴 엄청난 양의 잔해는 새크라멘토강과 센트럴밸리Central Valley에 넘쳐 농업을 파괴하고 결국에는 샌프란시스코만에 이르러 만의 일부를 침전물로 막게 했다. 환경 파괴가 너무나 심해 1884년 캘리포니아주는 수압식 채굴을 금지하는 미국 최초의 환경 법안을 통과시켰다.

버클리를 지나 우리가 기차에서 마지막으로 본 것은 샌프란시스코와 금문교Golden Gate Bridge였다. 샌프란시스코만 너머로 강의 역사의 마지막 장면을 볼 수 있었다. 샌프란시스코만은 아주 젊다. 약 1만 년 전 캐나다 빙하가 녹기 전에는 해수면이 90미터 정도 더 낮았고 샌프란시스코만은 없었다. 그 대신 새크라멘토강이 지금은 금문교가 있는 깊은 협곡을 통과하여 샌프란시스코만이 있는 계곡을 흘러 해변의 평원을 지나 지금은 패럴론제도Farallon Islands가 된 언덕들 근처의 태평양으로 들어갔다.

우리는 나흘 동안 5500킬로미터를 여행한 끝에 기차의 종착지인 에머리빌에 도착했다. 대륙횡단열차 여행에서 우리는 강들이 어떻게 생겨났고 인류사에 어떤 영향을 미쳤는지에 대한 멋진 역사의 일부를 살펴보았다. 우리 여정의 양 끝에 있는 대도시들은 서로 다른 이유로 강에게 큰 빚을 졌다. 뉴욕은 빙하로 침식된 멋진 허드슨강 끝에 있는 덕분에 성장했다. 북아메리카 내륙으로 들어가는 애팔래치아산맥을 가로지르는 유일한 자연 경로인 이리 운하가 시작된 곳이기 때문이다. 그 후 개척자들이 서쪽으로 대륙을 가로지른 속도는 놀라웠다. 샌프란시스코는 새크라멘토강으로 이어진 물에 잠긴 강 계곡이 멋진 항구가 된 덕분에 번성했다. 이리 운하가 완성된 지 불과 25년 만에 금이 풍부한 새크라멘토강의 지류들이 광부들을 끌어들였기 때문이다.

강의 결정적 역할을 이해하지 않고는 인류사를 제대로 이해할 수 없다는 사실을 확실히 인정할 것이다. 하지만 각 강의 배경이 되는 놀라운 지질학 역사까지 알지 못하면 강들은 설명되지 않는 그저 주어진 풍경일 뿐이다.

생명

7장

생명 역사의
개인적인 기록

"끝없는 순환이 가장 아름답고
가장 경이로운 것을 만든다."

찰스 다윈Charles Darwin은 이 말과 함께 생명 역사를 다룬 위대한 저작 『종의 기원』을 끝맺었다. 그런데 빅 히스토리 연구자로서 이 "끝없는 순환"을 어떻게 이해해야 할까?

이 문제를 다루기 위해서 지금까지 한 번도 하지 않은 접근을 시도하려 한다. 우리 몸을 생명 역사의 기록으로 생각해 보는 것이다. 빅 히스토리 연구자에게 이것은 인간과 인류사로 이어지는 사건들에 초점을 맞추는 데 크게 도움이 된다. 단 하나의 진화 혈통, 즉 우리 자신에게 집중하도록 해 주기 때문이다.

위대한 지질학 발견 시대를 연 19세기에 바위에 새겨진 화석은 과학자들이 읽고 연구할 수 있는 생명 역사에 관한 최초의 기록이었다. 20세기 후반에는 생명 역사에 대한 새로운 정보가 화석을 보완했다. 바로 모든 생명체 세포의 DNA에 있는 진화의 유전 기록이다.

화석과 DNA는 생명 역사에 대한 기록을 서로 보완해 준다. 서로 줄 수 없는 정보를 제공하는 것이다. 화석은 생명체가 어떻게 생겼는지 알려 주고, DNA는 두 생명체가 어떻게 연관되는지 알려 준다. DNA의 유전정보는 화석에 비해 분석하고 정량화하기가 더 쉽지만, 우리의 친척인 네안데르탈인과 같이 가장 최근의 예를 제외하고는 멸종한 생명체의 DNA를 찾기란 어렵다.[1]

건강한 사람의 몸은 마치 잘 만든 기계처럼 원활하게 작동하여 모든 부분이 그냥 하나인 것 같다. 하지만 화석과 DNA에 있는 생명 역사의 기록은 우리 몸의 부위마다 생겨난 때가 아주 다르며, 시간이 지나면서 다양한 가계도를 따라 변화했다는 사실을 알려 준다. 사람 몸은 수십억 년에 걸쳐 만들어진 여러 부분의 종합체이다.

거울로 쉽게 볼 수 있는 당신의 모습을 떠올려 보자. 대칭을 이루는 몸, 이와 혀와 움직이는 턱이 있는 입, 앞을 향하는 눈, 팔과 다리, 엄지손가락이 마주 보는 손, 머리털, 아래를 향하는 건조한 코, 크고 활동적인 뇌를 보호하는 머리뼈와 그것을 덮고 있는 피부. 이 중에서 기원이 가장 오래된 것은 무엇

지구 생성　후기 대충돌기　　최후의 두 초대륙: 로디니아　판게아
　　　철 형성　　신소 없음　　신소 적음　　신소 많음

지구 역사

명왕누대　시생대　　원생대　　　현생대
4567　40억 년 전
세포?　세포벽, 신진대사, 번식　2500 광합성　진핵생물
　　　(고세균, 진정세균)

인간 몸의 역사

눈, 좌우대칭　　팔, 다리　공통 영통, 최초의 영장류
　　　　　에디아카라기　　꼬리 포유류
　　　　　다세포생물　　현생대　직립보행, 큰 뇌
바다에서 육지로　　고생대 | 중생대 | 신생대　0
작은 포유류　　포유류 지배
화석이 풍부함

○ 7-1
인간의 몸이 생겨난 과정을 보여 주는 간단한 생명 역사. 지구 역사의 주요 시기도 함께 표시했다.

일까? 당신 몸의 주요 부분을 생겨난 순서대로 살펴보자. 7-1 그림은 우리가 살펴볼 역사의 안내서인 연대표이다.

기원: 명왕누대와 시생대

우리 몸에서 기원이 가장 오래된 부분은 눈에 보이지 않는다. 세포는 맨눈으로 보기에는 너무 작아서 현미경이 발명된 후에야 발견되었다. 우리 몸에는 특화된 다양한 종류의 세포(신경세포, 근육세포, 혈액세포, 피부세포 등등) 수백조 개가 있다.

세포, 생명체 자체가 언제 처음 등장했는지 확정할 수 있는 방법은 아직 모르지만, 분명히 2장에서 이야기한 거대한 충돌 후 달이 만들어지고 지구 대부분이 녹은 다음일 것이다.

지금 이해하기로는 지구 형성이 끝나고 지구가 안정된 지약 5억 년 후에 후기 대충돌이라 일컫는 거대한 충돌이 계속되었다.[2] 이 시기의 충돌 때문에 우리가 맨눈으로도 볼 수 있는 어두운 현무암으로 덮인 크레이터가 달에 만들어졌다. 그러지 않았다면 달은 밝은 크레이터로 덮였을 것이다. 지구도 후기 대충돌 시기에 폭격을 받았겠지만 40억 년의 지질학 역사에서 살아남은 크레이터는 없다. 세포는 후기 대충돌이 끝난 직후인 시생대 초기에 등장했을 가능성이 아주 높고, 어쩌면 명왕누대에 나타나 후기 대충돌에서 살아남았을 수도 있다. 그러니까 당신 몸을 이루는 세포의 첫 조상은 엄청난 충돌 직전이나 직후까지 거슬러 올라가야 만날 수 있다.

세포가 살아 있기 위한 최소한의 조건은 내용물이 주위 환경에서 어느 정도 독립될 수 있도록 세포벽으로 싸여 있어야 하고, 물질대사와 에너지대사가 있어야 하며, 스스로를 복제할 수 있어야 한다. 어떤 환경에서 이런 특징들이 처음으로 나타날 수 있었을까? 1871년 다윈은 조지프 후커Joseph Hooker에게 보낸 유명한 편지에서 생명은 "따뜻한 작은 연못"에서 기원했을 것이라고 추정했다. 지금은 생명이 그렇게 조용한 곳에서 시작되었다고 보지 않는다.

내가 가장 좋아하는 가설은 3장에서 살펴본, 퍼져 나가는 중앙해령의 심해 열수공에서 생명이 처음 나타났다는 것이다. 이 열수공에서 물이 솟아오르는 중앙해령에서 새롭게 만들어지는 해양지각과 접촉하여 가열된다. 해양지각에는 여러 원소가 녹아 있는데, 바로 얼마 전까지 지구 맨틀의 일부였던 뜨거운 바위에서 유래한 것이다. 차가운 바닷물과 접촉하면서 이 원소들의 일부가 광물로 침전되어 솟아오르는 뜨거운 물 주위로 굴뚝을 만든다.

해저가 퍼지면서 만들어지는 해양지각의 기원을 간접적인

방법으로밖에 연구할 수 없었던 수십 년 전 지질학자들은 바다 밑으로 내려가 무슨 일이 일어나고 있는지 눈으로 보고 싶었다. 다행히 해저가 퍼지는 중심인 중앙해령은 해저보다 더 얕아서 우즈홀 해양연구원Woods Hole Oceanographic Institution에서 운영하던 연구용 잠수함 앨빈Alvin으로 접근할 수 있었다. 1977년 잭 콜리스Jack Corliss가 이끄는 과학자들이 갈라파고스제도 근처의 해령에서 처음 잠수를 했다. 그들은 정말로 위대한 과학 발견을 앞두고 있었다![3]

아마도 그들은 심해 열수공 굴뚝들을 발견하고 나서도 그렇게 놀라지 않았을 것이다. 아주 뜨거운 물속, 지질학적으로 활동적인 곳에서는 예상한 것이었기 때문이다. 콜리스 팀이 처음 발견한 열수공들은 그렇게 인상적이지 않았다. 해저의 작은 언덕에서 뜨거운 물이 솟고 있을 뿐이었다. 하지만 그 이후의 탐사에서 금속을 풍부하게 함유한 놀라운 굴뚝을 발견했다. 그 금속은 대류하는 뜨거운 물이 해양지각에서 끌어낸 것이었다. 검은 구름이 나오는 최고 약 60미터 높이의 굴뚝이 발견되었고, 물이 해수면의 끓는점보다 더 높은 온도로 그 구름에 쏟아지고 있었다. 그들은 이 굴뚝을 '검은 연기black smokers'라고 불렀다. 그 후로 검은 연기가 많이 발견되어 인터넷에서도 멋진 영상들을 찾아볼 수 있다. 이 검은 연기, 또는 열수공은 지구의 중요한 구성 요소이고 해양화학에서 중요한 역할을 하는 것이 분명하다.

콜리스 팀이 이룬 정말 놀라운 발견은 그 깊은 바다의 뜨거운 열수공에 생명체가 가득하다는 것이었다! 그곳은 깊은 해저의 황량한 사막에서 빛나는 오아시스였다. 콜리스 팀은 거대한 조개와 홍합, 삿갓조개를 발견했다. 그곳에는 그들이 민들레라고 부른, 우아하고 다른 세계의 해파리처럼 생긴 생명체도 있었다. 그것은 과학계에 알려지지 않았고 이전에 본 어떤 것과도 다르게 생겼다. 가장 놀라운 생명체는 그들이 관벌레라고 부른 동물로, 어떤 것은 몇 미터나 됐으며 자신들이 만든 흰색의 부드러운 관 속에서 살고 있었다.

그곳은 깊은 바닷속에 있어서 햇빛이 전혀 닿지 않는 생태계였다. 지표면의 생태계는 대부분 궁극적으로는 광합성으로 에너지를 얻는다. 그런데 빛이 전혀 없는 이런 깊은 바다의 생태계는 해양지각의 바위에서 뜨거운 물에 녹은 황으로부터 에너지를 얻는다. 해양학자들이 중앙해령 탐사를 계속하여 새로운 열수공을 많이 발견했고 그중에는 거대한 굴뚝 시스템도 있었다. 그들은 열수공의 어마어마한 압력과 온도에 적응한 게나 물고기와 같은 특이한 동물들도 발견했다. 또 뜨거운 물의 흐름이 멈추고 생태계가 파괴된 붕괴한 굴뚝도 발견했다.

　이런 심해 열수공 생태계는 너무나 놀랍고 예상 밖이어서 고생물학자들은 생명의 기원에 대한 근본적인 의문을 다시 던질 수밖에 없었다. 생명이 항상 가정해 왔던 것처럼 지표면에서 시작된 것이 맞을까? 혹시 지각 이동의 부산물로 만들어진 초기의 심해 열수공에서 시작된 것은 아닐까?

　한 가지 재미있는 제안은 생명이 온도가 매우 높고 극히 활동적인 검은 연기에서가 아니라 좀 더 조용하게 활동하는 오래된 열수공에서 기원한 것이 아닐까 하는 것이다.[4] 대서양의 '잃어버린 도시의 열수공 들판The Lost City Hydrothermal Field'은 생명이 기원했을 가능성이 있는 환경과 비슷하여 많은 관심을 끄는 곳이다.[5] 캘리포니아 대학 고생물박물관 관장인 찰스 마셜Charles Marshall은 최근 강연에서 지구 역사 초기에 잃어버린 도시의 열수공과 같은 곳이 충분한 재료를 제공해 주고 장기적으로 안정적인 에너지를 주었으며, 바위의 작은 둥근 구멍에서 초기의 세포들이 보호를 받으며 최초의 세포벽을 만들고 점차 신진대사와 복제하는 능력을 진화시켰을 것이라고 언급했다.[6] 게다가 깊은 바다는 반복적으로 표면의 물을 증발시킨 충돌로부터 초기의 생명체를 보호해 주었을 것이다.[7]

　여전히 우리에게는 잃어버린 도시와 같은 곳에서 최초의 생명이 생겨났을지 확실히 알 수 있는 방법이 없다. 생명의 주요 특징이 언제 나타났는지도 확실히 알 수 없지만 아마도 명왕 누대나 시생대 초기일 것이다. 그림은 흐릿하지만 이에 대한 탐구는 우리의 40억 년 전 유전자(!)를 추적할 수 있도록 돕는다.

오랜 잠복기: 시생대와 원생대

막에 싸여 보호를 받게 된 세포가 에너지와 재료를 이용하고 복제를 할 수 있게 되면서 지구는 이런 단세포생물들이 다양해지고 살아가는 방법을 갈고닦는 긴 시간대로 들어가게 된다. 이 긴 잠복기는 시생대 거의 전부와 대부분의 원생대를 포함하여 30억 년 이상 지속되었다. 작은 생물들의 다양성은 상당히 놀랍다.

기린과 거북이는 그냥 보기만 해도 구별할 수 있지만 단세포생물들은 그렇지 않다. 현미경으로 보면 대부분 작은 공 모양이거나 소시지처럼 길쭉하게 생겼으며, 움직일 수 있게 해주는 채찍처럼 생긴 편모를 가지고 있기도 하다. 한때는 모두 박테리아라고 생각했지만 DNA를 연구한 결과 이들은 크게 두 집단으로 나뉘어졌다. 진정세균Eubacteria과 고세균Archaea이다. 이들은 우리와 이들이 서로 다른 것만큼이나 유전적으로 서로 다르다. 집단마다 에너지를 얻고 번식하는 방법이 다양하다. 프린스턴 대학의 동료 교수인 알 피셔Al Fischer는 이것을 "진화의 발명들"이라고 부른다.[8] 철, 질소, 황에서 뽑아낸 에너지를 이용하여 살아가는 미생물도 있고, 태양에너지를 이용하여 물과 이산화탄소를 유기물로 바꾸는 (당연히 광합성을 뜻한다) 미생물도 있다.

광합성은 지구의 생태계를 심각하게 교란했다. 부산물이 산소였기 때문이다. 우리는 산소를 생명체에 필요한 것으로 생각하지만 초기의 미생물에게 산소는 치명적인 독이었다. 우리는 산소에 적응할 수 있도록 진화한 미생물의 후손이다. 산소 혁명은 인류에게 아주 중요한 것이었다. 단지 우리가 산소로 숨을 쉬기 때문만이 아니라, 산소는 우리의 산업 문명이 크게 의존하는 엄청난 양의 철광석을 만들어 내기도 했기 때문이다.[9]

철은 지구에서 크게 두 가지 화학적 형태로 나타난다. '환원형(제1철, Fe^{2+})'과 '산화형(제2철, Fe^{3+})'이다. 젊은 지구에는 대기에 산소가 없어서 지구 표면의 철 대부분이 환원형인 Fe^{2+}이었고 엄청나게 양이 많았다. 철은 지구에 가장 많은 네 가지 원소 중 하나라는 것을 기억하라. 광합성미생물이 등장한 이후 이들이 만들어 낸 부산물인 산소는 대기로 들어가 대부분 제1철Fe^{2+}을 제2철Fe^{3+}로 산화하는 데 사용되었다. 지구 표면은 시생대 동안 천천히 녹슬었다. 적철석 광물인 삼산화이철Fe_2O_3은 산화형 철Fe^{3+}이 녹슨 것이다. 중요한 사실은 제1철은 바닷물에 녹지만 제2철은 그렇지 않다는 것이다. 그래서 제1철은 점차 산화되어 제2철이 되면서 바닷물에서 빠져나와 철이 풍부한 지층인 거대한 호상철광층을 만든다. 산업에서 사용되는 철은 대부분 중국, 오스트레일리아, 브라질, 아프리카, 러시아, 인도, 미네소타의 호상철광층에서 나온 것이다.

긴 명왕누대와 시생대 잠복기 중 어느 시기엔가 중요한 사건이 일어났다. 우리 몸을 이루는 세포가 등장한 것이다. 우리 세포는 진정세균, 고세균에 이어 생물의 세 번째 큰 분류인 진핵생물Eukaryotes이다. 진핵생물은 두 조상 세포가 자신들이 합쳐지는 것이 더 유리하다는 것을 발견하면서 등장했다. 세포 하나가 다른 세포 속으로 들어가는 것으로, 이것을 세포내공생endosymbiosis이라고 부른다. 다른 세포를 받아들인 세포는 DNA를 가지는 핵을 포함한 우리 세포의 주요 부분이 되었고, 공생하게 된 세포는 우리의 세포 활동에 필요한 에너지를 만드는 미토콘드리아를 제공해 주었다.[10] 30억 년이 넘는 잠복기 중 언제 이 사건이 일어났는지는 분명하지 않지만, 우리 세포의 두 부분은 결코 완전하게 결합하지 않았다. 이들은 별도의 DNA를 가진다.

우리 몸은 고세균이나 진정세균과는 완전히 구별되는 진핵세포로만 이루어진 것처럼 보일 것이다. 하지만 최근에 많은 수의 고세균과 진정세균이 우리의 소화계에 살고 있으며, 이런 미생물이 음식물을 영양분으로 사용하는 데 중요한 구실을 한다는 사실이 알려졌다. 산소가 별로 없는 우리의 위와 장은 이런 미생물에게 편안한 환경이고, 이들은 광합성의 부산물인 산소에 적응하기 위해 진화할 필요가 없었다. 대기에서 산소가 증가한 것은 지금까지 있었던 공기오염 중 가장 심각한 사건이었다.

그러니까 미생물을 포함한 우리 몸의 세포들은 생명 역사에서 길고 긴 명왕누대와 시생대 동안 일어난 위대한 사건에 관한 역사적 기록이다.

함께 사는 세포들: 시생대 후기
- -

생명 역사에서 참으로 위대한 사건 중 하나가 우리 몸에 극적으로 기록되어 있다. 이는 우리가 단세포생물이 아니기 때문에 가능한 일이다. 우리는 수백조 개 세포의 조합이며, 여러 종류의 특화된 세포들은 복잡한 방법으로 협력하여 우리가 살아갈 수 있도록 해 준다. 다세포의 기원은 화석 기록에 잘 나타나지 않지만 아마도 첫 번째 단계에서는 오늘날의 단세포 깃편모충처럼 특화되지 않은 동일한 세포들이 함께 집단을 이루며 살았을 것이다. 특화된 세포들이 등장한 것은 한참 후일 것이다.[11]

주목할 만한 알 화석이 중국에서 발견되었다. 7억 5000만 년 전에 만들어진 화석이었다. 이 작은 구형의 알들은 여러 세포로 나뉘는 다양한 단계를 보여 주었다. 이 알들이 다세포 동물의 알임을 의심할 여지는 거의 없다.[12] 그리고 원생대 후기(약 6억 년 전) 지층에서 고생물학자들이 몸체가 부드러운 동물들의 흔적을 발견했는데 충분히 크고 복잡해서 다세포 동물임이 틀림없었다. 이것이 에디아카라 화석군Ediacarans이다.

단세포생물이 다세포동물로서 함께 사는 데 30억 년이 넘게 걸렸다면 이것은 어려운 일일 뿐 아니라 생명의 필수 단계가 아닐 수도 있다. 사실 이것은 극히 드문 경우여서 우주에 단세포생물은 흔할 수 있지만 다세포생물은 극히 드물다는 주장이 있다. 고생물학자 피터 워드Peter Ward와 천문학자 돈 브라운리Don Brownlee는 이것을 '드문 지구Rare Earth' 가설이라고 불렀다.[13]

진정세균과 고세균은 대부분 단순한 공이나 소시지 모양이었다. 하지만 다세포동물이 등장하면서 다양한 형태의 몸으로 진화했다. 가장 오래된 형태 중 하나는 해면동물, 산호, 해파리와 같은 방사대칭을 띤다. 우리 선조들은 이런 단순한 형태에서 다양하게 분화되어 좌우대칭의 몸이 되었다. 그러니까 좌우대칭인 자신의 얼굴과 몸을 볼 때 당신은 거의 6억 년 전에 갈라져 나와 지금까지 이어진 몸의 역사적 기록을 보고 있는 셈이다.

단세포생물은 영양분을 얻는 것뿐 아니라 움직이는 것, 번식하는 것 등 많은 것을 개별적으로 해결해야 한다. 이런 다양한 기능은 우리 선조들이 세포 집합체로 살면서부터 특화된 세포들에게 나누어졌고, 이런 노동 분업은 지금까지 우리에게 이어져 왔다.

입에서 시작하여 소화계를 거쳐 잔해를 제거하는 과정까지 영양분 흡수에 관여하는 세포들이 있다. 거의 모든 좌우대칭형 동물들이 우리와 같은 이런 완벽한 영양분 흡수 시스템을 가지고 있다. 얼마나 많은 음식이 우리 입으로 들어와 소화계를 거쳐 가는지 생각하면 놀랍다. 일생 동안 100톤 가까이나된다! 다음 식사를 할 때는 이 숫자와 함께 5억 년도 더 전에 기원한 시스템을 통해 음식을 소화하고 활용한다는 것을 한

번 생각해 보기 바란다.

다세포생물의 기능을 돕는 다른 주요 시스템들의 기원도 5억 년 이상 거슬러 올라가는 것임이 틀림없다. 심혈관, 감각, 신경, 번식 시스템이 그 예로, 각 시스템은 5억 년 동안 큰 변화를 겪었는데 우리의 다세포 선조들 중 어느 누구도 각각의 시스템이 없었다면 살기 힘들었으리라고 자신 있게 말할 수 있다.

부드러운 몸을 가진 동물은 잘 보존된 화석이 드물기 때문에 원생대 후기 다세포동물들의 초기 진화 기간에 무슨 일이 있었는지를 입증할 증거가 거의 없다. 그래서 우리는 DNA 정보에 크게 의존한다. 하지만 이 모든 상황은 생명 역사의 핵심적인 날을 기점으로 하여 극적으로 달라진다. 5억 4100만 년 전, 현생누대의 시작이다.

바다에서 육지로: 고생대

약 5억 4000만 년 전부터 생명체의 화석 기록이 풍부해졌다. 생명체의 단단한 부분이 발달했기 때문이다. 달팽이나 조개의 껍데기, 우리의 뼈와 이 등이 그런 것이다. 지질학자들은 이런 화석의 등장을 캄브리아기의 시작으로 잡는다. 다세포

동물에게 단단한 부분이 소화계만큼이나 반드시 필요한 것은 아니다. 실제로 최초의 다세포동물에게는 단단한 부분이 없었다. 하지만 어떤 결정적 순간에 단단한 부분이 여러 동물에게서 나타났다. 아마도 자연의 무기 경쟁으로 볼 수 있을 것이다. 단단한 부분을 만들어 낸 동물들은 생존과 번식에 더 유리했다. 삼엽충이 눈을 진화시켜 훨씬 더 강력한 포식자가 되면서 이에 대항하여 단단한 부분으로 방어할 수 있는 피식자만이 살아남을 수 있었다는 게 일반적 관점이다.[14]

화석 기록에 나타난 결과는 극적이다. 갑자기 퇴적암층에 조개가 나타났다. 부드러운 조직보다 단단한 부분이 바위에 훨씬 더 잘 보존되기 때문에 초기 지질학자들에게 이것은 생명이 갑자기 등장한 것으로 보였다. 이제는 5억 4000만 년 이전에도 많은 생명체가 있었다는 것을 알지만 그 증거를 발견하기는 매우 어려웠다.[15] 그러니까 당신 몸에 기록된 생명 역사에서 뼈는 좌우대칭과 순환계, 그리고 소화계보다 더 나중에 등장한 것이다.

우리의 소화계가 엄청난 양의 음식을 소화할 수 있는 것은 움직이는 턱과 음식을 자르고 씹을 수 있는 이를 가진 덕분이다. 턱을 역사적인 기록으로 간주할 경우 그 기원은 오르도비스기로 거슬러 올라간다. 이 시기에 인간의 기원은 현대의 칠

성장어와 같은 무악어류에서 갈라져 나왔다. 칠성장어는 입을 흡입기로 사용하여 물고기에 입을 붙이고 혀를 이용하여 먹이의 살을 뜯는다. 생명 역사에서 원래 한 가지 목적으로 이용되던 특징이 다른 곳에 사용되는 경우는 흔하다. 우리의 턱이 그렇다. 약 4억 6000만 년 전에 음식을 먹기 위해서 진화된 구조가 약 100만 년 전에 말을 하는 데 중요한 역할을 하게 된 것이다. 턱은 말하는 데보다 먹는 데 더 오래 사용되었다!

뼈 화석들은 우리 몸의 다른 부분에 대한 초기 역사를 들여다보는 창도 된다. 뇌를 감싸는 머리뼈나 감각 정보를 뇌로 전달하고 다시 움직임 명령을 전달하는 척수를 보호하는 척추와 같은 부분이 그렇다. 뼈 화석들은 우리의 팔과 다리의 역사도 알려 준다.

지금까지 이야기한 우리 몸의 역사는 바닷속 생명체의 기록이다. 하지만 우리는 육상동물이기 때문에 우리 조상들이 언제 처음으로 물을 떠나 건조한 육지로 나왔는지에 관심이 있다. 아마도 단세포생물이 가장 먼저 육지로 나왔겠지만 그 이동에 대한 기록은 거의 없을 것이다. 약 4억 3500만 년 전인 실루리아기에 육상식물들이 뒤를 이었고, 우리가 현재 '나무 wood'라고 부르는 단단한 부분이 진화하여 물 부력의 도움 없이 스스로 설 수 있게 되면서 육상식물들이 번성하게 되었다.

동물들의 영양분이 될 수 있는 식물들이 육지를 덮었고, 동물들의 육지 이동은 약 4억 2000만 년에서 3억 6000만 년 전인 데본기에 일어났다. 최근에 고생물학자들은 뼈 있는 지느러미를 가진 물고기와 다리를 가진 육상동물 사이의 중간 화석들을 발견하는 데 성공했다. 이들 중간 동물에는 판데리크티스Panderichthys, 틱타알릭Tiktaalik, 아칸토스테가Acanthostega, 에리옵스Eryops와 같은 멋진 이름이 붙었다.[16] 중간 동물들의 존재는 우리 몸에 아주 중요한, 우리가 움직이고 도구를 사용할 수 있도록 해 주는 팔과 다리의 초기 역사이다. 뼈 화석 덕분에 지느러미에서 팔다리로 변화하는 과정을 자세히 연구할 수 있지만 물 밖에서 살기 위해 필요한 우리 몸의 다른 부분들, 아가미를 대신하는 허파나 육지 환경에서의 번식 시스템과 같은 것의 변화 과정은 잘 기록되어 있지 않다. 하지만 우리 몸의 대부분은 원래 적대적이었던 육지 환경에 오랫동안 적응하면서 만들어진 것이 분명하다.

그늘에서 살아남기: 중생대

바다에서 육지로 이동한 동물들은 사지를 가지고 있어서 그들의 후손인 양서류, 파충류, 조류, 그리고 우리와 같은 포유류는 모두 사지동물이라고 불린다. 역사가 다른 방향으로 진행되었다면 어땠을지 생각하면 재미있다. 중간 동물들이 네 개가 아니라 여섯 개의 팔다리를 가지고 있었다면 어땠을지 생각해 보자. 육상동물들은 두 다리보다는 더 편한 네 다리로 걷고, 마치 전설 속 동물처럼 나머지 두 개로는 도구를 사용했을 수 있다. 그랬다면 도구의 사용이나 지능의 발달이 지금보다 더 이른 시기에 나타났을 수도 있다.

사지동물이 바다에서 육지로 옮겨 간 초기인 석탄기와 페름기에는 양서류가 가장 중요한 역할을 했다. 이들은 물속에서 살았던 조상들처럼 물속에 알을 낳았기 때문이다. 다음으로 파충류가 중요한 역할을 했다. 이들의 알은 껍데기로 싸여 있어 육지에서 새끼를 낳을 수 있었기 때문이다. 파충류 중에서 공룡은 트라이아스기에 등장하여 쥐라기와 백악기에 지배적인 대형 동물이었다. 사실 공룡은 완전히 멸종하지 않았다. 그들의 일부인 새가 지금까지 살아 있기 때문이다. 그리고 드디어 포유류가 등장했다. 이들은 새끼를 바로 낳았고 젖샘에서 나오는 젖으로 새끼를 먹였다. 젖을 먹이기 때문에 포유류라고 부르며 이것은 우리 몸에 남은 역사적 기록의 일부이기도 하다.

한때 과학자들은 양서류, 파충류, 포유류 순서로 발전하고,

포유류가 가장 나은 형태라고 생각한 적이 있다. 하지만 아무도 파충류에게 한물갔다고 말하지 못했다. 공룡은 1억 3000만 년 동안 지배적인 대형 육상동물의 지위를 차지했기 때문이다. 포유류는 그 대부분의 기간 동안 주위에 있었지만 몸집은 작았다. 더구나 공룡은 놀라울 정도로 다양한 종류로 진화했다. 적당한 크기의 공룡, 아주 큰 공룡, 엄청나게 큰 공룡. 초식과 육식. 걸어 다니는 것, 뛰어다니는 것, 헤엄쳐 다니는 것, 날아다니는 것. 그리고 화석이 발견되기 전까지는 상상하지 못한 형태도 있었다. 아이들이 공룡을 좋아하는 것은 당연하다!

그러는 동안 작은 포유류들은 덤불에서 밟히지 않도록 조심하면서 살아갔다. 중생대가 진행되는 동안 포유류도 자신들만의 다양성을 갖추고 혁신을 하면서 진화했다. 가장 초기의 포유류들은 알을 낳았고, 그들의 일부 후손들은 아직도 그리한다. 하지만 유대류 포유류들이 등장하면서 뭔가가 달라졌다. 이들은 새끼를 낳고 어린 새끼는 어미의 주머니로 기어 들어가 어린 시절을 보낸다. 그리고 드디어, 새끼를 낳고 주머니가 필요 없는 태반류가 등장했다. 우리와 같은 태반류는 아주 최근까지 태반류가 도달하지 못하여 유대류의 도피처가 된 오스트레일리아를 제외하고는 지배적인 종이 되었다.

번식 방법 외에도 우리 몸이 기억하는 포유류 초기 역사의 주요 특징은 두 가지가 더 있다. 첫 번째는 우리의 체온을 약 36.5도로 유지해 주는 왕성한 신진대사이다. 체온유지는 많은 에너지를 필요로 하기 때문에 우리는 일생 동안 엄청난 양의 음식을 먹는다. 두 번째는 다른 어떤 동물에도 없는 포유류만의 특징인 털이다.

포유류는 공룡처럼 중생대의 대부분 혹은 전 기간에 존재했다. 대부분의 트라이아스기, 쥐라기와 백악기를 아우르는 시간이다. 공룡은 적어도 크기와 다양성에서는 육지를 지배했다. 하지만 일반적으로 크기가 작은 동물들이 그렇듯 포유류가 훨씬 더 많았던 것이 분명하다. 공룡은 영원히 대형 육상동물의 지위를 차지할 것처럼 보였을 것이다. 하지만 그렇지 않았다. 공룡은 그들의 일부인 새를 제외하고는 사라졌고, 우리 세계에서 대부분의 큰 동물은 포유류이다. 무슨 일이 일어난 것일까?

해방!: 신생대

왜 공룡이 사라졌는지 오랫동안 아무도 몰랐다. 이와 관련하여 멋지기는 하지만 아무것도 설명하지는 못하는 글이 1886년에 나왔다. "더 높은 수준의 형태가 이제 생명의 문턱에 서 있다. 파충류 왕조의 장례식을 알리는 종이 울리고 있다. 공룡 집단은 더 뛰어난 생명체의 등장 앞에서 왜소해지고 있다. 화려한 시대를 뒤로하고 파충류 왕조는 무너졌다. 우리는 폐허에 쓰인 역사로만 이것을 알 수 있다."[17] 이 글이 쓰일 때에는 크고 눈에 띄는 공룡 뼈들이 작고 눈에 띄지 않는 포유류의 뼈보다 훨씬 더 잘 알려져 있었다. 하지만 20세기 중반부터 많은 연구가 진행되면서 작은 포유류들이 큰 공룡들과 적어도 1억 3000만 년 동안 함께 살았다는 사실이 밝혀졌다.[18]

포유류가 "더 뛰어난 생명체"가 아닌 것은 분명해 보인다. 공룡이 사라지기 위해서는 일종의 데우스엑스마키나(deus ex machina, 연극에서 가망 없어 보이는 상황을 해결해 주는 인물 또는 사건—옮긴이) 같은 것이 필요했으니, 6600만 년 전 유카탄반도에서 있었던 거대한 충돌이 그것이었다. 그 충돌은 많은 동식물 집단이 멸종한 바로 그 시기에 일어났고,[19] 심각한 환경 변화를 일으켰다는 증거는 차고 넘친다.[20] 멸종이 일어나기 전에 시작되어 멸종 이후까지 이어진 인도에서의 거대한 화산 폭발은 충돌에 의한 환경 변화 때문에 일어난 멸종에 도움을 주었을 수도 있고 그러지 않았을 수도 있다. 이것은 현재 연구와 논쟁이 이루어지고 있는 주제이다.[21]

새를 제외한 공룡의 멸종 때문에 살아남은 포유류와 그들의 후손들에게는 멋진 새로운 가능성이 열렸다. 가장 극적인 것은 크기의 변화였다. 고생물학자들은 백악기 말 공룡의 멸종 직후에 포유류들이 훨씬 더 커졌다는 사실을 오래전부터 알았다. 이것은 화석 크기에 대한 통계분석에서 명확하게 나타난다. 존 알로이John Alroy는 화석 기록이 아주 잘 남아 있는 북아메리카의 백악기 후기 포유류의 평균 몸무게가 겨우 50 그램이었다가 대멸종 이후 몇백만 년 사이에 500그램으로 늘었고, 그 후 약 3000그램까지 꾸준히 늘다가 지난 1000만 년 동안 약간 줄어들었다는 것을 밝혀냈다.[22] 알로이의 연구는 공룡이 사라졌기 때문에 포유류가 훨씬 더 커졌다는 사실을 강력하게 뒷받침한다. 이것이 우리 종이 큰 몸집을 가지게 된 배경이다.

알로이는 북아메리카 화석 포유류의 다양성에도 비슷한 극적인 증가가 있다는 것을 발견했다. 백악기 후기에는 겨우 20 종만이 알려져 있었지만, 대멸종 직후 약 50종으로 급격히 증가했고 그 후 점차 증가하여 최근에는 약 100종이 되었다.[23] 포유류 다양성의 역사를 그린 다이어그램을 보면 이 점이 더 명확해진다.[24] 대멸종 이후 1000만 년 안에 우리에게 익숙한 포유류들이 화석 기록에 등장했다. 설치류, 박쥐, 나중에 말로 진화한 유제류, 육식동물들, 코끼리의 조상, 고래, 그리고 당연히 영장류까지.

우리 몸의 특징 중 일부는 우리가 영장류의 일원이라는 것을 말해 준다. 큰 머리뼈와 뇌는 일반적인 영장류의 특징이고, 거리를 파악할 수 있도록 앞을 향한 두 눈 역시 영장류의 특징이다. 코 역시 영장류의 유산이다. 대부분의 다른 포유류와는 달리 우리에게 후각은 시각보다 덜 중요한 감각이다. 코의 특징 역시 마찬가지이다. 인간은 건조한 코를 가진 영장류이다. (심한 감기에 걸리지 않는 한 코가 젖어 있지 않다) 그리고 우리는 높이 솟은 코와 아래로 향한 콧구멍을 가진 영장류이다. 납작한 코와 옆으로 향한 콧구멍을 가진 종과는 다르다.

우리 몸에 있는 또 하나의 영장류 특징은 손이다. 정교한 손가락, 나머지 손가락과 마주 보는 엄지손가락으로 물건을 잡고 다룰 수 있으며 날카로운 갈고리발톱 대신 섬세한 손톱을 가지고 있다. 손의 놀라운 효용성은 개나 고양이의 앞발과 비교하면 명백하다! 이 훌륭한 손은 나무에서 생활하면서 나무를 잡기 위해 만들어진 것으로 보인다. 한 가지 목적에서 기원한 특징이 나중에 다른 일을 하는 데 사용되는 것은 진화에서 흔한 일이다. 그래서 우리는 매듭을 묶을 수도 있고, 그림을 그리기도 하고, 악기를 연주하기도 한다.

똑바로 걷고, 현명하게 생각하고,
소리 내어 말한다: 플라이오세 제4기

우리 몸에서 우리를 분명하게 인간으로 만들어 주는 것은 무엇일까? 두 가지 분명한 특징은 직립보행과 큰 뇌이다. 직립보행 덕분에 섬세한 두 손이 자유로워져 재미있는 일을 할 수 있고, 큰 뇌 덕분에 재미있는 생각을 할 수 있다. 오랫동안 과학자들은 직립보행과 큰 뇌 중 어느 것이 먼저일지 논쟁했다. 그런데 최근 40여 년 동안 획기적인 화석 발견으로 그 의문에 확실하게 답할 수 있게 되었다. 뇌가 커진 것보다 직립보행이 먼저이다.

이것은 루시라고 불리는 유명한 화석이 알려 준 중요한 결과이다. 공식 명칭은 오스트랄로피테쿠스 아파렌시스이고 생존 시기는 320만 년 전이다. 도널드 조핸슨Donald Johanson이 이끄는 팀이 1973~1974년에 에티오피아에서 발견했다. 루시의 뼈는 그녀가 직립보행을 했다는 것을 분명히 보여 준다. 하지만 머리뼈에는 침팬지보다 작은 뇌가 들어갈 공간밖에 없었다.

또 하나의 훌륭한 화석은 1990년대 초에 역시 에티오피아에서 팀 화이트Tim White, 베르하네 아스파우Berhane Asfaw, 기다이 월드가브리엘Giday WoldeGabriel이 이끄는 팀이 발견한 아르디

Ardi, 또는 아르디피테쿠스 라미두스Ardipithecus ramidus라 불리는 화석이다.25 아르디는 루시보다 100만 년 이상 앞선 440만 년 전에 살았으므로 큰 뇌보다 직립보행이 먼저라는 것을 확인해 주었다. 루시와 마찬가지로 아르디의 뇌도 침팬지의 뇌 크기 정도였다. 하지만 아르디는 뭔가를 잡을 수도 있을 것 같은, 옆으로 퍼진 이상하게 큰 발가락 하나를 가지고 있었다. 이것은 아마도 나무를 오르는 데 유용한 발가락과 걷는 데 유용한 발가락 사이의 중간쯤인 것으로 보인다.

그러니까 앞으로 당신은 자신의 몸을 보면서 당신을 똑바로 설 수 있게 해 주는 발과 대둔근이 당신의 큰 뇌보다 약간 더 오래되었다는 사실을 상기할 수 있다.

마지막으로 몸의 일부 중 생각해 볼 만한 부위는 혀이다. 우리는 혀가 아주 오래된 특징이라는 것을 안다. 부드러운 부분은 보존이 잘되지 않으므로, 화석 증거 때문이 아니다. 일반적으로 혀는 살아 있는 포유류와 척추동물에서 광범위하게 나타나기 때문이다. 기본적으로 포유류는 씹을 때 입안에서 음식을 옮기거나 맛을 보는 기관으로 혀를 사용한다. 하지만 진화의 결과, 동물들은 추가적으로 다른 방식으로 혀를 사용하게 되었다. 개미핥기는 작은 고리로 덮여 있는 가늘고 긴 혀를 사용하여 곤충의 집에서 곤충을 잡고, 칠성장어는 혀로 먹이를 부수고, 고양이는 혀로 털을 청소하고, 개는 젖은 혀를 내밀어 몸을 식힌다.

우리가 말로 의사소통하는 데 혀가 중요한 역할을 하게 된 것은 꽤 최근이다. 고생물학계에서 언어가 언제 발달했는지는 여전히 주요 논쟁 주제이다. 증거가 거의 없기 때문이다. 하지만 '혀'는 언어와 거의 동의어가 되었다. 혀의 움직임을 느끼려면 문장을 소리 내어 읽어 보라. 천천히 그리고 빠르게. 그리고 입안에서 움직이며 춤추는 놀라운 혀에 주의를 기울여 보라. 혀가 어떻게 턱, 입술, 성대와 함께 움직여서 정교한 소리를 만드는지, 그리고 인류사를 이토록 흥미롭게 만든 생각과 질문과 명령을 전달하는지 살펴보라.

인간 몸의 역사와 기원을 살펴보면 인간의 현재 상황이 얼마나 일어나기 힘든 일인지 다시 한번 깨닫게 된다. 좌우대칭이 나타나지 않았다면? 턱이 움직이도록 진화하지 않았다면? 공룡이 사라지지 않았다면? 우리가 상상하기 힘든 다른 생물학 경로로 진화가 일어났다면? 빅 히스토리의 다른 많은 경우와 함께 보면 우리 몸의 특징을 만든 것은 아주 특별하고 일어나기 힘든 사건의 연속이었다. 우리의 모든 특징을 가진 인간은 아프리카에서 처음 등장한 것으로 보인다. 그런 점에서 우리는 모두 아프리카인이다. 하지만 오늘날 우리는 전 세계에 퍼져 있다. 우리가 어떻게 해서 이렇게 넓게 퍼지게 되었는지가 다음 장의 주제이다.

인류

8장

위대한 여정

느리지만 어디에나 있는 종

인간의 몸은 움직일 수 있는 능력을 가지고 있다. 우리는 걷고 달리고 헤엄칠 수 있지만 그 어떤 것도 아주 빠르지는 않다. 우리가 두 발로 걷는 걸음은 빠르지 않아서 우리보다 훨씬 더 빠르게 달릴 수 있는 동물은 얼마든지 있다. 헤엄을 치기는 하지만 상당히 느리고 언제나 익사의 위험을 안고 있으며, 우리 몸은 원래 하늘을 날기에도 적합하지 않다.

그렇기 때문에 우리가 지구에서 거주 가능한 지역을 거의 전부 차지하고 있다는 사실은 놀라운 것이다. 우리는 어떻게 그곳들에 갈 수 있었을까? 21세기인 지금은 공항으로 가서 지구의 거의 모든 곳을 몇 시간 안에 갈 수 있고, 아주 먼 야생 지역이 아니라면 어디에나 사람이 살고 있다. 그토록 넓은 지역에 퍼져 있는 다른 종은 거의 없다.

이 장에서는 인간의 이런 놀라운 면과 그것이 지구 역사와 얼마나 깊이 연관되어 있는지 살펴볼 것이다. 우리는 수백 년 전의 탐험가들이 지구 전역에 살고 있는 사람들을 차례로 다시 연결시키면서 무엇을 발견했는지 물어보는 것에서 시작할 수 있다.

다른 곳에도 사람이 살지 않을까?

유럽인들이 탐험을 시작하기 전에도 거대한 대륙인 아프리카, 아시아, 유럽은 언제나 서로 연결되어 있었다. 상인들은 비단길을 통해 아시아를 가로질렀으며 남북 아프리카를 연결하는 사하라사막을 여행했다. 몇몇 용감한 여행자는 아직까지도 우리를 놀라게 하는 모험을 했다. 13세기의 마르코 폴로와 한 세기 후의 이븐바투타가 그랬다. 역사학자 부자인 존John과 윌리엄 맥닐William McNeill은 대륙을 가로지르는 광범위하지만 약한 이 연결을 구세계 연결망Old World Web이라고 불렀다.[1] 약한 연결망이 아시아, 유럽, 아프리카 전역에 뻗어 있었지만 특정한 장소에 있는 사람들은 주변 지역밖에 알지 못했고 덜 발달된 아메리카 연결망이나 막 시작된 태평양 연결망에 대해서는 전혀 알지 못했다.

나는 구세계 연결망의 한계를 깨뜨린 것이 유럽이 중세에서

근대로 넘어가는 좋은 표식이라고 생각한다. 탐험가들이 고립된 구세계에서 벗어나면서 무엇을 발견했는지 살펴보자. 그곳에도 누군가 있었을까?

유럽인들의 첫 번째 탐험은 북대서양의 섬들을 발견한 것이었다. 870년대에 아이슬란드를, 980년대에 대부분 얼음으로 덮인 거대한 섬인 그린란드를 발견했다. 모두 스칸디나비아인들Norsemen이 발견했다. 그 바이킹들은 6000만 년이나 7000만 년 전에는 그린란드가 자신들의 고향인 노르웨이에 붙어 있다가 분리되었고 해저가 퍼져 나가며 서쪽으로 이동했다는 사실을 알지 못했다. 아이슬란드에 정착한 후 사람들은 화산활동으로 새로운 땅이 만들어지는 것을 보았다. 하지만 해저가 퍼져 나가면서 바다가 새로 만들어지는 곳에서의 화산활동으로 섬 전체가 만들어졌다는 생각은 하지 못했을 것이다. 또 아이슬란드의 거대한 화산 분출은 지구 깊은 곳에서 비정상적으로 뜨겁게 천천히 올라오는 맨틀 때문이라는 생각도 하지 못했을 것이다. 지질학자들은 이것을 맨틀 융기mantle plume라고 부른다.

스칸디나비아 탐험가들은 아이슬란드와 그린란드에서 사람을 발견하지 못했지만 사실은 훨씬 더 북쪽인 극지방 그린란드에 고대 에스키모인들이 살고 있었다. 그리고 스칸디나비아인들이 빈란드Vinland라고 부른 북아메리카 일부에 도착했을 때 그곳에도 사람이 살고 있었다.

400년 후인 15세기에 작은 나라이던 포르투갈의 선원들이 결과적으로 전 세계를 지금 우리가 알고 있는 것과 같은 하나의 연결망으로 묶은 탐험을 시작했다. 그들은 탐험 초기에 저위도 북대서양 제도를 네 곳 발견했다. 아이슬란드처럼 이 화산 제도 역시 맨틀 융기로 만들어졌다. 아프리카 본토에서 100킬로미터밖에 떨어지지 않은 카나리아제도는 고대부터 알려져 있었고 사람도 살고 있었다. 하지만 대양 멀리에 있는 섬들에는 아무도 살지 않았다. 아조레스Azores제도는 1340년경에, 마데이라Madeira제도는 1420년경에, 카보베르데Cabe Verde Islands는 1450년경에 발견되었다.[2] 이때는 탐험이란 사람이 살지 않는 곳을 찾아내는 것으로 비쳤을 것이다. 하지만 상황은 곧 완전히 달라졌다. 사람은 어디에나 살고 있는 것처럼 보였다.

사람으로 가득 찬 땅의 발견

항해자 엔히크 왕자에게서 동기를 부여받고 지원도 받은 포르투갈 탐험가들은 차례차례 작은 배로 아프리카 해안을 따라 천천히 남쪽으로 내려갔다. 그들은 사하라사막 해변을 따라 항해했는데, 땅이 점점 뜨겁고 건조해지더니 그곳엔 아무것도 없었다. 뜨겁고 아무도 살지 않는다는 적도 지역에 대한 아리스토텔레스의 생각에 영향을 받은 그들은 아무것도 발견하지 못할 것이라고 생각했고, 사하라 해변을 따라 내려갈수록 그것은 사실 같아 보였다.[3] 하지만 1444년 사하라사막의 남쪽 경계가 되는 녹색 곶인 카보베르데에 도착한 그들은 아프리카인들로 가득 찬 땅을 발견했다. 오랫동안 낙타를 이용하여 사하라사막을 건너 무역을 하던 베르베르인과 아랍인들이 그들에게 말을 걸었을 수도 있다. 포르투갈인들은 아프리카 해변을 따라 탐험을 계속하면서 어디에서나 사람들을 발견했다.

아프리카 해변을 항해하던 포르투갈인들은 우리가 알고 있는 신기한 어떤 것에 크게 놀랐을 테고 아마 이해할 수 없었을 것이다. 아프리카의 그 부분은 지금은 적도 근처에 있지만 약 4억 5000만 년 전인 오르도비스기와 실루리아기에는 남극점에 있었다. 1960년대 초에 오르도비스기 빙하의 잔해를 알제리 사하라사막의 중심부에서 처음으로 발견한 프랑스의 지질학자들이 얼마나 놀랐을지 상상해 보라! 당시는 지질학자 대부분이 대륙은 절대 움직이지 않는다고 믿을 때였다.[4] 이

빙하의 잔해는 아프리카가 속해 있던 초대륙 곤드와나가 얼어붙은 남극점을 지나 이동하던 시기에 대한 지구의 기억이다.

아프리카 남쪽 끝에서 희망봉을 발견한 후 포르투갈인들은 계속해서 인도양을 가로질러 아시아로 갔다. 그들은 가는 곳마다 사람들을 발견했다. 하지만 그들은 구세계 연결망의 범위 안에 있었기 때문에 그리 놀라운 일은 아니었다.

그러던 15세기 초, 중국인들이 인도양을 건너 아프리카와 인도네시아 일부까지, 유럽 어느 시대의 누구와도 비교할 수 없을 만큼 엄청난 규모로 탐험을 했다. 맥닐 부자는 이렇게 묘사했다.

1405년에서 1433년 사이에 중국 함대 여섯 척을 이끌고 인도양을 탐험한 정화 장군(Zheng He, 1371~1435)은 유럽인들이 범접할 수 없는 규모의 지원을 받았다. 항해자 엔히크 왕자가 포르투갈인들과 함께 모로코의 도시 세우타Ceuta를 탐험한 1415년 여름, 정화는 페르시아만의 입구인 호르무즈Hormuz에 있었다. 여섯 차례의 탐험 중 네 번째 탐험이었다. 엔히크 왕자가 고향에서 약 320킬로미터 떨어진 곳에 있을 때 정화는 자신의 기지에서 8000에서 1만 킬로미터 정도 항해했다. 정화의 가장 큰 배는 나중에 콜럼버스가 지휘했던 가장 큰 배보다 여섯 배에서 열 배 더 컸고, 1497년 존 카봇John Cabot의 배보다 약 서른 배 더 컸다. 콜럼버스의 가장 큰 탐험(네 번 중 두 번째)에는 배 17척과 약 1500명의 선원이 동원되었는데, 정화의 첫 번째 탐험에는 배 317척과 약 2만 7000명의 선원이 동원되었다.[5]

이와 같은 노력으로 볼 때 중국인들이 유럽인들보다 훨씬 더 먼저 구세계 연결망을 깨뜨리지 못했다는 것이 지금 우리에게는 아주 이상하게 보일 수도 있다. 하지만 그런 일은 일어나지 않았다. 지금 보기에 중국인들은 새로운 장소를 발견하려고 시도하지는 않은 것이 분명하다. 미지의 장소를 탐험하려는 의도는 없었다. 대규모 함대의 목적은 이미 알려진 세계의 사람들에게 중국의 우월성을 과시하는 것이었다.[6] 1433년, 처음에는 믿을 수 없을 정도로 보였던 탐험을 중국 정부는 도중에 중단했다. 정화의 항해 이후 바다 여행을 금지했고 심지어 먼바다로 나가는 배를 만드는 것까지 금지했다. 중국은 내부로 돌아섰고, 결과적으로 바다를 건너 중국과 접촉한 것은 포르투갈인들이었다. 중국이 탐험을 중단한 이유에 대해서는 아직 논쟁 중이지만, 인도네시아와 인도양에 집중된 중국인 항해자들은 구세계 연결망 안에만 머물렀기 때문에 사람이 살지 않는 큰 규모의 장소를 전혀 발견하지 못했다. 중국인들이 스스로 물러나자 탐험의 세계에는 유럽인들만 남게 되었다.

구세계 연결망이 처음으로 제대로 깨진 것은 1492년 10월 12일 콜럼버스가 바하마제도에 있는 산살바도르섬에 도착했을 때였다. 콜럼버스는 끝까지 자신이 인도에 도착했다고 믿었지만, 동시대인들은 그곳이 완전히 새로운 세계로의 입구라는 사실을 금세 알아차렸다. 지금은 대륙이동과 판구조론으로 무장한 지질학자들이 쿠바와 대서양 사이에 있는 작은 바하마제도가 실제로는 서아프리카의 일부였다가 떨어져 나와, 퍼져 나가는 대서양을 따라 서쪽으로 이동했다는 사실을 잘 알고 있다. 그러니까 15세기 말에 콜럼버스는 15세기 중반 포르투갈 탐험가들이 항해했던 곳에 속하는 장소에 도착한 것이다.

나는 콜럼버스가 그 섬들에 사람들이 살고 있는 것을 발견하고 별로 놀라지 않았을 것이라고 생각한다. 그는 자신이 아시아에 도착했다고 믿었기 때문이다. 하지만 그가 구세계에 알려져 있지 않던 두 대륙의 입구를 엿보았다는 사실을 알고 있는 우리에게는 신세계가 오랫동안 그곳에서 살아온 사람들의 집이라는 것은 분명한 사실이다. 유럽인들이 신세계 탐험을 계속할수록 알래스카부터 뉴펀들랜드, 티에라델푸에고까지 두 아메리카 대륙 어디에나 사람이 살고 있다는 사실이 명백해졌다. 하지만 콜럼버스가 발견한 신대륙은 그가 온 곳과는 너무나 다른 곳이었다. 유럽이나 아프리카에서는 전혀 보지 못한 동식물이 있었고, 그곳 사람들은 유럽인들과 자손을 낳을 수 있었으니 호모사피엔스인 것이 분명했는데 작지만 분명한 차이가 있었다. 이 장이 끝나기 전에 우리는 이 모든 차이가 어디에서 비롯했는지 이해할 수 있을 것이다.

콜럼버스가 바하마제도를 발견했을 때 혹은 그 직후에 포르투갈인들은 남아프리카에서 집으로 돌아가던 중 순풍을 이용하려고 서쪽으로 크게 우회하다가 우연히 브라질 동쪽에 도착했다. 포르투갈인들은 브라질을 알지 못했지만 서아프리카에서 새로운 발견을 했던 것처럼 탐험을 계속했다. (콜럼버스의 발견 이후 겨우 1세기가 지난) 16세기에 네덜란드의 지도제작자 아브라함 오르텔리우스와 그 후 19세기 프랑스의 지리학자 안토니오 스나이더펠레그리니Antonio Snider-Pellegrini, 그리고 20세기 초반 독일의 기상학자 알프레트 베게너가 대륙이동설을 제안한 이유는 브라질의 튀어나온 부분과 서아프리카의 들어간 부분이 너무나 잘 들어맞기 때문이었다. 영국의 지질학자 에드워드 불러드Edward Bullard, 제임스 에버렛James Everett, 앨런 스미스Alan Smith는 초기 컴퓨터를 이용하여 이것이 너무

나 잘 맞는 것을 보여 대륙이동이 실제로 일어났다는 것을 확인했다.[7]

먼 곳과 가장 먼 곳

1600년경 유럽인들에 의해 발견될 중요한 장소는 멀리 있는 대륙인 오스트레일리아였다. 아메리카 대륙과 함께 이곳은 언제나 구세계 연결망 밖에 있었다. 오스트레일리아는 인도와 흥미로운 지질학적 유사성을 가지고 있었다. 둘 다 약 1억 년 전에 곤드와나대륙에서 떨어져 나와 북쪽으로 이동했다. 인도는 아시아 남쪽 해안을 향하여 훨씬 더 빨리 움직여 약 5000만 년 전에 아시아 대륙과 충돌하여 히말라야산맥을 만들고 유라시아 대륙의 일부가 되었다. 그래서 호모사피엔스는 아프리카를 떠난 직후부터 여기서 살았다.

오스트레일리아는 좀 더 천천히 움직여 아시아의 동쪽 끝보다 위까지 올라갔다. 오스트레일리아는 지질학적으로 가까운 과거에 인도네시아 제도의 섬들과 충돌했다. 유럽인들이 도착했을 때는 원주민Aboriginal peoples이 많이 살고 있었다. 현재의 오스트레일리아는 짧은 물길로 이어지는 인도네시아 섬들을 징검다리 삼아 아시아와 연결되어 있다. 초기 이민자들은 적어도 좁은 물길을 건널 수 있는 능력을 가져야 하긴 했지만, 그곳에 사람이 살고 있었던 것은 지금 생각해 보면 그다지 놀라운 일은 아니다.

오스트레일리아의 동쪽으로 1600킬로미터 바다를 건너가면 정말로 고립된 섬들인 뉴질랜드가 있다. 17세기 중반에 우연히 뉴질랜드에 도착한 유럽인들은 거기에도 역시 마오리족이 살고 있는 것을 발견했다. 지구에는 사람이 이미 자리 잡고 살지 않는 곳은 아무 데도 없는 것일까?[8]

그중 가장 놀라운 발견은 아마도 가장 마지막에 있었던 것으로 여겨진다. 18세기에 멀리 항해한 유럽인들이 그야말로 먼 태평양 한가운데에 있는 섬들에 우연히 도착하기 시작하면서이다. 대서양의 섬들과 마찬가지로 그 섬들도 대부분 맨틀 융기로 인한 화산활동으로 만들어졌다. 방향을 잡기 어려운 바다에서 도달하려면 너무나 먼 거리를 가야 하는 완벽하게 고립된 곳이라도 사람이 거주 가능한 섬에는 대부분 사람이 이미 살고 있었다. 지극히 멀리 있는 하와이제도도 마찬가지였다. 현재의 관점에서 봐도 방향을 잡기 힘든 광활한 태평양을 건너 그토록 완벽하게 고립된 곳에 도착하여 정착한 폴리네시아인들의 항해 능력에는 감탄하지 않을 수 없다.

아이슬란드처럼 아무도 살지 않고 사람이 한 번도 살았던 적이 없는 곳에 도착한 것은 19세기와 20세기에 유럽인들이 아주 어렵게 남극을 발견하고 탐험한 때였다. 남극은 초대륙 곤드와나의 한 조각으로 나머지 조각들인 아프리카, 인도, 오스트레일리아가 환경이 좀 더 좋은 북쪽으로 이동하는 동안에도 3억 5000만 년이 넘게 남극점 가까이에 남아 있었다. 남극에 사람이 살지 않는 것은 놀라운 일이 아니다. 날씨는 몹시 혹독하고 자원이 너무 부족해서 오늘날 얼음으로 뒤덮인 이 황무지에서 불과 몇 사람이 임시로 살면서 일하는 데도 엄청난 물자를 공급해야 하니 말이다.

지금까지 전 세계를 연결하게 된 탐험에 대한 간략한 설명에서 우리는 유럽인들이 발견한 곳들이 낯선 사람들로 가득 차 있었다는 것을 보았다. 발견의 맨 처음과 맨 마지막에 일부 예외가 있을 뿐이다. 아이슬란드, 남부 그린란드, 대서양의 작은 섬들, 그리고 마지막으로 남극. 궁금한 것은 그토록 멀리 있는 이 모든 곳에 사람들이 언제 어떻게 어디에서 왔느냐 하는 것이다. 어떻게 호모사피엔스는 여느 종들과는 달리 어디에나 있게 되었을까?

인간 여정의 시작

중세부터 19세기에 이르기까지 기독교인들은 인간이 처음 등장한 곳은 에덴동산이라고 믿었다. 에덴동산이 어디인지는 확인된 적이 없지만 말이다. 이 오랜 믿음에 도전한 진화론이 1859년에 발표되었는데, 이를 쉽사리 진심으로 받아들인 사람은 거의 없었다. 하지만 점차 인류가 어디에서 기원했는지는 흥미로운 과학 주제가 되었다. 1871년 다윈은 자신의 강력한 지지자인 토머스 헉슬리Thomas Huxley의 결론을 받아들였다. 헉슬리는 원숭이를 비롯하여 인간과 닮은 대부분의 종이 현재 살고 있는 아프리카가 기원이라고 주장했다.[9] 그들이 옳았을까?

필요한 증거는 우리가 지금 호미닌(hominins, 인간과 침팬지로 갈라진 인간의 조상)이라고 부르는 것의 가장 오래된 화석이었다. 가장 오래된 석기도 역시 중요한 증거를 제공해 줄 것이다. 인간 화석은 언제나 극히 부족하다. 19세기 동안 얼마 되지 않는 화석이 거의 모두 유럽에서 나온 것이었다. 화석에 관심이 있었던 거의 모든 사람이 유럽에서 살면서 찾았기 때문이다. 이 편향 때문에 어떤 사람들은 인간이 유럽에서 기원했다고 생각하게 되었다. 물론 유럽인들에게는 그럴듯한 생각이었다.

하지만 20세기에 접어든 뒤로 지금까지는 아프리카가 가장 훌륭한 현생인류 화석의 산지가 되었다. 180만 년보다 더 오래된 화석은 모두 아프리카에서 발견되었다.[10] 그 비슷한 시기나 더 최근의 화석들은 캅카스의 조지아, 중국, 스페인, 인도네시아, 독일 등 구세계의 다른 곳에서도 발견되지만 대부분은 아프리카에서 발견되었다. 해석은 명확해 보인다. 인간의 기원은 아프리카이다. 그리고 약 180만 년 전부터 시작하여 아프리카 밖으로의 인간 이주가 적어도 한 번 이상 있었다.

가장 오래된 석기가 아프리카에서 발견되었다는 사실은 화석 기록을 뒷받침한다. 아주 최근까지 가장 오래되고 가장 단순한 도구는 탄자니아의 올두바이 협곡에서 이름을 딴 올두바이 공작이라고 불리는 것이었다. 이것은 최초의 인간 종으로 여겨지는 호모하빌리스와 관련이 있다. 하지만 최근에 330만 년 전의 것인 더 오래된 도구가 케냐의 로메크위에서 발견되었다.[11] 더 최근이고 더 복잡한 도구들은 아프리카와 유라시아 모두에서 발견되었다. 또 하나, 아프리카 기원설을 뒷받침하는 근거는 우리 DNA의 유전자 기록이다. 다음 장에서 설명하겠지만 현생인류의 가장 큰 유전 다양성은 아프리카에서 발견된다. 최근에는 언어 역시 아프리카에서 기원했다는 주장이 나오고 있다. 언어에 사용되는 소리 역시 아프리카가

가장 다양하다는 이유이다.**12**

　그러니까 헉슬리와 다윈은 옳았던 것으로 보인다. 그런데 인간이 어떻게 아프리카를 떠나 전 세계로 퍼졌는지 알 수 있을까? 초기 인류를 분류하는 일은 복잡하고 논란이 많으며 적은 화석 자료에 기반하지만, 호모 속에 속하는 세 종이 아프리카에서 차례로 등장했다는 주장은 꽤 지지를 받고 있다. 첫 번째는 250만 년 전에 등장한 호모하빌리스로서 거친 올두바이 석기를 만든 것으로 보인다. 그다음은 약 180만 년 전에 등장한 호모에르가스테르로서 정교한 아슐리안 손도끼를 만들었다. 이것은 큰 먹이를 다듬는 데 사용한 것으로 보이며, 3장에서 보았듯이 현재로는 캐시 시크와 닉 토스가 말한 대로 극히 일부의 호미닌들만이 만들었던 것으로 여겨진다. 마지막으로 약 20만 년 전에 등장한 호모사피엔스로, 이들은 복잡한 문화를 이루고, 돌 말고도 여러 재료로 다양한 종류의 도구들을 생산했다.

　문제를 복잡하게 만드는 것은, 호모하빌리스는 아프리카에 머물렀지만 호모에르가스테르와 호모사피엔스의 일부는 고향 대륙을 벗어났다는 사실이다. 이와 같이 인류학자들은 종이 다른 인류가 아프리카를 벗어나 이주했다는 것을 알아냈다. 당연히 두 종은 서로 다른 집단을 이루어 독립적으로 이동했을 것이다.

호모에르가스테르가 최초로 아프리카를 벗어난 이주는 훨씬 더 일찍 일어났다. 조지아의 고인류학자 다비드 로르드키파니제David Lordkipanidze가 이끄는 팀이 캅카스의 드마니시Dmanisi에서 발견한 화석으로 보면 약 180만 년에서 170만 년 전으로 보인다.[13] 이 최초의 이주에 대한 이야기는 확실하지 않고 논란이 있지만, 호모에르가스테르의 일부가 동쪽으로 이동하여 중국과 자바섬에까지 이르렀고 약 150만 년 전에 호모에렉투스로 진화한 것으로 보인다.[14] 다른 이들은 좀 더 나중에 서쪽인 유럽으로 이주한 것으로 보인다. 이들은 더 큰 뇌를 가진 호모하이델베르겐시스Homo heidelbergensis로, 그 뒤에 네안데르탈인으로 잘 알려진 호모네안데르탈렌시스Homo neanderthalensis로 진화한 것으로 보인다. 이 관련성은 모두 논쟁 중이고, 안타깝게도 초기의 인류 이주에 대한 우리의 지식은 극히 제한되어 있다. 화석이 아주 드물고 DNA 증거는 가장 최근에 멸종한 종 이외에는 사용할 수 없기 때문이다.

두 번째로 아프리카를 벗어난 호모사피엔스의 이주는 나중에 탐험가들이 발견한 바, 어디로든 우리 종이 퍼져 나간 위대한 여정의 시작이었다. 이 이주는 훨씬 더 최근인 약 6만 년 전에 시작되었다. 그 무렵 우리 종은 유라시아에 나타나기 시작했는데, 호모에르가스테르와 그 후손들은 그곳에 150만 년 넘게 살고 있었다. 이들 이주의 결과는 도구 기록에 보인다. 예를 들어 이탈리아 안코나Ancona 근처의 아펜니노산맥 동쪽 끝에서 호모에르가스테르의 손도끼들이 바로 그 이전의 간빙기에 산에서 쓸려 내려온 자갈 사이에서 발견되었고, 네안데르탈인들의 도구는 바로 직전의 빙하기 동안 침식된 깊은 계곡들에서 발견되었다. 아마도 깊은 계곡은 매서운 바람을 피하는 은신처로 쓰였을 것이다. 그리고 호모사피엔스의 진화한 도구들은 그들이 마지막 빙하기가 끝난 후 따뜻한 기후 동안 고위도 지역까지 퍼졌다는 것을 다시 한번 보여 준다.[15]

그런데 모험적인 초기 호모사피엔스는 어떻게 아프리카를 벗어날 수 있었을까? 지도를 보면 문제가 있다. 대륙은 나가는 경로가 될 만한 북동쪽 구석을 제외하고는 완전히 바다로 둘러싸여 있다. 그 경로로 가려면 신선한 물을 찾기가 극히 어려운 사하라사막과 시나이반도의 사막을 거쳐야 한다. 요즘에는 아프리카를 벗어나는 이주가 홍해의 양 끝부분에서 이루어진 것으로 여기는 추세이다.[16]

지질학의 역사는 호모사피엔스가 어떻게 이 경로들을 이용하여 아프리카의 울타리를 탈출할 수 있었는지 설명하는 데 도움이 된다. 사막은 극히 건조하기 때문에 사하라-시나이 경

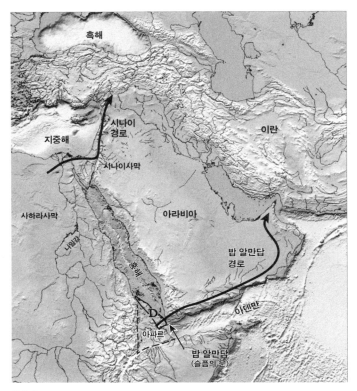

○ 8-1

초기 인류가 아프리카를 벗어났던 두 가지 예상 경로. D 표시는 반시계 방향으로 회전
하여 아프리카와 아라비아의 다리가 되어 준 아프리카판의 다나킬 블록Danakil Block
이다. 점선은 다나킬 블록이 회전하지 않았다면 초기 인류가 홍해와 아덴만 사이를 건
너는 것을 가로막았을 해안선을 나타낸다.

로는 지금으로서는 절대 불가능하다. 하지만 우리는 인류사

에서 비교적 최근에 다우기라고 불리는, 비가 많이 오던 시기

○ 8-2

사하라에서 가장 건조한 리비아 남서부에 있는 와디마센두시Wadi Mathendush의 바위 판화.

가 있었다는 것을 알고 있다. 아프리카의 다습한 지역에 사는 동물과 사람을 그린 멋진 벽화와 판화들이 오늘날 사하라의 바위에 남아 있기 때문이다.[17] 사하라 탈출 가설은 사람들이 우기에 북쪽으로 이동하여 사하라로 갔다가 건기에 남쪽과 북쪽으로 흩어졌는데 북쪽으로 간 사람들이 유라시아로 이동했다는 설명이다.[18]

또 다른 경로는 홍해가 아덴만으로 바뀌는 모퉁이이다. 두 바다는 모두 아라비아가 아프리카에서 떨어져 나가던 약

2500만 년 전에 시작된 해저 팽창으로 만들어졌다. 그런데 지금 해안선을 보면 아프리카와 아라비아가 잘 맞는 것처럼 보이지 않는다. 이는 아라비아가 아프리카에서 떨어질 때 다나킬 블록이 반시계 방향으로 회전했기 때문이다. 다나킬 블록의 북서쪽 끝이 아프리카에 붙어 있는 동안 남동쪽 끝은 아라비아와 함께 움직였다. 그래서 아파르Afar라고 불리는 저지대 사막 지역은 지질학적으로 홍해와 아덴만의 일부이지만 물에 잠기지 않았다. 다나킬과 아파르는 아프리카와 아라비아의 지질학적 다리가 되었고, 인류는 그 다리를 이용하여 아프리카를 벗어났을 것이다. 아파르는 인류사와도 아주 밀접한 관련이 있다. 가장 중요한 두 인류 화석이 발견된 곳이 바로 이곳이기 때문이다. 앞 장에서 이야기한 440만 년 전의 아르디와 320만 년 전의 루시이다.

아프리카 탈출을 설명하는 지질학 이야기의 또 한 부분이 현재 다나킬 블록과 아라비아를 분리시키고 있는 좁은 해협이다. 아랍인들은 이 해협을 밥 알만답(Bab al-Mandab, 슬픔의 문)이라고 부른다. 항해하기가 너무 위험하기 때문에 붙은 이름이지만, 전 세계로 퍼져 나가는 인류의 놀랍고도 힘든 출발을 상징하는 것처럼 보이기도 한다. 오늘날 슬픔의 문은 폭이 19킬로미터로, 150킬로미터에서 300킬로미터에 이르는 홍해나 아덴만보다는 훨씬 좁지만, 원시적인 뗏목만으로 건너기에는 불가능한 것은 아니지만 쉽지 않았을 것이다. 하지만 많은 물이 캐나다 빙하에 갇혀 있어 해수면이 수 미터나 더 낮았던 빙하기에는 해협이 훨씬 더 좁았을 것이다. 그리고 실제로 이주는 해수면이 더 낮고 슬픔의 문이 더 좁아서 건너기가 훨씬 더 쉬웠던 6만 년 전인 마지막 빙하기에 일어났다.

시나이나 슬픔의 문을 지나는 아프리카 탈출 경로는 지질학 역사가 인류사를 어떻게 좌우하고 또 영향을 미치는지 알려주는 훌륭한 예로, 빅 히스토리 박물관의 주요 전시 주제이다.

우리 유전자에 기록된 여정

다음 질문은 우리 선조들이 전 세계로 이동한 경로에 관한 것이어야 한다. 인류 화석은 이 질문에 대답하기에는 너무 드물고, 석기나 다른 유물들도 그다지 도움이 되지 않는다. 하지만 놀라운 발전이 새롭게 이루어지면서 유전학자들은 우리의 DNA 정보가 인류가 세계로 퍼져 나간 경로와 시간을 이해하는 데 도움이 될 수 있다는 것을 발견했다. 앞 장에서 각 종들이 생명의 나무 어디에 위치하는지, 갈라져 나온 지점이 언제인지와 같은, 종들 사이의 연관성을 발견하는 데

DNA가 어떻게 사용될 수 있는지 살펴보았다. 이는 여러 생물종들의 전체 유전자, 혹은 유전자 중의 많은 부분을 비교해 보는 방법이다.

　DNA를 이용하여 인류의 이동 경로를 추적하는 것은 이와는 상당히 다른 상황이다. 우리는 유전적으로 서로 약간의 차이밖에 없는 단일한 종이기 때문이다. 또 우리는 누구나 유전자 재결합을 통해 부모 양쪽에서 유전자를 물려받아 작은 유전적 차이가 끊임없이 바뀌기 때문에 상황이 복잡하다. 부모의 유전자가 섞이는 것과 이동 중에 축적된 변화의 차이를 어떻게 알아볼 수 있을까?[19]

　다행히도 이 문제에 해답이 있다. (사실 두 개가 있다.) 우리 DNA에는 다음 세대로의 유전 중에 재결합하지 않는 부분이 있다. 그중 하나는 생명 역사의 초기에 공생으로 우리 세포에 들어와 세포핵의 DNA와는 독립적으로 자신들만의 DNA를 다음 세대에 계속 전달하는 미토콘드리아 DNA이다. 미토콘드리아 DNA는 모계로만 전달되기 때문에 모든 아이들은 돌연변이가 일어나지 않는 한 어머니와 정확하게 똑같은 미토콘드리아 DNA를 가지게 된다. 아버지는 미토콘드리아 DNA에 아무런 영향을 미치지 않으므로 미토콘드리아 DNA는 돌연변이만 없다면 그대로 보존된다.

또 한 가지 해답은 Y 염색체의 유전자를 이용하는 것이다. Y 염색체는 남자에게만 있기 때문에 어머니의 영향은 전혀 받지 않는다. 그러므로 이 DNA 역시 가끔씩 있는 돌연변이만 아니면 남자를 통해 다음 세대로 전달된다. 여자는 Y 염색체가 없기 때문에 자신의 남자 조상의 DNA를 직접 알 수 없는데 남자 형제나 아버지의 형제가 있으면 알아낼 수 있다.

그러니까 우리는 인류의 선조를 추적할 수 있는 두 가지 재료를 가지고 있다. 여자 쪽의 미토콘드리아 DNA와 남자 쪽의 Y 염색체 DNA이다. 이 DNA의 변화는 드물게 있는 돌연변이(모든 후손에게 전달되는 표식)로만 일어나기 때문에 사람마다 약간씩 다른 기억이 이 두 DNA에 담겨 있다. 이런 약간의 차이는 어떤 사람이 번식을 성공적으로 하는 데 아무런 문제를 일으키지 않는다. 유전 인류학자 스펜서 웰스Spencer Wells는 이렇게 말했다. "당신이 누군가와 표식을 공유하고 있다면 과거 언젠가 조상을 공유한 것이 틀림없다."[20]

개개의 차이는 표식이 나타난 첫 번째 사람에까지 거슬러 올라간다. 같은 장소에 오래 살았던 사람들에게 있는 표식에 집중하여 유전학자들은 각 표식의 기원을 재구성할 수 있다. 표식이 나타난 순서를 알아내는 것도 가능하다. 오래된 것이 더 최근의 것보다 더 넓게 퍼졌을 것이기 때문이다. 표식들이

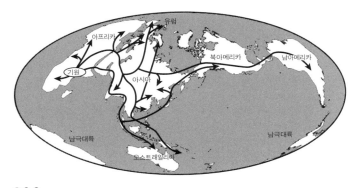

○ 8-3

미토콘드리아와 Y 염색체 DNA에서 얻은 증거에 기반한 인류 이동 요약 지도. 이 이주는 수만 년 동안 수 세대에 걸쳐 의도적인 계획 없이 이동한 결과이다.

나타난 대략의 시기를 결정하여 최종적으로, 위대한 여정 동안 우리 선조들이 이주했던 경로를 나타내는 지도를 그릴 수 있다.

지금은 미토콘드리아와 Y 염색체에 있는 표식을 이용하여 인류의 이동을 추적하려고 열심히 노력하고 있다. 웰스가 이끄는 지질 프로젝트는 선조들의 이동 경로를 추적하는 일의 대부분을 원주민들의 DNA에 의존하고 있다. 이것은 이주민들의 조상이 어디에서 왔는지 알아볼 수 있는 기회도 제공한다.

세부 사항과 시기는 불명확하지만 우리 선조들이 이동한 경로의 전체적 그림이 드러나고 있다. 초기의 경로 하나는 동쪽으로 아라비아와 인도의 남쪽 해안을 따라 인도네시아를 거쳐 오스트레일리아로 이어지고, 그 가지 중 하나는 아시아 동쪽 끝을 따라 북쪽으로 이동하여 베링해협을 건너 아메리카로 가는 것으로 보인다. 또 하나는 중동과 아시아 중심부를 통과하여 복잡한 가지를 따라 유럽, 북아시아, 그러고는 베링해협을 건너 아메리카로 가는 경로이다. 그리고 지중해, 인도, 동아시아를 거쳐 결국에는 광활한 태평양을 건너 가장 멀리 있는 섬들까지 가는 다양한 경로가 있다.

전체 그림은 말로 간단하게 설명하기에는 너무 복잡하지만 현재 이해하고 있는 지도는 인터넷에서 볼 수 있다.[21] 이것은 아주 활동적이고 선구적인 연구이기 때문에 유전 기록으로 인류 이동을 알아내는 분야는 빠르게 발전할 것이고 핵심적인 변화를 기대해 볼 수도 있다.

이 책의 주제 중 하나를 따라가면서, 지질학 역사에 나타나는 사건이 우리가 세계로 퍼져 나가는 데 어떻게 영향을 미쳤고 심지어 조정하기까지 했는지 생각해 볼 필요가 있다. 이동이 많이 이루어진 마지막 빙하기 동안 낮아진 해수면이 분명 중요했다. 슬픔의 문, 오스트레일리아로 가는 길, 베링해협을 더 좁게 만들었을 테니 말이다. 약 1만 년 전 캐나다 빙하가 녹으면서 높아진 해수면은 인류가 이동했던 해안 경로를 덮어

지금은 그들이 지나간 직접적 증거를 찾기 어렵게 되었다.

우리 종이 초대륙 순환의 다른 시기에(4장) 등장했더라면 인류 이동이 어떤 양상으로 일어났을지 생각해 보는 것도 재미있을 것이다. 이동을 방해하는 바다가 없는 판게아와 같은 거대한 대륙을 가로질렀다면 어땠을까? 대륙들이 지금보다 훨씬 더 멀리 있어서, 범선이 발명되기 전에는 아프리카를 벗어날 여지가 없어 많은 땅이 사람이 살지 않는 상태에서 기술이 발달한 문명에 의해 발견되었다면 어땠을까? 물론 역사에는 가정이 없다. 하지만 이렇게 생각해 보면 인류사가, 지질학이 우리에게 제공한 환경에 의해 얼마나 영향을 받는지 이해할 수 있다.

우리는 어떻게 여행했을까?

우리가 목적지를 염두에 두고 여행하듯이 인류 이동이 목표를 세우고 이루어졌다고 생각하면 쉬울 것이다. 하지만 당연히 지구를 차지하고 있던 인류는 자신들이 어디를 향하고 있는지 알지 못했다. 그곳에는 아무도 가 본 적이 없기 때문이다. 그리고 사실 고고학자 앨버트 어머먼Albert Ammerman과 집단유전학자 루이지 루카 카발리스포르차Luigi Luca Cavalli-Sforza는 자신들이 쓴 영향력 있는 책에서 이주를 시작하는 데 어떤 의도도 필요하지 않다고 말한다.[22] 단순히 괜찮은 방향으로 여러 세대에 걸쳐 조금씩 이동하는 것만으로도 인류가 어떻게 지구상의 거의 모든 거주 가능 지역에 도착하게 되었는지 설명할 수 있다는 것이다.

그러니까 약 500만 년 전부터 약 5만 년 전까지 인류는 걸어서 이동했다. 인류를 거의 지구 전체로 퍼지게 한 놀라운 이동은 거의 전적으로 걷기로 이루어졌다. 사람들은 옮겨야 했던 모든 것(어린아이, 석기, 무기, 음식, 옷, 주거지, 그리고 불까지)을 들고 이동해야 했다. 이렇게 생각하면 지난 6만 년 동안 인류가 전 세계를 차지한 성과가 더 대단해 보인다.

걷는 것을 대신하여 사람들이 이동 수단으로 처음 사용한 것은 아마도 뗏목이나 작은 배였을 것이다. 아주 초기의 뗏목이나 배에 대한 고고학적 증거는 없지만 슬픔의 문, 인도네시아의 섬들, 오스트레일리아에 이르는 경로를 포함하여, DNA 연구로 본 호모사피엔스의 이동 경로에서 뗏목이나 배는 필요해 보인다. 우리는 사람들이 이동을 위해 배를 만들었다기보다는 낚시하기 좋게 배를 점차 발전시켰다고 생각해야 할 듯싶다. 최근의 고고학 연구에 따르면 사람들은 키프로스와 같은 지중해 섬들에 지금까지 짐작한 것보다 훨씬 더 일찍 도

착했으니 말이다.[23]

더욱더 발전된 배를 만드는 일은 인류사에서 지금까지도 계속 진행되는데, 세계적으로 지역에 따라 크게 달라진다. 통나무 카누, 뗏목, 카약, 작은 돛단배부터 중국과 유럽에서 만든 거대한 범선까지, 폴리네시아인들이 태평양을 건너는 데 사용한 통나무배에서 증기와 디젤로 움직이는 철선, 그리고 핵잠수함과 초대형 유조선에 이르기까지 인류는 기술을 꾸준히 발전시켜 다양한 종류의 배를 만들어 냈다. 작은 배들은 분명 선사시대의 이주와 관련이 있을 것이다. 그리고 세계가 다시 연결된 후에는 거대한 범선과 그 뒤를 이은 증기선이 신대륙과 오스트레일리아로의 최근의 대이주를 가능하게 했다.

그다음으로 진보한 교통수단은 말을 길들이면서 등장하여, 우리 생활의 속도를 크게 높여 주었다.[24] 구석기시대 사냥꾼들은 고기를 얻는 데 야생말을 사용했는데, 말의 뼈는 마지막 빙하기의 정점이던 약 2만 년 전 남부 유럽의 솔뤼트레문화Solutrean culture의 거주지에서 많이 발견된다. 말이 언제 어디에서 처음으로 길들여졌는지는 아직 확실하지 않지만 유라시아의 대초원일 가능성이 가장 높다.[25] 가장 강력한 후보는 말을 교통과 우유 공급에 사용하고 "인도·유럽어족과 문화, 청동 야금술, 특별한 형태의 무기 확산과 연관이 있는"[26] 기원전

4000년대 중반의 카자흐스탄이다. 말은 20세기까지도 긴 거리에서 빠른 육지 교통수단으로 수천 년 동안 사용되었다. 교통수단은 산업혁명, 이리 운하와 같은 운하 건설, 미국 서부로의 대규모 이주를 가능하게 한 철도의 건설 등의 과정에서 크게 발달했다. 21세기에는 하늘에 이어 우주로까지 나아갔다. 이제 우리 행성은 너무나 잘 연결되어 있어서 불과 600년 전만 해도 세계가 완전히 분리되어 있었다는 것을 상상하기 힘들 정도이다.

통찰

1492년 콜럼버스가 자신이 산살바도르라고 부른 작은 섬에 처음 내렸을 때를 생각해 보면 다른 성격의 이주와 그것이 우리 세상에 어떤 영향을 미쳤는지에 대해 재미있는 통찰을 얻을 수 있다. 콜럼버스와 선원들은 이상한 동식물과 이상한 사람들, 그리고 그 사람들이 사용하는 이상한 언어와 풍습을 만났을 것이다. 그런데 그런 동식물, 사람들, 풍습이 어떻게 유럽과 달라졌을까?

동물과 식물이 달라진 것은 신세계가 구세계에서 약 1억 8000만 년 전에 떨어져 나갔고, 두 세계는 대서양이 넓어지면서 점점 더 멀어졌기 때문이다. 약 2억 년은 아주 더딘 진화에 의한 변화가 거대한 바다로 분리되어 보호되는 두 세계에 완전히 다른 후손을 만들기에 충분한 시간이다.

그곳 사람들은 유럽인들과 상당히 다르게 보이는 사람들이지만 함께 아이를 낳을 수 있기 때문에 같은 종인 호모사피엔스이다. 하지만 사람들이 전 세계로 조금씩 이주하면서 서로 접촉이 끊어진 약 6만 년 동안 생물학적으로 약간의 차이가 발생했다. 그러니까 동식물의 차이와 사람들 사이의 차이는 서로 아주 다른 시간 규모의 생물학적 진화로 나타났다.

문화의 차이는 기술(배와 카누의 차이)뿐 아니라 언어에도 나타나서 지금도 언어학자들이 아메리카 원주민과 구세계 언어의 공통점을 거의 찾을 수 없을 정도이다. 이 차이는 생물학적 진화 때문이 아니라 6만 년이라는 시간이 엄청난 차이를 낳을 수 있는 문화적 진화 때문이다.[27]

역사적인 변화 속도의 이런 극적인 증가는 우리 인간이 빅 히스토리의 새로운 영역으로 들어가는 문턱을 넘었다는 것을 알려 준다. 우리의 크고 유연한 뇌로 특징짓는 시기 말이다. 다음 장에서는 우리를 인간으로 만들어 준 몇 가지 성과를 빅 히스토리의 관점에서 살펴보고 지구 역사가 어떻게 이런 성과가 가능하도록 했는지 알아볼 것이다.

9장

인간 되기

언어, 불, 그리고 도구

인간을 만든 것은 무엇일까? 앞 장에서 보았듯이 우리 종은 빙하 대륙이나 극도로 살기 어려운 몇몇 곳을 제외하고는 우리 행성의 육지 어디에나 살고 있다. 다양한 환경에서 살 수 있는 기술을 개발한 것은 우리의 놀라운 뇌 덕분이다. 인류학자 테런스 디컨Terrence Deacon이 한 말은 기억할 만하다. "생물학적으로 우리는 또 하나의 유인원일 뿐이다. 정신적으로 우리는 또 하나의 문phylum이다."[1]

이 말은 인간의 등장이 빅 히스토리의 중요한 문턱 하나를 넘은 것이라고 이해한 것이다. 별에서 원소들이 만들어지거나, 지구와 같은 고체 행성이 만들어지거나, 생명이 탄생한 것과 같은 그 전의 중요한 문턱들에 비견할 만하다는 것이다.[2] 하지만 크고 강력한 뇌가 인간이 역사의 중요한 문턱을 넘는 데 필요한 모든 것은 아니다. 입력은 가능하지만 출력장치가 없고, 다른 컴퓨터와 소통할 수 없는 슈퍼컴퓨터를 생각해 보라. 그것은 놀라운 계산 능력을 가졌겠지만 혼자만의 능력일 뿐이고 아무도 그 존재를 알지 못할 것이다.

하지만 출력장치가 있고 인터넷에 연결된 컴퓨터처럼 우리는 손을 사용하고, 복잡하고 상징적인 언어로 소통하여 다른 종들이 뇌를 가지고 할 수 있는 것보다 더 많은 일을 할 수 있는 능력을 가지고 있다. 인간 개인은 아무 도움 없이는 어느 누구도 행성 사이를 이동하는 우주선을 설계하거나 만들기는커녕 간단한 나사돌리개 하나도 만들지 못할 것이다. 하지만 우리 종은 그런 일을 해낼 수 있다. 우리는 그런 것에 대해 이야기하고, 연구한 것을 기록하고, 앞선 세대가 이루어 놓은 바탕 위에서 일할 수 있기 때문이다. 언어는 데이비드 크리스천이 "집합적 학습collective learning"이라고 부른 것을 할 수 있게 해 준다.**3** 아이작 뉴턴Isaac Newton의 유명한 말처럼 우리는 거인들의 어깨 위에 서 있다.

빅 히스토리 연구자들은 언어의 기원과 초기 역사를 정말 알고 싶어 한다. 수천 년 전, 오늘날 큰 어족(인도·유럽어족, 니제르·콩고어족, 파푸아어족, 아메리카인디언어족, 아프로·아시아어족)의 원형이 된 언어 이전의 언어 말이다. 안타깝게도 이것은 너무나 어려워서 "과학에서 가장 어려운 문제"로 불릴 정

도이다.**4**

  어려운 점은 두 가지이다. 첫째, 우리가 이 책에서 본 대부분의 지구와 생명의 역사와는 달리 글자가 발명되기 전의 언어는 물리적인 흔적을 전혀 남기지 않았다. 둘째, 후손 언어들에서 단어 사이의 유사성으로부터 인도·유럽어족의 원어와 같은 소멸된 언어를 복원하여 조상 언어의 증거를 찾을 수는 있지만, 복원된 언어는 연대를 추정하기가 쉽지 않고 이런 접근은 수천 년 이전을 넘어가면 무용지물이다. 문제는 언어가 너무 빨리 변형된다는 것이다. 오늘날 영어 사용자들이 불과 600년밖에 되지 않은 초서Chaucer의 중세 영어를 이해하기가 얼마나 어려운지, 그보다 불과 수백 년 전에 나온 「베어울프Beowulf」의 고대 영어는 얼마나 더 이해하기 어려운지 생각해보라. 언어는 이렇게 빠르게 변하기 때문에 연관 가능성이 있는 언어들 사이의 겉보기 유사성은 수천 년 이전으로 가면 믿을 수가 없어진다. 언어가 생긴 시기를 추정하는 것은 너무나 어렵다. 아마도 4만 년 전의 기념비적인 그림보다는 먼저일 것으로 보이고 330만 년 전의 초기 석기보다는 오래되지 않을 것으로 보인다. 범위가 너무 넓다!**5**

  언어가 언제 생겨났고 우리 조상들이 아프리카를 떠나 지구 전체로 퍼져 나갈 때 어떤 언어를 사용했는지 알고 싶다는 우리의 열망은 가까운 미래에는 달성되기 힘들 것으로 보인다. 가능하기나 할지 모르겠다. 글자가 발명된 이후에는 언어가 인류사를 아는 데 가장 중요한 수단이고, 학자들을 포함한 많은 사람이 기록된 역사가 유일한 역사라고 생각하게 된 것은 역설적이기도 하다.

기록 이전의 언어 역사는 알 수 없지만[6] 기록된 언어는 너무나 많다.[7] 하지만 인간을 지구상의 다른 종들과 구별 짓는 인간만의 특징 두 가지는 그 기원을 추적할 수 있다. 불을 사용하는 것과 도구를 만드는 것이다.

지구에서 불의 역사

불의 사용은 인간의 결정적 특징 목록에 포함되지 않는 경우가 많다. 하지만 무엇이 인간을 만들었는지를 생각해 보면 불을 다루는 것은 우리 종의 가장 결정적 특징일 수 있다. 고래도 언어 비슷한 것을 가지고 있고 침팬지도 막대기를 간단한 도구로 사용하여 먹이를 얻는다. 그런데 현존하는 모든 인간 집단에서는 불을 사용하는데, 적어도 능동적이고 계획적인 방법으로 불을 사용하는 다른 종은 어디에도 없다.[8]

그러므로 인간이 불을 사용한 역사를 탐구해 보자.[9] 지구에 불이 언제 등장했는지 물어보는 것이 좋은 출발점이 될 것이다. 우리 행성에서 뭔가를 태울 수 있는 것이 가능해진 때가 언제일까?

현재는 지구 어디에나 여러 종류의 불이 있다. 인간이 계획해서 만든 불도 있고 자연적으로 발생하는 불도 있다. 그래서 불이 무엇이며 어떤 조건에서 발생하는지 생각하다 보면 뭔가가 타는 것이 가능하기까지 지구 역사의 약 90퍼센트가 흘러갔다는 사실을 깨닫고는 깜짝 놀라게 된다!

지구 초기에 열을 발생하는 원인이 없었다는 말은 아니다. 지구 역사가 시작될 때부터 화산이 오랫동안 마그마를 쏟아 내고, 번개가 암석을 녹이고, 소행성과 혜성의 충돌이 바위를 녹이고 심지어는 증발시키기까지 했다. 초기 지구의 역사를 연구하는 지질학자들은 거대한 충돌 이후를 "마그마의 바다"라고까지 표현한다. 2장에서 보았듯이 달이 생겨난 과정을 가장 잘 설명하는 이론은 화성만 한 물체가 충돌하여 지구의 많은 부분, 혹은 지구 전체가 녹았을 때 그 일부가 떨어져 나갔다는 것이다. 하지만 암석이 녹은 것은 불 때문이 아니다.

불은 어떤 종류의 연료가 산소와 빠르게 결합하여 그 과정에서 열이 발생하는 것이다. 산소가 빠르게 결합하여 불을 만들 수 있는 연료에는 나무, 숯, 토탄, 석탄, 천연가스, 석유, 수소 등 여러 종류가 있다. 오늘날 우리는 이 연료들을 너무 많이 사용해서 우리 문명이 필요로 하는 여러 종류의 불을 만들 연료를 어디서 어떻게 구하느냐가 중요한 문제가 되었다. 두 번째 문제는 그 결과로 만들어진 이산화탄소가 일으키는 기후변화를 어떻게 다루느냐 하는 것이다. 결국 지구에서 불이 언제 처음으로 나타났을까 하는 역사적인 질문은 산소와 연료가 언제부터 존재했느냐는 질문으로 옮겨 간다.

먼저 산소의 역사를 살펴보자.[10] 자유로운 산소는 초기 지구에 존재하지 않았고, 사실 지구는 지금도 태양계에서 대기 중에 있는 산소가 극소량이 아닌 유일한 행성이다. 이상하다고 여길 수도 있을 것이다. 산소는 지구 전체에 아주 풍부한 원소이기 때문이다. 3장에서 보았듯이 실제로 지구에 가장 많은 원소 네 가지는 마그네슘, 규소, 철, 그리고 산소이다. 하지만 지구에서 거의 모든 산소는 지구의 지각과 맨틀에 광물로 묶여 있다. 지구의 맨틀에 가장 많은 광물인 감람석의 화학식 $(Mg, Fe)_2SiO_4$를 보면 알 수 있을 것이다. 여기에는 가장 많은 네 가지 원소가 고체로 묶여 있어 산소가 대기 속의 기체로 존재할 수 없다.

산소는 H_2O, 물에서도 중요한 부분을 차지한다. 물은 그래도 초기 지구의 표면에 흘러 다니고 증발하여 구름으로도 바뛰었다. 하지만 시아노박테리아가 이산화탄소CO_2와 물로 광합성을 하여 유기물질을 만들고 자유 산소O_2를 부산물로 내놓는 수준으로 진화할 때까지 모든 산소는 수소와 함께 물 분자에 묶여 있었다. 광합성이 시작된 시기를 결정하는 것은 매우 어려운 일로 밝혀졌다. 하지만 지질학자들이 원생대라고 부르는 시기가 시작되는 25억 년 전에는 광합성이 시작된 것으로 보이며, 어쩌면 훨씬 더 빠를 수도 있다.

그러면 산소를 부산물로 만드는 광합성이 등장하자 곧바로 대기의 산소 농도가 현재 수준으로 빠르게 올라갔을까? 그렇지 않다! 7장에서 보았듯이 광합성으로 만들어진 산소는 대기에 충분한 양이 축적되기 전에 먼저 지구 표면을 "녹슬게" (표면에 있는 대부분의 환원철을 산화철로) 만들어야 했다. 대부분의 환원철을 산화시키는 데 약 15억 년이 걸린 것으로 보인다. 오늘날 산업에서 사용되는 대부분의 철은 호상철광층이라고 불리는 거대한 붉은 산화철 산지에서 나온다. 이것은 오랜 시간 전 지구 차원에서 녹이 슨 기간에 만들어졌다.

드디어 약 10억 년 전 이후에 녹슬기가 완전히 끝나자 대기중의 산소 농도가 증가하기 시작했다. 이제 불이 등장할 수 있을까? 아직 아니다. 태울 것이 아무것도 없었다. 그래서 지구는 연료를 만들기 시작했다.

원래 광합성으로 만들어진 생명체는 대부분 마르면 탈 수 있다. 하지만 오랫동안 지구의 모든 생명체는 탈 수가 없는 바다에 살았다. 불의 등장은 식물이 육지에서 살 수 있도록 진화한 후에야 가능했다. 최초의 육상식물은 약 4억 2500만 년 전에 등장했다. 해초와 같은 바다식물들은 부력으로 지탱할 수 있지만 육상식물이 지탱하기 위해서는 단단한 부분을 만들어야 했다. 이것이 나무의 기능이고, 결과적으로 나무는 지구에서 최초의 진짜 불을 가능하게 만들었다. 그러니까 지구 역사의 약 90퍼센트, 약 45억 년 전 지구의 시작부터 4억 4500만 년 전인 실루리아기까지는 불이 날 가능성이 전혀 없이 지나간 것이다. 일단 가능성이 생기자 번개와 화산 폭발이 불을 만들었다. 철이 녹스는 동안 대기의 산소 농도는 아주 낮게 유지되었다. 이어서 불이 공기 중에 있는 산소의 양을 계속 제한했다. 산소 농도가 높으면 불이 더 많이 발생하여 산소 농도를 대기의 약 20퍼센트로 돌려놓아 안정시켰다.

그러니까 육상식물과 육상동물은 생명 역사의 약 5억 년 동안 불과 함께 진화했다. 불은 지중해와 캘리포니아의 식물에게도 재앙이자 축복이었다. 이들은 수시로 일어나는 화재에 적응하여 불의 간섭이 없으면 싹을 틔울 수가 없다.

불과 초기 인간

오늘날 화재는 인간에게 위협이다. 우리는 화재가 흔히 발생할 만한 곳에 불에 타는 재료로 영구적인 구조물을 자주 만들기 때문이다. 도시와 지방에서 일어나는 화재는 우리의 문명 세계에 큰 손실을 입힌다. 그래서 화재가 초기의 인간 선조들에게 재앙보다는 이득을 가져다주었다는 사실을 알게 되면 흥미로울 것이다. 물론 사냥과 수렵채집을 하는 집단의 이동 경로에서 발생하는 화재는 재앙이 될 것이다. 하지만 불 속이 아니라 불 가까이에 있는 집단이 얻을 수 있는 이득을 생각해 보라.

수렵채집 집단에는 현재의 우리와 달리 영구적인 구조물이 없었기 때문에 소중한 소유물을 잃을 위험이 별로 없었다. 불길이 퍼져 나갈 때 탈출하는 동물들은 사냥꾼들에게 쉬운 목표물이 되었다. 그리고 불길에서 탈출하지 못한 동물들은 구운 고기 맛을 최초로 알게 해 주었을 것이다. 구운 고기는 더 맛있고, 소화하기 쉽고, 생고기보다 더 오래 보존할 수 있었다. 불이 사그라들면 잔불이 추운 밤에 사람들을 따뜻하게 해 주었고, 사람들은 불을 보존하고 오랫동안 탈 수 있게 다루어서 빛과 온기를 얻고 어둠 속에서 야생동물들로부터 스스로를 보호할 수 있게 되었다. 불은 영양소를 식물에서 흙으로 되돌려 흙을 비옥하게 만들어서 먹을 수 있는 야생식물이 자라게 하였고 나중에는 농사의 생산성을 더욱 높여 주기도 했다.

불을 이용한 역사를 공부하는 학생들은 불의 이용을 수동적 이용과 능동적 이용으로 구별한다. 불의 수동적 이용은 인간이 자연적으로 발생한 불을 우연히 발견하여 이용하는 것이다. 저절로 꺼질 때까지 이용하거나 잔가지를 이용하여 보호하면서 최대한 유지했을 수도 있다. 1981년에 나온 영화 〈불을 찾아서〉는 소중하게 보호하던 불씨가 적의 습격으로 꺼지자 새로운 불씨를 찾아 나서는 수렵채집 집단의 이야기를 재미있게 보여 준다.

불의 능동적 이용은 인간이 나무 막대를 비비거나 돌을 때려서 만든 불꽃으로 불을 만드는 법을 배우면서 시작되었다. 이 역사적인 사건 이후 수만 년 동안 우리는 불을 이용하는 수많은 방법을 찾아냈다. 사람들이 의도했거나 의도하지 않았던 온갖 실험을 생각해 보면 재미있다. 그 실험들은 불을 어떻게 사용하고 불이 가져올 수 있는 모든 위험을 어떻게 피하는지 가르쳐 주었다. 오늘날 살아 있는 우리 모두가, 불을 다룰 줄 알고 아이를 낳기 전에 불에 의해 죽음을 당하지 않은 수많은 선조의 후손이라는 사실을 생각해 보면 새로운 느낌이 들

것이다. 불을 효과적이고 안전하게 사용하는 방법을 배우는 긴 과정 동안 희생된 사람이 아주아주 많았을 것이 분명하다. 부모들이 아이들에게 불을 가지고 놀지 말라고 경고하는 것은 너무나 당연하다. 이런 행동은 수천 년 동안 우리 몸에 배어 우리가 불을 다루는 전문가가 될 수 있게 해 주었다.

불을 다룰 수 있게 될 때까지 오랜 시간이 걸렸고 중요한 과정을 거쳤기 때문에 그에 대한 전설들이 만들어진 것은 놀라운 일이 아니다. 아메리카 원주민들의 전설에는 흰 까마귀가 불난 숲에서 불타는 막대기를 가져와 사람들에게 건네주었다는 이야기가 있다. 까마귀는 연기에 검게 그을렸고 그때부터 까마귀는 검은색이 되었다고 한다. 그리스 전설에서는 프로메테우스가 신들에게서 불을 훔쳐 인간에게 준다.

불을 다루는 인간

기껏해야 한 세기밖에 살 수 없는 인간의 관점에서 보면 인간이 불을 이용하기 시작한 약 50만 년 전은 매우 아득한 옛날 같다. 하지만 100만 년이 시간의 기본 단위인 지질학적 관점에서 보면 이것은 거의 어제 일과 마찬가지이다. 이 관점에서 보면 우리가 그렇게 짧은 시간 동안 불을 다루는 기술을 그토록 다양하게 발전시켰다는 것이 놀랍다!

그 50만 년의 대부분은 기본적인 것을 배우는 데 필요한 시간이었다. 불을 어떻게 보호하고, 어떻게 불을 붙이고, 어떻게 온기를 유지하고, 어떻게 기본적인 요리를 하고, 그런 과정에서 어떻게 해야 불에 희생되지 않는지를 배워야 했다. 이런 기술을 천천히 익히는 동안 얼마나 많은 초기 인류가 불에 희생되었을지 생각해 보라. 오늘날에도 해마다 많은 사람이 불에 희생된다. 불을 굴복시키는 것은 지난하고 어려운 작업이었다. 오직 우리 종만이 그것을 할 수 있었던 것도 이상한 일은 아닌 듯싶다.

기본을 익히고 나자 사람들은 연료를 빠르게 산화시키는 불을 놀라울 정도로 다양하게 이용할 수 있다는 사실을 알게 되었다. 요리를 예로 들어 보자. 지금은 삶거나 굽거나 튀기거나 볶거나, 오븐이나 전자레인지를 이용하여 요리하지만 아마 처음에는 고기나 식물 뿌리를 불에 굽는 방식으로 요리를 했을 것이다. 요리할 수 있는 것은 음식만이 아니었다. 사람들은 진흙을 유용한 모양으로 빚어 가마에서 가열하면 단단해져서 그 모양대로 영원히 유지된다는 것을 발견했다. 그래서 우리는 다양한 도자기를 만들어 냈다. 접시, 머그잔, 냄비, 등불, 주전자, 싱크대, 욕조, 변기, 지붕 타일, 벽돌, 그리고 우주선이 지구 대기로 돌아올 때 사용되는 열저항 타일까지.

요리와 도자기 제작은 간단한 모닥불로도 할 수 있다. 하지만 사람들은 더 뜨거운 불로 획기적인 결과물도 만들 수 있다는 사실을 발견했다. 평범한 석영 모래는 유리가 되어 매우 다양하고 유용한 물건으로 바뀔 수 있었다. 유리로 만드는 수많은 물건을 생각해 보라. 평범한 유리창에서 스테인드글라스 유리창까지, 목걸이와 장신구, 유리잔, 안경, 광학렌즈, 유리병, 유리 절연체, 그리고 지금은 접촉 감지 컴퓨터 스크린까지 있다. 더 뜨거운 불은 금속광석에서 금속을 뽑아내는 것도 가능하게 했다. 처음에는 청동기시대를 있게 한 구리와 주석을, 다음에는 더 뜨거운 불로 철을 뽑아내어 철기시대로 이어졌다. 지금은 지질학, 광산학, 야금학 덕분에 사실상 원소 주기율표에 있는 모든 금속을 이용할 수 있게 되었다.[11]

더 뜨거운 불을 만들기 위해서는 평범한 나무보다 더 나은 연료를 찾아야 했다. 더 개선된 첫 번째 연료는 아마도 숯이었을 것이다. 숯을 만드는 공정을 어떻게 발견했는지 살펴보면 재미있다. 역설적이게도 나무를 특정한 조건에서 태우면 평범한 나무에서 얻을 수 있는 것보다 더 뜨거운 온도로 타는 연료인 숯을 만들 수 있다. 그 과정을 누가 개발했을까? 비밀은 나무를 요리하는 과정에서 나무 일부를 구성하고 있는 물을

○ 9-1
이탈리아 아펜니노산맥에서 수증기를 빼내어 숯을 만드는 모습.

빼내는 것이다. 물이 빠지면 거의 순수한 탄소만 남은 숯이 되고, 숯이 탈 때는 물을 증발시키는 데 열이 낭비되지 않기 때문에 높은 온도를 만들 수 있다. 세계의 많은 곳에서 아직도 전통적인 방법으로 숯을 만든다. 잘 만든 나무 무더기를 흙으로 덮고 약간의 공기는 들어가고 나무에서 증발한 수증기는 나올 수 있도록 구멍을 몇 개 뚫는다. 그리고 탄소만 남을 때까지 천천히 가열한다.

숯은 모닥불을 대체하여 발전시킨 연료 발견의 시작일 뿐이었다. 어디에는 말라 버린 늪지에서 생겨나 중세 시대에 연료로 많이 사용된 토탄 산지가 있었다. 늪지가 땅속 깊이 묻혀 자연적으로 순수한 탄소로 바뀐 석탄 산지가 발견되기도 한다. 석유와 천연가스는 통에 저장되고 관을 통해 운반할 수 있는 엄청난 장점을 가진다. 지난 수십 년 동안 사람들은 연소 없이 에너지를 뽑아내는 방법들을 발견했다. 그래서 우리는 우라늄이나 플루토늄과 같은 아주 무거운 원자핵의 붕괴에서 나오는 에너지를 이용하는 발전소들을 가지고 있다. 그리고 아주 어렵기는 하지만 태양의 에너지원인 핵융합으로도 언젠가는 에너지를 뽑아낼 수 있을 것이다.

불이 만들어 내는 결과물의 훌륭한 가치도 생각해 볼 만하다. 바로 끓는 물과 수증기이다! 불을 사용한 최초의 인간들에게 수증기는 아무 가치가 없는 부산물이었을 것이다. 수증기의 진정한 잠재력을 깨달은 것은 한참 뒤의 일이었다. 이것은 산업혁명의 중요한 요소가 되었다. 수증기의 가치는 물이 수증기로 바뀔 때 힘차게 팽창한다는 데에 있다. 토머스 뉴커먼Thomas Newcomen이나 제임스 와트James Watt와 같은 발명가들이 그 힘을 다루어 일을 하는 데 사용하는 방법을 알아내면서 인간의 생활은 영구적으로 바뀌었다.[12] 더 이상 모든 일을 사람이나 동물의 근육으로 할 필요가 없게 되었다. 그 대신 수증기의 힘이나 그 이후에는 다른 에너지원이 일을 하게 되

O 9-2
2011년 5월, 우주왕복선 인데버Endeavor의 마지막 발사.

었다. 산업혁명은 사회적으로 낮은 지위에 있던 사람들에게는
끔찍했던 기간일 수 있다. 하지만 산업혁명은 대부분의 인간
에게 숙명과 같았던 끝나지 않는 육체노동에서 그다음 세대
들을 해방시켰다.

이제 우리는 더 이상 우리 선조들처럼 어디든 걸어서 갈 필
요가 없다. 20세기 중반까지는 거대한 증기기관이 기차를 끌
었고, 지금은 디젤-전기 엔진이 그 일을 한다. 자동차 실린더
의 반복되는 작은 불은 우리를 원하는 곳으로 데려다준다.
제트엔진의 더 큰 불은 하늘을 날고 싶은 인간의 꿈을 실현시

켰다. 그리고 지금은 거대한 불기둥에 얹혀 우주로 나갈 수도 있다.

도구와 청동기시대

발달된 언어와 불을 이용하는 기술은 인간을 완전히 새로운 문phylum처럼 정신적인 존재로 보이게 만든 두 가지 능력이다. 이제 우리의 역사적 관점을 인간의 또 다른 특징으로 돌려 보자. 바로 우리의 뇌와 놀랍도록 비상한 재주를 가진 손으로 만들어 낸 복잡한 도구들이다. 이미 3장과 8장에서 석기가 수천 년 동안 인간 생활의 중심에 있었다는 이야기를 했다.

사람들이 사용하는 법을 알게 된 최초의 금속은 금석병용기(Chalcolithic, 돌과 금속을 함께 사용한 시기)로 알려진 시기를 특징짓는 구리였다. 기원전 3000년경 알프스산맥의 얼음 속에서 언 채로 발견된 사람인 외치(5장 참조)는 아름답게 윤을 낸 구리 도끼를 가지고 있었다.[13] 구리는 강한 금속이 아니기 때문에 구리와 주석을 섞어서 만든 인공 금속인 청동이 훨씬 더 단단하다는 사실이 알려지자 대부분 청동으로 교체되었다.

트로이전쟁의 여파를 이야기하는 호메로스의 『오디세이』

서두에서, 변장한 아테네 여신은 죽은 오디세우스Odysseus의 아들 텔레마코스Telemachos를 방문한다. 여신은 말한다. "나는 선원들과 배를 타고 어두운 바다를 건너 이타카Ithaca로 왔습니다. 우리는 빛나는 철을 구리와 바꾸기 위하여 테메세Temese 항구로 떠날 것입니다."**14**

아테네 여신은 왜 단단한 철을 부드러운 구리와 바꾸는 이상한 거래를 하려는 것일까? 당시에 얼마 되지 않는 양의 철은 아마도 철운석에서 얻은 것으로 보인다. 아직 철광석을 제련하거나 철을 다룰 정도로 불이 뜨겁지 않았기 때문이다. 그러니까 이 시대는 아직 청동기시대였기 때문에 철은 구리보다 중요하지 않았다. 청동은 구리와 주석의 합금이다. 구리는 철만큼 단단하지만 철보다 더 낮은 온도에서 다룰 수 있기 때문에 모양을 쉽게 바꾸어 여러 도구와 끝이 날카로운 도구를 만드는 데 인간이 처음으로 사용한 금속이다.

돌, 청동, 철로 만든 도구들은 고고학 발굴 현장에서 흔히 발견되어, 고고학자들은 인류사를 석기시대, 청동기시대, 철기시대 순서로 나누는 것이 유용하다는 것을 알아차렸다. 물론 흥미로운 변화가 있었던 것은 도구만이 아니다. 언어, 사회구조, 종교, 그 외 인간 활동의 다양한 분야에서 발전이 있었던 것이 분명하다. 하지만 돌, 청동, 철로 만든 도구가 더 좋은 고고학적 기록을 남겼다.

　그러면 테메세는 어디이며 아테네 여신은 왜 그곳으로 간다고 했을까? 테메세는 오늘날 지중해 북동쪽 구석에 있는 키프로스섬의 타마소스Tamassos로 여겨지고 있다. 키프로스는 고대 지중해와 근동 지역 최대의 구리 산지였다. 그 섬의 이름도 구리, 'copper'에서 온 것이다.

　청동기시대가 시작된 시기는 곳마다 조금씩 다르다. 구리와 주석이 어디에나 있는 것은 아니고, 필요한 기술이 다른 장소에서 다른 시간에 발견되거나 도입되어 퍼져 나가면서 청동기 사용 지역이 차츰 넓어졌기 때문이다. 지중해 동부(크레타, 그리스, 터키, 키프로스)에서 청동기시대는 기원전 3500년에서 3000년 사이에 천천히 시작되어 기원전 1200년경에 갑자기 끝난 것으로 여겨진다.

　청동기시대의 종말은 역사의 미스터리 중 하나이다. 지중해 동부 전 지역에 걸쳐 번성하던 후기 청동기시대가 1세기 혹은 그보다 짧은 시기에 갑자기 사라져 버렸기 때문이다. 너무나 완벽하게 사라져 버렸기 때문에 400년 후에 호메로스가 쓴 것은 전설 속의 이야기들뿐이었다. 후기 청동기시대 문명의 중심이던 거대한 궁전과 도시들은 그냥 사라지고 잊혔다. 너무나 철저하게 잊혔기 때문에 3000년 후인 19세기에 독일의

하인리히 슐리만Heinrich Schliemann과 같은 모험적인 고고학자가 발굴을 시작하기 전에는 그저 전설로 여겨졌다.

어떻게 문명이 그냥 사라질 수 있을까? 역사학자들은 청동기시대의 도시들이 사라진 원인에 대하여 가뭄, 이주, 철기시대의 도래 등을 포함한 몇 가지 가설을 제안하고 있다. 하지만 나는 두 가지 가설에 특히 흥미가 있다. 하나는 스탠퍼드 대학의 지구물리학자 아모스 누르Amos Nur가 제안한 것으로 넓은 지역에서 지진이 동시에 일어났다는 가설이다. 또 하나는 밴더빌트 대학의 역사학자 로버트 드류스Robert Drews가 제안한 것으로 후기 청동기시대 도시들이 방어 수단으로 이용하던 마차 활쏘기 부대를 이길 수 있는 방법을 찾아낸 이방인 부족들이 도시들을 차례로 점령하여 파괴했다는 가설이다.[15] 이유가 무엇이든 결과는 끔찍했다. 키프로스에서만 기원전 1200년경에 팔레오카스트로Paleokastro가 불타고 아이오스 디미트리오스Ayios Dhimitrios는 폐허가 되었으며, 신다Sinda, 키티온Kition, 엔코미Enkomi가 모두 불탔다. 중동에서 문명이 회복되는 데에는 수백 년이 걸렸다.

스쿠리오티사의 고대 광산

청동기시대의 문명과 특히 이 시대를 특징짓는 금속 원재료의 출처를 다시 생각해 보자. 당시 사람들은 청동을 만드는 데 사용하는 구리와 주석을 어디에서 얻었을까? 3장에서 이와 같은 종류의 질문을 생각하면서 우리는 역사적 관점에서 또 하나의 깨달음을 얻었다. 자연 자원은 그냥 생기지 않는다. 모든 광물이나 석탄이나 석유나 가스는 모여 있는 이유가 있고 저마다의 역사를 가지고 있다. 지질학자들은 이 자원들의 역사를 더 큰 지구 역사를 재구성하는 일부분으로 이용한다. 이 역사를 이해하는 것이 문명이 의존하는 자연 자원을 발견하는 데 결정적 역할을 해 왔다.[16]

청동기는 구리에 주석이 약간 섞인 것이다. 지금은 지중해와 서아시아 지역의 청동기시대 구리의 대부분은 키프로스섬에서 왔다는 것이 확실해졌다. 하지만 오랫동안 키프로스에서의 구리 채굴 역사는 청동기시대의 다른 많은 것과 마찬가지로 거의 잊혀 있었다.

1920년대에 지질학자 찰스 귄터Charles Gunther와 미국의 광산 기술자 실리Seeley와 하비 머드Harvey Mudd 부자는 키프로스의 구리를 재발견하여 개발했다. 구리선이 전기 기술에 중요해졌기 때문이었다. 귄터는 스쿠리오티사Skouriotissa와 같은 곳에서 고대의 광재 더미를 발견했다. 청동기시대의 광부들이 구리 광석에서 구리를 뽑아내고 남은 것을 버린 곳이었다. 머드 부자는 고대의 광산을 현대 기술을 이용하여 다시 열었다. 터키가 섬을 침공하여 그리스와 터키 영토를 가르는 휴전선이 그리스에 속하는 광산 근처에 그어진 1974년까지 키프로스는 구리의 주요 수출지였다. 그 후 그 광산들은 버려졌다. 터키 대포의 사정거리 안에 있었기 때문이었다.

지금은 당신도 스쿠리오티사를 방문할 수 있다. 1989년에 나도 키프로스 지질 조사단의 게오르게 콘스탄티누George Constantinou와 미국의 지질학자 엘드리지 무어스Eldridge Moores와 함께 방문했다. 그곳에서는 두 시기의 구리 광산들을 볼 수 있다. 첫 번째는 청동기시대가 끝날 때쯤 버려진 곳이고 또 하나는 1974년경에 버려진 곳이다. 그곳에서 채굴과 금속 제련 기술에서 일어난 중요한 역사적 발전의 증거를 볼 수 있다. 현대의 광산은 거대한 노천광인데 그곳에는 채석장 트럭이 1974년까지 구리 광석을 실어 나르던, 지금은 무너져 가는 언덕길이 있다. 스쿠리오티사의 버려진 현대 광산 주위를 돌아다니다가 우리는 약 1퍼센트의 구리를 함유하고 있는 황토 조각들을 보았다. 황토는 물감을 만드는 재료로 예술가들

○ 9-3

키프로스 스쿠리오티사의 구리 광산. 지하터널을 이용한 초기의 광산들은 청동기시대가 끝난 기원전 1200년경에 버려졌다. 이 노천광을 만든 20세기의 광산은 터키가 키프로스를 침공한 1974년 이후에 버려졌다.

에게는 친숙한데, 그것이 어디에서 왔는지를 알게 된 것은 흥미로운 일이었다.

오늘날의 광석 제련 기술은 무척 훌륭해서 스쿠리오티사의 언덕에 있는 모든 것, 심지어 황토조차도 광석이 될 수 있다. 청동기시대의 광부들은 구리를 뽑아내는 데 그렇게 효율적이지 못했다. 그래서 그들은 지하터널을 따라 들어가서 캐낸 2퍼센트 정도의 구리가 함유된 고급 광석만 이용할 수 있었다. 지금도 현대 노천광의 벽들이 교차하는 그 터널들을 볼 수 있다. 고고학자들은 그 터널들을 탐사하여 고대의 채굴 도구와 때로는 불운한 광부의 뼈도 발견했다.

광재 더미는 그 자체로 고대의 구리 광업에서 수 세기 동안 제련 기술이 발전해 간 과정을 보여 준다. 게오르게는 광재에 남은 구리를 분석한 결과를 이야기해 주었다. 광재 더미의 아래쪽에 있는, 더 먼저 버려진 광재에 구리가 더 많이 남아 있고, 위쪽에 있는 더 나중에 버려진 광재에 구리가 더 적게 남아 있었다. 시간이 지날수록 광부들이 광석에서 구리를 더 잘 뽑아냈기 때문이었다.

그러니까 고대 키프로스의 구리 광업은 그 자체로 수 세기에 걸친 역사를 지닌 것이다. 게오르게는 고대에 그곳에서 어떻게 그렇게 오랫동안 구리를 캘 수 있었는지 이야기해 주었다. 광석에서 구리를 뽑아내려면 광석을 가열해야 한다. 가열에는 모닥불보다 뜨거운 숯불을 이용했다. 광재에 남은 구리 분석으로 드러난, 구리를 뽑아내는 효율성 제고는 분명 앞에서 살펴본 불을 다루는 기술의 발전 덕분이었다. 하지만 게오르게가 제기한 큰 의문은 그 숯이 어디에서 왔느냐 하는 것이었다.

앞에서 보았듯이 숯은 통제된 환경에서 나무를 부분적으로 태워 물이 빠져나가고 탄소만 남도록 하여 만든다. 순수한 탄소는 나무보다 더 뜨겁게 타기 때문에 아주 유용하다. 그러므로 고대의 광부들은 숯을 만들 나무를 얻기 위해서 숲을 베어야 했다. 게오르게는 고대 광산들 주변에서 광재의 양을 조사했다. 그의 계산에 따르면 그만한 양의 구리를 제련하는 데 필요한 숯을 만들기 위해서는 키프로스섬 전체의 최소 16배 면적의 숲을 베어야 했다![17]

게오르게는 고대의 구리 광석은 동지중해 여러 지역에서 발견되고 채굴되어 원시 숲에서 만든 숯으로 제련되었다고 말했다. 하지만 동지중해 다른 곳에서는 숲이 베이면 다시 생기지 않기 때문에 채굴이 끝났다. 그렇다면 키프로스는 무엇이 달랐을까?

차이는 기후와 강우량이었다. 동지중해 다른 지역은 기후가 더 건조했다. 고대에 그곳에 남아 있던 나무들은 약 1만 년 전에 끝난 마지막 빙하기의 더 서늘하고 습한 시기에 번성한 더 큰 숲의 일부였다. 그래서 일단 베고 나자 숲은 사라져 버렸다.

키프로스는 달랐다. 비가 많이 와서 베어 낸 후에도 숲이 다시 자랐다. 키프로스에서 나무는 재생 가능한 자원이었다. 고대의 이런 자원의 중요성은 이집트 북부에서 발견된 아마르나문서Amarna tablets에서 볼 수 있다. 기원전 14세기에 쓰인 일련의 편지에서 키프로스의 왕으로 추정되는 알라시야Alasiya 왕은 "엄청난 양의 은… 최고 품질의 은"과 교환하여 파라오에

게 구리를 보내는 것에 동의하고 있다.[18]

키프로스는 숲이 다시 자랄 수 있는 습한 기후 아래 구리 광석이 있었기 때문에 고대의 구리 공급원이 되었다. 키프로스는 높은 트루도스산맥Troodos Mountains 때문에 기후가 습했던 것이다. 키프로스의 산맥 지역에 있는 구름과 비를 제외하고는 동지중해 전체가 구름 한 점 없는 하늘 아래에서 구워지고 있는 모습을 위성사진에서 볼 수 있다. 빅 히스토리가 너무나 재미있는 이유는 연구에 뚜렷한 방향이 없기 때문이다. 우리는 엘드리지를 안내자로 삼아 트루도스산맥으로 방향을 잡았다. 트루도스산맥은 지질학자들이 지구의 활동을 이해해 온 역사에서 엄청나게 중요하기 때문이었다. 엘드리지는 그 혁명적인 과학 연구의 중심 인물이었는데 이 모든 것은 청동기시대 구리의 기원과 연결되어 있었다.

구리는 어디에서 왔을까?

엘드리지는 1960년대 중반 그가 프린스턴 대학에서 박사후 연구원으로 있을 때 나의 룸메이트 중 한 명이었다. 그는 지금은 캘리포니아 대학 데이비스 캠퍼스의 지질학 교수이다. 재미있는 프로젝트를 찾고 있던 엘드리지는 어느 날 밤 프린스턴의 지질학 도서관에서 키프로스의 지질학 지도를 연구하다가[19] 자신이 정말 중요할 수도 있는 뭔가를 보고 있다는 사실을 깨달았다. 몇 년 후 엘드리지는 도서관에서의 그날 밤에 대한 이야기를 하면서 머리털이 목덜미까지 곤두섰던 느낌을 기억한다고 말했다.

엘드리지를 그토록 흥분시킨 것은 키프로스에 엄청난 수의 **암맥**dikes이 있다는 증거였다. 암맥은 흔한 지질학적 특징으로, 깊은 곳에 있는 바위가 쪼개질 때 생긴 틈을 더 깊은 곳에서 나온 용암이 채운 다음 식어서 굳으면서 만들어진다. 일반적으로 암맥은 암맥의 너비 정도인, 최대 몇 센티미터의 자료를 품고 있다. 그런데 트루도스산맥의 지도와 책에 있는 사진은 **모든 것**이 암맥이라는 것을 보여 주고 있었다. 젊은 암맥이 오래된 암맥을 관통하고 오래된 암맥은 더 오래된 암맥을 관통했다. 이것은 몇 센티미터 정도가 아니라 수십 킬로미터 규모에 대해 이야기하고 있었다! 그 지도를 만든 지질학자 R. A. M. 윌슨Wilson은 그것들을 **널린 암맥**sheeted dikes이라고 불렀지만, 책을 쓴 1959년에는 그 중요성을 미처 깨닫지 못했다. 하지만 엘드리지는 해저 팽창으로 바다가 만들어진다는 헤스의 1960년 제안을 알고 있었다.[20] 엘드리지는 널린 암맥이 해저가 수백 혹은 수천 킬로미터 규모로 팽창하여 생긴 해양지각에서 만들어진다는 사실을 알아차렸다! 이것은 어쩌면 어떤 이유인지 위로 솟아올라 키프로스섬에서 드러난 고대 해양지각의 지도일 수 있다! 과학을 하다 보면 엄청나게 중요한 뭔가를 보고 있다는 사실을 깨달을 때가 간혹 있다. 엘드리지에게는 머리털이 쭈뼛 선 순간이 바로 이때였다.

엘드리지는 지질학자들과 트루도스산맥의 바위들을 주의 깊게 연구하여 해양지각에 대해서, 그리고 그것이 어떻게 해저 팽창으로 만들어지는지 조금씩 이해하게 되었다.[21] 해양지각이 사람이 갈 수 없는 바다 깊은 곳에서만 발견되었다면 이런 연구는 매우 어려웠을 것이다. 해양지각 몇 조각을 키프로스와 같은 곳에 올려놓아 지질학자들이 그 위를 걸어 다니고 연구도 할 수 있게 된 것은 자연의 친절함 덕분이다! 지금은 지표면에 드러나 있는 고대 해양지각의 조각에서 발견되는 암석을 **오피올라이트**ohpiolite라고 한다. 널린 암맥은 가장 특이한 암석이기는 하지만, 해양지각에는 현무암 마그마가 암맥의 틈으로 올라와 해저에 쏟아진 곳에서 거대한 덩어리로 만들어지는 '침상현무암pillow basalts'과 같은 다른 요소도 몇 있다.

1979년 《내셔널 지오그래픽》 11월 호에 실린 중앙해령의 초기 심해 사진에는 구리의 기원에 대한 핵심 정보가 담겨 있었다. 7장에서 본 열수공과 검은 연기들 지역에서 주황색 가루

로 된 먼지처럼 보이는 것으로 덮인 현무암 표면 위로 흰 게가 기어 가는 장면이 있다.[22]

주황색! 깊은 바다에서 아주 드문 색이다. 하지만 키프로스 트루도스산맥의 오피올라이트 암석에서는 볼 수 있다. 이것은 황토의 색이다. 이것은 키프로스 스쿠리오티사의 고대 구리 광산의 색이다! 황토는 구리 광석이 약간 바뀐 것이다. 지금은 청동기시대를 가능하게 한 키프로스의 구리 광석이 고대 해저의 검은 연기들에서 만들어진 것이라는 게 명확해졌다. 해저 팽창으로 만들어져 지금은 트루도스 오피올라이트가 된 해양지각이었던 곳이다. 나중에 해저의 일부가 해수면 위로 올라와 키프로스의 구리 광산이 되고 트루도스산맥이 만들어졌다. 그리고 트루도스산맥의 고도와 강우 덕분에 구리 광석을 제련할 숯을 만드는 데 필요한 숲이 다시 자랄 수 있었다.

키프로스 구리의 기원은 러시아의 해양학 팀이 북위 23도 근처 중앙대서양 해령의 지각에 있는 뱀 구덩이 열수공 지역 Snakepit Hydrothermal Area이라는 곳을 탐사하면서 확실해졌다.[23] 그들은 해저의 넓은 현무암 지대에서 활동하는 검은 연기들과 뜨거운 물이 더 이상 흐르지 않는 소멸된 굴뚝들을 발견했다. 그리고 그들은 금속이 풍부한 퇴적물과 구리가 풍부한 거대한 금속광석이 있는 지역의 지도를 그렸다. 러시아의 과학자들은 키프로스의 구리 광석을 만들었던 열수공과 유사한 열수공의 현재 활동을 연구하고 있었던 것이다. 키프로스의 구리 광석은 지중해와 서아시아에 청동기시대를 가능하게 했고, 그 시대는 서양 문명 발전에 매우 중요한 역할을 했다. 키프로스의 구리가 중앙해령 열수공에서 비롯했다는 추정은 1999년 키프로스를 열심히 조사한 결과 관벌레의 화석을 발견하면서 더 확실해졌다.**24**

청동기시대의 주석

우리는 청동기시대 키프로스 구리의 기원을 추적했고 이것을 깊은 바다의 검은 연기들과 관련지었다. 구리 광석을 제련한 숯은 높은 트루도스산맥에 의한 강우 덕분에 재생이 가능했던 키프로스의 숲에서 얻었다는 것도 보았다. 하지만 아직 미스터리가 하나 남아 있다. 청동기시대의 대장장이는 구리에 섞어 청동을 만드는 데 필요한 주석을 어디에서 구했을까?

구리와 주석은 모두 원자들이 서로 쉽게 미끄러져 다닐 수 있어서 모양을 바꿀 수 있는 부드러운 금속이다. 하지만 이들이 섞여서 청동이라는 합금이 되면 크기가 다른 주석 원자가 구리의 부드러운 변형을 방해하고, 마찬가지로 구리 원자가 주석의 변형을 방해하게 된다. 그래서 단단한 청동이 만들어지고 이는 문명을 가능하게 만든 위대한 발견 중 하나가 된다. 구리만으로는 부족하다. 주석이 없으면 청동도 없다.

주석과 구리는 화학적으로 매우 다르기 때문에 해저 현무암에서 구리를 모아 검은 연기들에서 광석으로 만드는 열수공이 주석을 모으지는 않는다. 주석은 깊은 바다가 아니라 대륙의 산맥에서 발견되는 화강암에서 얻는다. 키프로스에는 주석 광석이 없다. 그렇다면 청동기시대에 주석은 어디에서 왔을까?

고대 세계의 가장 유명한 주석 산지는 영국 남서부의 콘월이다. 오랫동안 역사학자들은 청동기시대의 주석은 콘월에서 채굴되어 배로 중동에 운반되어 키프로스에서 나온 구리와 섞여 청동이 만들어졌다고 추정했다.

나에게는 주석이 콘월에서 왔다는 말이 그럴듯하게 들리지 않았다. 콘월과 키프로스는 바다로 5600킬로미터도 넘게 떨어져 있고, 폭풍과 비스케이만과 영국해협과 같은 위험한 물길을 가로질러야 한다. 나는 청동기시대의 항해자 오디세우스를 생각하지 않을 수 없었다. 그는 트로이에서 이타카까지 배로 여행하는 데 많은 위험과 싸우느라 10년이나 걸렸다. 물론 그것은 전설이고 이야기이지만 청동기시대의 바다 여행이 쉽지 않다는 사실을 알려 주는 것이기도 하다.

그래서 1980년대에 시카고 대학의 터키계 미국인 고고학자 아슬리한 예네르Aslihan Yener가 획기적인 발견을 했다는 소식을 듣고 아주 반가웠다.[25] 그녀는 터키 동부의 아나톨리아라는 고대 유적지를 탐사하다가 한때 주석을 생산했던 청동기시대의 잊힌 광산들을 발견했다. 광부들이 거의 다 뽑아냈기 때문에 주석은 거의 남지 않았지만 광석에서 주석을 제련하는 도자기 도가니를 발굴한 것이다. 화학분석으로 도가니에 주석이 남아 있는 것을 확인했다. 키프로스에서 바다로 80킬로미터밖에 떨어지지 않은 터키에 한때 풍부한 주석 산지가 있었다는 사실이 분명해졌다. 키프로스의 구리와 아나톨리아의 주석이 청동기시대를 낳은 양대 산맥이라는 것은 아주 그럴 듯해 보인다.

아나톨리아의 주석 화강암은 키프로스의 고대 해양지각과는 아무 관련이 없는 대륙의 산맥 지역에서 나온 것이다. 원래는 멀리 떨어진 이 두 지질 지역이, 베게너와 헤스가 처음으로 알아낸 판의 이동으로 서로 가까워진 것이다. 빅 히스토리에서 매우 자주 볼 수 있듯이, 지질학적으로 먼 과거에 있는 역사적 사건이 한참 후에 청동기시대와 같은 인류사에 필요한 조건을 만들어 놓은 경우이다. 지구가 만들어 낸 특정한 역사적 사건이 없었다면 인류사는 훨씬 더 어려웠을 것이다. 이것도 역시 빅 히스토리가 우리에게 알려 주는, 극히 있을 법하지 않은 인간 여정의 또 한 가지 예이다.

에필로그

이 모든 일이 일어날 가능성은
얼마나 될까?

역사의 특징: 연속성과 우연성

지금까지 빅 히스토리의 모든 영역을 살펴본 우리는 마지막으로 이런 질문을 할 수 있겠다. 지금까지 펼쳐진 과거에서 규칙성을 찾을 수 있을까, 아니면 역사는 체계가 없는 혼돈의 연속인 그저 "하나의 사건과 다음 사건"일 뿐일까? 역사가 펼쳐지는 것을 제어하는 법칙이 있을까? 17세기 아이작 뉴턴에서 시작하여 과학자들은 물체의 운동과 모든 에너지 전환을 지배하는 엄격한 수학법칙이 있다는 사실을 발견했다. 이 발견은 겉보기에 복잡해 보이는 일상생활 속의 사건에도 숨어 있는 질서가 있으며, 더 나아가 역사를 지배하는 기본 법칙을 발견하는 것도 가능하리라는 생각을 하게 한다. 하지만 역사의 법칙을 발견하겠다는 희망찬 시도는 그다지 성공적이지 못했다.[1]

별 주위를 도는 행성이나 산비탈을 미끄러져 내려오는 빙하는 우주 역사와 인류사에서 물리학의 수학법칙을 따르는 유형의 사건이며 그 움직임은 계산이 가능하다. 하지만 빅 히스토리의 어떤 지점에서는 공식으로 잘 만들어진 인류사의 법칙, 특히 수학법칙이 발견되지 않거나 심지어는 존재할 것 같지도 않은 사건들이 등장한다. 생명의 등장이 그런 것이다. 각 세포 혹은 다세포 유기체가 독립적인 주체가 되어 다른 주체와 경쟁하여 에너지와 영양분을 얻고 성공적인 경우에는 후손을 통해 특징을 남긴다.

살아 있는 주체의 등장은 물리학자들이 자연법칙(플라스마, 기체, 액체, 고체)을 발견한 것보다 지구를 더 고도의 시대로 진입하게 하고 물질을 훨씬 더 복잡한 방법으로 구성할 수 있게 한다. 내 생각에 이것은 그저 자연법칙이 존재하지 않는 빅 히스토리(생명과 인류) 시대의 시작이기도 하다. 이것이 옳다면, 그래서 생명 역사나 인류사를 지배하는 결정적인 법칙이 존재하지 않는다면, 역사를 이해할 수 있는 다른 방법이 있을까? 역사의 전개 가운데에서 규칙성이나 유형을 발견할 수 있을까?

도발적인 책『시간의 화살, 시간의 순환』에서 스티븐 제이 굴드는 역사가 일방적이라고 보는 사람과 역사를 순환적이라고 생각하는 사람들 사이에는 과거를 보는 관점에 오랫동안 차이가 있어 왔다고 주장했다.[2] 그는 그 두 관점의 충돌이 학자들이 인류사를 어떻게 설명하는지에 영향을 주었을 뿐 아니라 우리가 지구를 진지하게 이해하는 최초의 방법을 개발한 초기 지질학자들 사이에서 학술 논쟁의 핵심이 되기도 했다고 주장했다.

시간의 화살과 시간의 순환은 지질학자나 역사학자들이 과거를 설명하는 방법이 말words밖에 없을 때 합리적인 두 대립축이 된다. "로마의 몰락"과 "제국들의 융성과 쇠퇴"는 과거를 각각 화살과 순환으로 묘사하는 도발적인 문구이다. 하지만 지금은, 특히 지질학에서는 지구의 과거가 어떻게 변해 왔는지를 수학적으로 계량화할 정량적인 자료가 풍부하다.[3] 나는 이 역사 흐름을 연구하면서 더 이상 화살/순환의 이분법이 중요하다고 보기 어렵다는 사실을 발견했다.

문제는 시간의 범위이다. 지표면 온도의 역사를 살펴보면 우리가 선택하는 시간 범위에 따라 경향이나 주기를 보게 될 것이다.[4] 지난 1만 년 동안 기온은 눈에 띄게 일정했다. 하지만 지난 100만 년을 훑으면 빙하기와 간빙기가 10만 년 이상의 주기로 순환한다. 하지만 더 짧거나 긴 범위로 보면 기온이 내려가는 경향과 기온이 올라가는 경향이 있다.

나는 빅 히스토리의 모든 시기 동안 역사가 펼쳐지는 방법을 보면 다른 종류의 이분법을 볼 수 있다고 생각한다. 하나는 다양한 시간 범위에서 다양한 방법으로 결합된 경향성과 순환성으로 이루어진 **연속성**continuities이고, 또 하나는 미리 예측할 수 없는 중요한 역사적 변화를 만드는 드문 사건인 **우연성**contingencies이다.

우연성은 어디에나 있다. 개인 일상 속에서 우리는 긴 시간 동안의 연속성을 가진다. 주기적으로 매일 출퇴근을 하고, 그러는 동안 경향적으로 점차 늙어 가고 더 현명해지기도 한다. 그러는 중에 완전히 예상 밖의 우연성이 개입한다. 사다리에서 떨어지거나 사랑에 빠진다. 어떤 경우에도 똑같은 일이 다시 일어나지 않는다. 인류사는 우연으로 점철되고, 이 점이 역사를 지배하는 법칙을 찾는 것을 불가능하게 만든다. 우연성은 전쟁 도중에 특히 극적으로 드러난다. 전투 결과는 바람의 상태나 누군가 잃어버린 명령서를 손에 넣는 것과 같이 예측할 수 없는 환경의 영향을 받는다.[5]

우연성은 우리 주위 어디에나 있고 그것을 알아차리기도

하지만 우연성을 정의하기란 매우 어렵다. 나는 아직 만족할 만한 정의를 찾거나 만들지 못했다. 현재의 생각으로는 어떤 사건이 우연이라고 여겨지려면 첫째, 드물게 일어나야 하고, 둘째, 예측이 불가능해야 하며, 셋째, 중요한 것이어야 한다. 하지만 이 조건들에는 모두 모호한 부분이 있다. 그리고 무엇이 우연성을 만드는지 이해하려고 하면 빅 히스토리에서 두 무생물 영역(우주와 지구)에서의 상황은 생명과 인간 영역에서의 상황과 완전히 다른 것처럼 보인다.

먼저 우주와 지구 영역에서의 우연성을 생각해 보자. 공룡을 멸종시킨 충돌을 예로 들 것이다. 그리고 스페인 무적함대를 예로 들어 생명과 인간 영역에서의 우연성을 살펴볼 것이다. 마지막으로 지구에 존재하는 모든 것의 뒤에 있는 놀라운 우연성을 생각해 볼 것이다. 각각의 경우에서 드물고 예측 불가능하며 중요한 요소가 얼마만큼 적용되었는지 살펴볼 것이다.

우주와 지구 영역에서의 우연성

두 무생물의 영역에서 "드물고" "중요한" 우연성의 측면은 이해하기 어렵지 않다. 충돌하는 물체의 크기나 지진 규모와 같은 자연의 많은 물체와 사건의 규모는 멱함수 분포를 따르기 때문에 큰 물체와 사건은 작은 물체와 사건보다 더 드물다.[6] 큰 사건은 넓은 영역에서 중요하고 더 많은 사람에게 영향을 미친다.[7] 이것은 가장 재미있는 "예측 불가능한" 우연성의 요소이다.

한때 과학자들은 우주에서 일어나는 모든 일이 자연의 결정론적인 수학법칙들에 의해 완벽하게 지배받는 것처럼 보았다. 이 법칙들은 완벽하게 예측 가능해 보였다. 19세기 초 프랑스의 수학자 피에르시몽 라플라스Pierre-Simon Laplace는 충분한 지성이 있는 존재(지금으로 치면 슈퍼-슈퍼컴퓨터와 같은)에게 어떤 시점에 있는 모든 입자의 위치와 속도에 관한 자세한 정보를 주면 미래를 완벽하게 예측할 수 있을 것이라고 주장했다. 이 관점이 옳고 인간을 구성하는 모든 원자에 적용된다면 이 말은 우리에게는 어떤 자유의지도 없다는 의미가 된다.[8]

하지만 이것은 예측 가능성의 한계를 발견한 20세기 이전의 일이다. 지금은 분명하게 자연의 수학법칙을 따르는 무생물 물질에조차 특정한 상황에서 미래를 전혀 예측 불가능하게 만드는 복잡성이 존재한다는 것을 알고 있다. 그 예들을 큰 규모에서 작은 규모 순서로 이야기해 보겠다.

행성들의 운동은 컴퓨터로 강화된 계산 능력으로 추적할

수 있지만, 세 개 이상의 천체로 이루어진 태양계에서 운동방 정식은 일반적으로 풀리지 않는다. 행성들의 운동을 계산할 때 행성의 초기 위치와 속도의 작은 변화도 수천만 년 후에는 큰 변화로 이어진다. 이것은 긴 범위에서는 행성들의 운동도 예측이 불가능하다는 것을 의미하는데 이것을 궤도 혼돈orbital chaos 혹은 결정론적 혼돈deterministic chaos이라고 부른다.

암석과 같은 고체가 부서지는 것도 자세한 예측이 불가능 하다. 미세한 균열과 흠집 혹은 원자 단위의 위치 차이에 민 감하게 의존하기 때문이다. 작은 균열이 거대한 지진으로 이 어지기도 하지만 대부분은 그렇지 않다. 이것이 지진을 정확 하게 예측하는 것('언제 어디에서 어느 정도 규모의 지진이 일어 날 것이다'와 같은 식의)을 불가능해 보이게 만든다. 대략적인 시간에 대략적인 지점에서 어떤 규모의 지진이 일어날 가능성 정도만 측정할 수 있다.

유체의 난류도 혼돈 상태이기 때문에 날씨, 폭풍, 해류 등도 자세한 예측이 불가능한 현상으로 분류된다.[9] 벨로우소프–자 보틴스키 반응Belousov-Zhabotinsky reaction은 배양접시에 원형이나 나선형 무늬가 나타나 복잡하고 예측 불가능한 형태로 자라 고 반응하는 화학 현상을 말한다.[10]

마지막으로, 아주 단순하고 수학적인 공식으로 쉽게 유도

되는 로지스틱 방정식이 있다. 제곱 항이 있는 로지스틱 방정식으로 계산한 결과를 다시 그 방정식에 대입하여 계산하는 과정을 반복하면, 초기 조건의 작은 변화가 완전히 다른 결과를 빚는 혼돈 상태의 결과가 나온다. 자손을 낳는 비율의 차이가 주어진 상태에서, 수 세대 동안의 개별 종들의 수를 예측하려고 시도한 로버트 메이Robert May가 처음으로 발견한 이 현상은 결정론적 혼돈과 수학적인 예측 불가능성의 고전적인 예가 되었다.[11]

자연의 엄격한 수학법칙에도 불구하고 태양계 규모부터 배양접시, 그리고 더 작은 규모까지 우리 인간 현실의 많은 측면은 기본적으로 예측 불가능해 보인다.

우연적인 사건으로서의 충돌

나는 공룡을 멸종시킨 외계의 충돌을 연구하면서 우연성에 큰 관심을 가지게 되었다. 그 사건의 특징을 우주와 인간 영역에서 나타나는 우연성의 예로 살펴보자.

우리 인간은 공룡이 멸종했기 때문에 존재한다. 공룡은 약 2억 년 전부터 6600만 년 전에 사라질 때까지 지구를 지배하는 큰 동물이었다.[12] 포유류는 그 기간의 대부분 혹은 늘 존재했지만 경쟁자인 공룡이 사라질 때까지 한 번도 크기가 아주 커지거나 다양화되지 못했다. 그 격변의 사건 이후에 포유류는 빠르게 다양화되고 일부는 크기가 커져서 공룡이 차지했던 큰 동물의 틈새를 메웠다.

1억 5000만 년에서 7500만 년 전에 지구를 방문한 외계의 관측자가 큰 포유류나 지능이 있는 포유류가 이 행성에서 지배적인 동물이 되고 공룡은 대부분 작은 새의 형태로밖에 살아남지 못할 것이라고 예측하기는 힘들었을 것이다. 포유류의 지배는 생명 역사에서 우연히 일어난 중요한 경로 변경의 결과였다.

공룡의 멸종은 칙술루브 크레이터를 만든 소행성 혹은 혜성이 우연히 충돌한 결과였다는 강력한 증거가 있다. 이 크레이터는 1장에서 본 것처럼 멕시코 유카탄반도 표면 아래의 젊은 퇴적층 약 1.6킬로미터 아래에 묻혀 있고 지름은 약 180킬로미터이다.[13] 7장에서 이야기했듯이 거의 같은 시기에 일어난 거대한 화산활동에 의한 인도 데칸고원 현무암 분출도 어느 정도 역할을 했을 수 있다.

이 충돌 사건은 내가 제안한 우연성의 조건을 모두 충족한다. 그 정도 규모의 충돌은 아주 드물고, 칙술루브 충돌은 혼돈스러운 궤도 때문에 긴 시간 범위에서 **예측 불가능**했고, 진

○ 10-1

6600만 년 전 대멸종 사건을 일으킨 멕시코 유카탄반도의 칙술루브에서 일어난 충돌 사건의 상상도. 이 사건 이후 포유류가 공룡을 대신하여 큰 육상동물의 위치를 차지했다.

화의 경로를 완전히 바꿀 정도로 아주 **중요**했다. 칙술루브 충돌의 이 세 가지 측면을 살펴보자.

먼저 칙술루브 규모의 크레이터를 만드는 충돌은 지구 역사의 아주 초기부터 극히 **드물었다**. 나이 6600만 년에 지름 180킬로미터의 칙술루브는 현생누대(화석이 많이 남아 있는 시기)와 그보다 훨씬 더 긴 시간인 지난 5억 4000만 년 동안 만들어진 가장 큰 크레이터이다. 지구에 남아 있는 그보다 큰 크레이터들은 훨씬 더 오래된 것이다. 지름 260킬로미터 인 캐나다 서드베리Sudbury의 크레이터는 18억 5000만 년 전 의 것이고, 지름 320킬로미터인 남아프리카공화국 브레드포 트Vredefort의 크레이터는 약 20억 2500만 년 전의 것이다.

태양계의 규모, 칙술루브 규모의 크레이터를 만들 만한 충 돌 가능성이 있고 지름이 수 킬로미터에 이르는 천체가 극히 드문 상황을 고려하면 이것이 지난 30억~40억 년 동안 아주 드문 사건이었다는 것을 이해할 수 있을 것이다. (지구가 처음 만들어졌을 때는 흔했겠지만) 대부분의 소행성(약 99퍼센트)과 그보다 더 적은 혜성의 3분의 1은 절대 지구 궤도보다 태양에 더 가까이 가지 않기 때문에 우리 행성과 충돌할 확률은 전 혀 없다.[14]

지구 궤도를 가로지르는 천체도 지구와 충돌할 확률은 극 히 작다. 왜 그런지 보자. 왼손 엄지와 검지로 원을 만들어 보 자. 이 원은 원 중심에 있는 태양의 주위를 돌고 있는 지구의 궤도이다. 이제 이 원을 오른손 엄지와 검지로 만든 킬러 소행 성의 궤도를 표현하는 원과 연결해 보자. 이제 원을 만든 왼 손가락을 사람 머리카락 지름의 1/100 두께의 가는 선으로 바꾼다고 상상해 보자. 이것이 지구가 쓸고 지나가는 경로에 해당한다. 그리고 오른손의 손가락이 왼손에서 상상한 선보다 1000배 더 가늘게 수축하는 것을 상상해 보자. 이것이 소행성의 경로가 된다. 이 선들이 서로 만나야만 충돌 가능성이 있다. 그리고 충돌체의 궤도는 시간에 따라 움직이기 때문에 충돌체에는 머리카락 두 올이 서로 만나는 아주 짧은 시간밖에 기회가 없다. 두 궤도가 교차한다 하더라도 충돌할 기회는 아주 짧은 시간뿐이다. 충돌체와 지구가 궤도상에서 교차점에 동시에 있어야 하므로 길어야 몇 분뿐이다. 하나의 소행성이나 혜성의 입장에서 볼 때 충돌의 가능성은 극히 낮다!

충돌 가능성 있는 물체의 수가 아주 많다면 통계적으로 많은 충돌이 있을 수 있다. 실제로 모래알만 한 작은 물체는 많이 있다. 그래서 맑은 날 어두운 밤에 모래알 크기의 유성이 지구 대기에 빠른 속도로 들어오면서 마찰로 타는 장면을 종종 볼 수 있다. 하지만 멸종의 원인이 될 만큼 충분히 큰 물체가 충돌할 가능성은 통계적으로 매우 낮다.

충돌은 **예측 불가능**할까? 여기서 흥미로운 역설을 만난다. 물리법칙으로 완전하게 결정되는 태양계 천체의 궤도운동만큼 정확하게 계산될 수 있는 것도 없다. 그래서 천문학자들은 일식이나 월식이 지구에서 언제 어디에서 보일지 수백 년이나 미리 정확하게 예측할 수 있고, 우주선을 다른 행성들과 몇 년 후에 만날 수 있는 경로로 보낼 수 있는 것이다.

반면 이런 예측을 어렵게 만드는 요소가 두 가지 있다. 만일 충돌 가능성이 있는 천체가 암석과 먼지가 섞인 얼음 덩어리 혜성이라면, 태양에 가까이 왔을 때 열에 의해 얼음이 증발되어 작은 분출물의 흐름이 만들어지면서 혜성의 경로가 작지만 예측할 수 없는 방향으로 변경될 수 있다.

더 재미있게는, 우리 태양계와 같이 두 물체 이상으로 이루어진 계의 궤도들은 긴 시간에서는 본질적으로 예측이 불가능하다는 사실이 지금은 받아들여지고 있다. 이것을 결정론적 혼돈이라고 하는데, 태양계 역사 초기에 태양계에 있는 모든 천체의 위치와 운동을 아주 잘 알고 무한한 계산 능력을 가지고 있다 하더라도 현재의 위치와 움직임을 계산하는 것은 불가능하다는 의미이다.**15 결정론적 혼돈**이라는 용어에는 미묘하지만 중요한 차이가 포함되어 있다. 궤도를 도는 물체의 운동은 물리법칙으로 완전히 **결정**되지만, 우리는 결코 초기 조건을 충분히 알 수 없기 때문에 **예측이 불가능**하다. 긴 시간에서는 초기의 위치와 운동이 조금만 달라져도 현재의 태양계에서는 엄청난 차이를 만든다. 이것을 '초기 조건에 민감하게 의존한다'라고 표현한다.

충돌이 **중요**할까라는 질문에서는 다시 규모에 대한 문제와 마주친다. 공룡을 포함하여 지구의 생물 속genera 중 절반을 없애고 그 이전에는 작았던 동물(포유류)들을 지배적인 동물로 만든 칙술루브와 같은 충돌이 중요했다는 사실을 부인하기 어렵다. 2013년 2월 15일 러시아 첼랴빈스크 상공에서 폭발한 운석과 같은 더 작은 충돌은 근처의 생명체에게는 중요했지만 지구 전체 규모에서 중요하지는 않았다. 밤마다 몇 개씩 보이는 유성과 같은 더 작은 충돌은 당연히 중요하지 않은 규모이다.

생명과 인간 영역의 우연성

우주와 지구의 영역이라는 무생물의 세계를 떠나 생명과 인간의 영역이라는 생명체의 세계로 문턱을 넘어오면 우연성은 더 만연하고 이해하기 어려워진다. 각각의 생명체가 자연에 의해 선택된 "주체"로서 영양분을 얻고 번식하기 때문에 상황은 훨씬 더 복잡해진다. 각 주체는 먹고, 먹히지 않으려고 다른 주체들과 경쟁한다. 진화가 진행되면서 이 두 가지 일에 대한 새로운 접근이 등장한다. 우연성의 기회는 많고 그 결과는 실제로 일어난 생명의 역사이다.

예는 얼마든지 있다. 약 5억 4000만 년 전 포식자인 삼엽충의 눈이 진화하자 먹이가 되는 많은 종은 단단한 보호 껍데기를 진화시켰고, 그 덕분에 화석 기록이 풍부해지기 시작했다. 새롭고 치명적인 박테리아의 등장은 흑사병을 일으켰고, 이는 중세 유럽의 역사를 완전히 바꾸어 놓았다.

더 좋은 예로, 우리가 두 팔과 두 다리를 갖고 있다는 사실에 대해 생각해 보면 좋을 것이다. 새를 제외하고는 두 다리로 걷는 동물은 거의 없다. 두 다리로 걷는 것은 아르디피테쿠스에서 오스트랄로피테쿠스와 호모에 이르기까지 중요한 진화적 발전이었고, 우리는 사지 중에서 두 개를 이용하여 걷게 됨으로써 두 손이 자유롭게 되고 인간의 핵심적 특징 중 하나인 도구를 만들고 사용할 수 있게 되었다. 우리의 사지는 약 3억 7000만 년 전 최초의 육상동물이 된 틱타알릭이나 아칸토스테가와 같이 지느러미를 네 개 가진 물고기들에게서 물려받은 것이다.**16** 만일 이 물고기들에게 지느러미가 여섯 개 있었다면 어떻게 되었을지 생각해 보자. 그러면 육상동물들이 네 다리로 걷고도 도구를 만들 수 있는 두 팔이 자유로워서 더 좋았을까? 인간처럼 지능이 있고 도구를 만드는 생명체가 켄타우루스와 비슷한 모습으로 지구에 훨씬 더 빨리 나타날 수도 있었을까?

인간 영역의 시작을 알리는 지능과 언어와 도구가 등장하자 우연성은 훨씬 더 광범위해졌다. 그 효과를 정량화하기는 쉽지 않지만 한번 생각해 보는 것은 재미있을 것이다. 예를 들어 사람을 제외한 생물 각 개체가 실험 대상이 될 수 있다. 개체의 유전자가 생존과 번식에 유리하다면 유전이 될 가능성이 높다. 각 세대가 이전 세대를 계승하는 데 걸리는 시간에 따라 유전적 우연성이 얼마나 빨리 축적되는지 한계가 정해진다.

우리 뇌는 가능한 미래에 대해서 사고실험을 할 수 있게 해준다. 예컨대 나는 자라서 음악가가 될까, 과학자가 될까, 아니면 은행 강도가 될까? 우리는 저마다 살아가면서 이와 같은 사고실험을 자주 한다. 그리고 어떤 사고실험을 실제 인생에서 수행하느냐에 따라 무수한 역사 경로 중 하나를 따라가는 데 엄청난 우연성이 개입한다. 아돌프 히틀러Adolf Hitler가 자신의 첫 직업이었던 예술가로 머물렀다면 20세기가 얼마나 달라졌을지 생각해 보라.

신경생리학자 윌리엄 캘빈William Calvin은 여러 시나리오를 구성하고 그중에서 선택을 하는 유사한 과정이 인간의 뇌에서 끊임없이 일어난다고 한다.**17** 캘빈에 따르면 빠르게 말하는 대화 중에도 뇌는 아마도 비슷한 상황의 경험에 기반하여 다음에 무슨 말을 할지 많은 가능성을 만들어 내고 선택을 한다는 것이다. 뇌는 대화 중에도 수많은 시나리오를 만들어 내는 능력을 가지고 있어, 이 때문에 번뜩이는 창조적인 아이디어나 평생을 후회할 말이 나오기도 한다. 많은 가능성을 만들어 내고 그중에서 선택하는 이런 기능을 가진 시스템을 다윈 기계라고 부른다.[18] 진화와 인간의 뇌는 모두 생명 역사와 인류사에서 수많은 우연한 경로를 만드는 데 중요한 역할을 하는 것으로 보인다.

인류사의 우연성: 스페인의 무적함대

우연성은 인류사 어디에나 있다. 나는 우연성이 훨씬 덜 명확한 분야에서 일하는 지질학자로서 우연성이 아주 재미있다는 사실을 발견했다. 빅 히스토리의 창시자 데이비드 크리스천은 인류학을 연구한 학자로서 우연성이 너무나 흔하기 때문에 자신의 흥미를 그다지 끌지 못한다고 말한 적이 있다. 그는 연속성을 찾아내는 것을 더 좋아한다. 인류사에 나타나는 우연성을 잠깐 맛만 보기 위해서 스페인과 영국의 역사에서 한 사건을 살펴보자. 여기에는 지질학도 연관되어 있다. 당신이 관심을 두는 어디에서도 이러한 극적인 역사의 우연성을 찾을 수 있을 것이다.

1588년 스페인은 유럽에서 가장 강했고 페루와 멕시코에서 매년 들여오는 엄청난 양의 은으로 구세계와 신세계 양쪽에서 거대한 제국을 형성하고 있었다. 이 엄청난 수입은 주로 프로테스탄트에 대항하는 종교전쟁을 수행하는 데 사용되었다. 프로테스탄트 국가인 영국에 특히 적대적이던 스페인의 강력한 왕 펠리페 2세는 거대한 함대(스페인의 무적함대)를 조직하여 영국을 강제로 가톨릭 국가로 되돌리기 위해서 영국해협을 건넜다.

　펠리페 2세의 계획에 어떤 우연성들이 있었을까? 펠리페 2세가 스페인의 왕이었다는 사실 자체가 극히 있을 법하지 않은 일이었다. 이는 나중에 그의 아버지 카를이 어떻게 왕이 되었는지 살펴볼 때 알 수 있을 것이다. 펠리페 2세가 독실한 가톨릭 신자로 자라지 않았다면 영국을 침략할 동기도 없었을 것이다. 그리고 영국해협이 없었다면 무적함대를 조직할 필요도 없었을 것이다. 16세기 스페인 군대는 유럽 최고였다. 어떤 군대도 스페인의 테르시오(tercio, 유럽을 석권했던 스페인의 방진—옮긴이)에 맞설 수 없었다. 영국이 섬이 아니라 반도였다면 펠리페 2세의 군대는 간단하게 영국으로 행진하여 점령할 수 있었을 것이다. 하지만 영국해협이 존재했고, 이 자연의 해자(성 주위에 둘러 판 못—옮긴이)는 영국을 중세부터 제2차 세계대전 때까지 보호해 주었다.

지질학자로서 당연히 영국해협이 왜 거기에 있는지 질문할 수 있다. 최근의 연구에 기반한 답은 대단히 흥미롭다. 홍적세 빙하기 중에는 지금은 도버해협이 있는 곳에 영국과 프랑스를 연결하는 산악지대가 있었다. 많은 물이 캐나다 빙하를 포함한 거대한 빙하에 갇혀 있었기 때문에 해수면은 지금보다 90 미터 정도 더 낮았다. 빙하가 스칸디나비아반도와 브리튼섬 대부분을 덮고 있었다. 빙하가 녹으면서 큰 호수가 만들어져 북쪽 빙하와 퇴적암층이 실제로 위로 휘어진 도버 산악지대 사이에 갇혔다. 어떤 시점에 호수의 수면이 도버 둑을 넘칠 정도로 높아져서 지질학자들이 대홍수megaflood라고 부르는 시기에 급격한 침식으로 거대한 틈이 만들어졌다. 이 대홍수가 있었다는 것은 400년 전에 제안되었지만,[19] 2007년이 되어서야 완전히 확인되었다.[20] 영국해협 바닥을 자세히 조사하여 대홍수에 의해 만들어진 이전 섬들의 형태를 발견했기 때문이다. 이것은 워싱턴주 중부에 있는 빙하에 의한 대홍수로 만들어진 틈새와 유사했다. 이것은 마지막 빙하기가 조금 덜 추웠다면 영국해협이 생기지 않았을 것이고, 그러면 펠리페 2세의 무적함대도 필요가 없었을 것이라는, 6장에서 본 스티븐 더치의 반사실적 역사 뒤에 숨어 있는 엄밀한 과학이다.

무적함대는 1588년 스페인에서 플랑드르로 가서 스페인 군대를 태우고 영국을 침공할 계획이었다. 하지만 (전쟁에서 흔히 있는 우연성인) 잘못된 소통과 오해로 인해 계획대로 진행되지 않았다. 무적함대는 칼레 앞의 영국해협에 닻을 내리고 군대를 기다렸다. 바람이 유리한 방향으로 부는 어느 날 밤, 영국군은 오래된 배 몇 척에 불을 붙이고는 한데 모여 있는 스페인 함대로 보냈다. 스페인 함대의 선장들은 모두 급히 움직여 그 배들과 충돌하여 불에 타는 것을 피했다. 하지만 그 혼란 속에서 무적함대가 흩어지는 바람에 영국 침공에 동원할 군대를 태울 수 없었다. 무적함대는 폭풍과 영국군의 공격, 그리고 전체적인 혼란 속에서 배와 선원을 많이 잃었다. 살아남은 배들은 어떻게든 영국제도 주변을 떠돌다 스페인으로 돌아가려 했다. 일부는 고향으로 돌아갔지만 영국을 침공할 기회는 놓쳤다. 어쩌면 우리는 작은 지질학적 우연성(특정한 날에 분 바람의 방향)이 영국이 프로테스탄트로 남게 되고 미국이 스페인어가 아니라 영어를 쓰는 사람들의 식민지가 된 것과 관련이 있다고 결론 내릴 수 있을 것이다. 하지만 바람이 어느 방향으로 부는지는 그날 밤이었기 때문에 역사에 중요한 것이었다. 우연한 사건은 분명 "결정적 시점critical juncture"이라고 부르는 때에 일어나야만 중요해진다.

우연성은 인류사 어디에나 있다. 우연한 지질학적 격변이

펠리페 2세에게 무적함대가 필요하게 된 해협을 만들었다. 독일에서 마르틴 루터Martin Luther가 만든 사상이 프로테스탄트 혁명을 일으켰고, 펠리페 2세의 인생에서 우연성에 기인한 생각과 믿음으로 무적함대가 조직되었고, 전투에서 발생한 사고로 배들이 군대를 태우기 위해 기다리고 있었고, 우연한 바람의 방향이 영국군이 불을 이용하여 공격을 할 수 있게 만들었다. 하지만 펠리페 2세가 애초에 이 사건을 시작하게 만든 우연은 무엇일까? 마지막 두 절에서는 펠리페 2세와 우리 모든 인간이 만나게 되는 놀랍도록 작지만 엄청난 우연성들을 살펴보겠다.

우리 인생에서의 우연성

우리 인생에는 연속성이 있다. 나이가 드는 것과 밤과 낮, 계절의 변화와 같은 순환이 있다. 하지만 우리 인생은 우연성의 바다에 빠져 있기도 하다. 사고, 건강 문제, 싸움이나 우정, 혹은 사랑으로 이어지는 만남 등. 우리의 존재 자체가 완전한 우연이고, 믿을 수 없을 정도로 있을 법하지 않다. 우리는 이것을 어떻게 펠리페 2세가 태어나 왕이 되었는가에서 볼 수 있다. 이것은 우리 모두의 가계도에서 볼 수 있는 우연성들이다.

펠리페 2세는 한 세대 전에 있었던 놀라운 우연 때문에 무적함대 시기에 스페인의 왕이 되었다. 그의 아버지 대제 카를 5세 역시 스페인의 왕이었다. 1516년에 스페인의 왕이 되고 1519년에 신성로마제국의 황제가 된 카를은 훌륭한 유산을 물려받았다. 유럽의 상당 부분과 새로 발견한 아메리카에 걸친 제국이었다. 하지만 불과 몇년 전만 해도 그가 다른 곳은 고사하고 스페인의 왕위라도 물려받을 것이라고는 아무도 예상하지 못했다. 카를의 스페인 왕위는 콜럼버스의 후원자인 페르디난트Ferdinand와 이사벨Isabel의 셋째 아이이자 카를의 어머니인 후아나Juana에서 온 것이다. 왕관은 페르디난트와 이사벨의 유일한 아들인 후안Juan 왕자에게 가야 했지만 그는 열아홉 살의 나이로 사망했고, 그의 유일한 아이는 유산되었다. 다음 차례는 딸인 이사벨이었는데 그녀는 첫아이를 낳다가 사망했고 그 아이도 어려서 사망했다. 그래서 후아나가 여왕이 되었고, 아들 카를은 앞의 네 번의 때 이른 사망 덕분에 왕이 되었다. 출산 중 사망 위험이 높은 시대이기는 했지만 카를의 왕위 등극은 놀라운 일이었다. 카를이 그 힘이 정점에 오른 스페인 왕좌에 앉고 그의 아들인 펠리페가 이어받은 것은 이런 우연성들의 결과였다.

펠리페 2세의 우연한 왕위 계승과 그의 무적함대의 우연한 운명은 세계 역사에 엄청난 결과를 가져왔다. 모든 사람이 그 정도로 중요하지는 않지만 우리가 존재한다는 사실 자체도 대단한 우연이다. 한두 세대만 과거로 돌아가더라도 우리 각자가 태어날 가능성은 극히 줄어든다. 우리의 존재 자체만도 세 가지 우연을 필요로 한다. 당신이 일란성쌍둥이가 아니라면 당신의 유전자와 똑같은 누군가가 태어나는 사건은 유일하고, 예측 불가능하며, 적어도 가족과 친구들 사이에서는 중요하다. 개개인의 희귀성과 낮은 가능성은 적어도 대략적으로는 정량화할 수 있다. 우리의 희박한 가능성을 계산하면서 우리가 가진 가장 심오한 질문에 대한 통찰을 얻을 수 있다. 인간이 처한 현실 중에서 이것이 논의되는 것을 한번도 본 적이 없는데, 이는 인간 현실에 대한 책을 마무리하기 좋은 방법이다.

나의 증조부 루이 페르난데스 알바레스Luis Fernández Álvarez는 일곱 살의 나이에 형과 함께 스페인에서 쿠바로 이민을 갔다. 빌바오에서 아버지가 발코니에서 추락하여 돌아가시고 어머니는 이미 돌아가셨기 때문이다. 그분은 결국에는 하와이와 캘리포니아에서 의사로 생활하셨다. 나는 고조부의 갑작스러운 죽음을 생각할 때마다 마음이 아프지만 그 우연한 사건이 없었다면 증조부는 아마도 절대 스페인을 떠나지 않았을 것이고, 우리 가족이 캘리포니아에 살지도 않았을 것이며, 나도

○ 10-2
나의 증조부인 루이 페르난데스 알바레스(1853~1937). 어머니와 아버지가 차례로 돌아가신 후 어릴 때 스페인을 떠났다. 그가 어릴 때 부모님을 잃지 않았더라면 나는 존재하지 않았을 것이다.

존재하지 않았다는 사실을 깨달았다.

사람들과 이런 이야기를 하면 가끔 그들을 그곳에 있게 한 너무나 놀라운 우연성에 대한 이야기들을 듣게 된다. 루디 살처Rudy Saltzer는 내 친한 친구이고 훌륭한 합창단 지휘자이다. 다음은 루디의 이야기이이다. 그의 아버지는 제1차 세계대전 때 러시아 군대의 군인이었다. 그는 밤새 보초를 선 다음 날 밤에도 아픈 친구를 대신해 자원하여 보초를 서다가 잠이 들었다. 중대한 잘못이었다. 그가 감옥에 갇혔을 때 마침 부대 지휘관과 부대를 방문한 장교가 부대 조사를 위해 순방하고 있었다. 조사관이 감옥에 있는 루디의 아버지를 보고 이유를 물었다. 지휘관은 그가 보초를 서던 중에 잠이 들었기 때문에 다음 날 아침에 총살할 것이라고 대답했다. 조사관은 안타깝기는 하지만 필요한 조치에 동의하고는 그가 훌륭한 군인이었는지 물었다. 지휘관은 그가 이번 일만 제외하고는 훌륭한 군인이었다고 대답했다. 그리고 그는 루디의 아버지에 대해 흔치 않은 한마디를 덧붙였다. 그가 유대인이라는 것이었다. 조사관이 잠시 생각한 후 말했다. "오늘밤이 유대인들에게는 특별한 밤이 아닌가? 속죄일Yom Kippur이던가?" 지휘관은 그렇다고 대답했다. 그도 그날에 대해서 들어 본 적이 있었다. 그러자 조사관이 말했다. "그는 훌륭한 군인이었고 오늘은 유대인들에게 특별한 날이니까 이번 한 번만 그를 용서해 주면 어떻겠는가?" 몇 년 후 루디의 부모는 이민을 갔고 루디는 로스엔젤레스에서 태어났다.

항상 루디의 경우처럼 극적이지는 않겠지만 우리 모두는 우리를 여기 있게 한 우연성들을 가지고 있다. 당신의 부모님, 조부모님, 그리고 수천만 년에 걸친 모든 조상이 만나서 아이를 낳고, 그것도 당신의 조상이 될 아이를 낳고 결국에는 당신을 낳게 될 확률을 생각해 보라! 빌 브라이슨Bill Bryson은 그의 멋진 빅 히스토리 이야기를 바로 이 지점에서 시작한다. 우리는 모두 거의 믿을 수 없을 정도로 있을 법하지 않은 존재이다.[21] 그렇다면 우리는 얼마나 있을 법하지 않을까?

우리는 얼마나 있을 법하지 않을까?

우리가 얼마나 희박한 가능성으로 존재하는지 생각해 볼 수 있는 방법이 두 가지 있다. 첫 번째 방법은 당신의 가계도를 생각하는 것이다. 부모님 두 분, 조부모님 네 분, 증조부님 여덟 분. 한 세대 과거로 갈 때마다 두 배로 늘어난다. 열 세대 과거로 가면 약 1000분의 조상이 있고, 20세대는 100만, 30세대로 가면 10억, 그렇게 계속 이어진다. 실제로는 100만 명의 **조상들**이라고 해서는 안 되고 100만 개의 칸이라고 해야 한다. 당신은 특정한 개인의 후손이기 때문이다. 이것은 르네상스 이전으로 가면 당신의 가계도에는 당시에 살았던 사람보다 더 많은(훨씬 더 많은) 칸들이 만들어질 것이기 때문에 바로 알 수 있다. 족보에 관심이 있는 사람도 몇 세대보다 더 오래된 과거로는 완전한 가계도를 만들지 않는 것이 당연하다!

핵심은 이렇다. 아이의 성은 정자가 X나 Y 염색체 중에서 어떤 것을 전달하느냐에 따라 수정이 될 때 무작위로 결정된다. 만일 약 10억 년 전 다세포생물이 처음 생길 때 무수히 많은 칸에 있는 당신의 조상들 중에서 단 하나만이라도 반대의 성을 가지고 있었다면 그 개체는 그 칸을 차지할 수 없고 당신도 존재할 수 없다. 이것은 우리의 존재 자체가 생명이 시작될 때로 거슬러 올라가는 가장 미미한 가능성에 달려 있고, 우리의 탄생은 우연성의 결과라는 사실을 분명하게 보여 준다. 누구는 여기에서 두려움마저 느끼고 누구는 이것을 보며 자기가 정말 특별한 존재라고 깨닫는다.

이제 우리가 얼마나 있을 법한지(혹은 있을 법하지 않은지) 대략적으로 측정할 수 있는 두 번째 방법을 살펴보자. 다음 세대에 전 세계에서 얼마나 많은 사람이 태어날지 계산해 보면 약 10억 정도, 10^9이 된다. 그 세대에 **태어날 수도 있었던** 사람의 수, 그러니까 난자와 정자의 수를 고려하여 계산해 보면 아주 대략적이지만 10^{25} 정도가 된다.**22**

이 숫자들은 무엇을 의미할까? 10^{25}은 10^9보다 충분히 커 보일까? 대부분의 사람들은 지수로 표현된 숫자들의 실제 의미를 잘 생각하지 않는다. 그래서 이것을 시각화할 수 있는 방법을 소개하겠다. 손으로 깨끗한 모래를 쥔다면 10^9개는 두 주먹 정도가 되지만 10^{25}개로는 그랜드캐니언 열 개를 채울 수 있다! 오늘날 살아 있는 사람들은 실제로 태어난 두 주먹 정도 되는 모래알 수이고, 그랜드캐니언 열 개를 채우는 모래알 수는 태어날 수도 있었지만 태어나지는 못한 모든 사람의 수이다.

여러 세대를 고려하면 더 심해진다. 두 세대 전으로 가면 태어날 수도 있었던 사람의 수는 10^{50}이 되고, 세 세대 전으로 가면 10^{75}, 네 세대 전으로 가면 10^{100}이 된다. 이것은 천문학적인 숫자처럼 보이겠지만 사실은 그렇지 않다. 이것은 … **엄청난** 천문학적인 숫자이다! 10^{100}은 관측 가능한 우주에 있는 모든 기본 입자의 수(약 10^{80})보다 훨씬, 훨씬 더 큰 수이다. 10^{100}을 실제로 써 놓고 보면 이것이 얼마나 큰 수인지 알 수 있을 것이다.[23]

10,000,000,000,000,000,000,000,000,000,000,000,000,0
00,000,000,000,000,000,000,000,000,000,000,000,000,0
00,000,000,000,000,000.

이것은 우리의 증조부들이 **그들의** 아이를 낳을 때 우리 세대에 태어날 수도 있었던 사람들의 수이다. 우리는 그중에서 **실제로** 태어난 사람들이다. 결국 우리 모두, 그리고 우리가 만나는 사람들 모두는 가장 엄혹한 확률 게임의 승자라고 결론 내릴 수밖에 없다. 우리는 모두 엄청난 천문학적인 확률의 승자이다!

약 140억 년의 우주 역사, 40억 년이 넘는 지구와 생명의 역사, 수백만 년의 인류사, 이 모두는 자연의 지배를 받지만 무수한 우연성 때문에 완전히 예측 불가능하게 작동했고, 그 역사가 우리가 살고 있는 인간 현실을 만들었다. 우리는 이 세계와 이 현실을 물려받은 몇 안 되는 행운의 존재들이다. 그리고 우리의 행동은 아직 열리지 않은 빅 히스토리 여정의 다음 장에 영향을 줄 것이다.

심화 자료

빅 히스토리와 그 구성 분야를 더 깊이 이해하고 싶은 분들이 관심을 가질 만한 거리가 많다. 나에게 영향을 준 책과 자료를 소개한다.

빅 히스토리 일반

훌륭한 작가가 쓴 빅 히스토리에 대한 좋은 개론서로, 빌 브라이슨의 2003년 베스트셀러 『거의 모든 것의 역사』(까치, 2003)가 있다. 과학의 여러 분야를 다룬 책이다.

또, 프레트 스피르가 쓴 두 권의 책은 빅 히스토리의 본질을 심오하면서도 간결하게 다루고 있어 입문서로 좋다. Fred Spier, *The structure of Big History*(Amsterdam: Asterdam University Press, 1996); *Big History and the future of humanity*(Chichester: John Wiley and Sons, 2010).

빅 히스토리의 창시자 데이비드 크리스천의 책으로 과거에 일어난 모든 일에 대해 길게 설명한 책과 빅 히스토리에 대한 간단한 요약본이 있다. David Christian, *Maps of time: An introduction to Big History*(Berkeley: University of California Press, 2004); *This fleeting world: A short history of humanity*(Great Barrington, Mass.: Berkshire, 2008). 신시아 브라운 역시 과거의 전체 역사에 대한 책을 썼다. Cynthia Brown, *Big History: from the Big Bang to the present*(New York: New Press, 2007).

데이비드 크리스천, 신시아 브라운, 크레이그 벤저민Craig Benjamin은 최초로 빅 히스토리 교과서를 썼다. David Christian · Cythia Brown · Craig Berjamin, *Big History: Between nothing and everything*(New York: McGraw Hill, 2014).

칼 세이건의 『코스모스』(사이언스북스, 2006)는 아마도 빅 히스토리의 모태라고 할 수 있을 것이다. 인터넷에서 TV 프로그램으로도 볼 수 있다.

빅 히스토리에 대한 이해의 향상은 빅 히스토리를 이루는 네 가지 영역에서 사건의 시기를 두루 알 수 있게 된 것과 밀접하게 연관되어 있다. 가장 중요한 연대 측정 방법을 잘 설명한 책이 매튜 헤드만Matthew Hedman이 2007년에 출간한 『모든 것의 나이』(살림출판사, 2010)이다.

러시아-미국 팀은 빅 히스토리에 관한 기사 모음을 펴냈다. L. E. Grinin · A. V. Korotayev · B. H. Rodrigue, *Evolution: A Big History perspective*(Volgograd, Russia: Uchitel Publishing House, 2011); B. H. Rodrigue · L. E. Grinin · A. V. Korotayev, *From Big Bang to galactic civilizations: A Big History anthology*, v. 1. *Our place in the universe-An introduction to Big History*(Delhi: Primus Books, 2011)(계속 발간).

고인류학자 캐시 시크와 닉 토스는 빅뱅에서 월드와이드웹까지 안내하는 웹사이트를 만들었다. *From the Big Bang to the World Wide Web* http://www.bigbangtowww.org.

국제 빅 히스토리 협회International Big History Association에서는 콘퍼런스를 개최하고 월간 뉴스레터를 발간한다. 새 회원을 모집하고 있다. http://www.bigbangtowww.org.

데이비드 크리스천과 빌 게이츠가 이끄는 빅 히스토리 프로젝트Big History Project는 과거의 모든 면에 대해 많은 양의 정보를 구축했다. https://www.bighistoryproject.com/home.

빅 히스토리에 대한 나와 데이비드 크리스천, 그 외 빅 히스토리 연구자들의 강의는 유튜브에서 찾아볼 수 있다.

우주

다음 웹사이트에는 멋진 우주 사진이 날마다 새로 올라온다. *Astronomy Picture of the Day* https://apod.nasa.gov/apod/astropix.html.

빅뱅에 관한 책 중 내가 가장 좋아하는 것은 급팽창 이론을 발견한 앨런 구스의 저작이다. Alan Guth, *The inflationary universe*(New York: Vintage, 1997). 스티븐 와인버그의 책도 빅뱅에 관한 좋은 입문서이다. Steven Weinberg, *The first three minutes: A modern view of the origin of the universe*(New York: Basic Books, 1993). 조지 스무트와 키 데이비드슨이 쓴 책에는 우주배경복사의 구조가 상세히 설명되어 있다. George Smoot · Keay Davidson, *Wrinkles in time*(New York: Morrow, 1993).

리사 랜들은 암흑물질의 성질과 그것을 발견하기 어려운 이유를 자세하게 설명하면서 암흑물질이 대멸종과 연관되었을 가능성도 제안한다. Lisa Randall, *Dark matter and the dinosaurs*(New York: HarperCollins, 2015). 사실 그녀의 모든 책은 우주와 우주의 역사를 더 깊이 이해하는 데 훌륭한 안내서이다. *Warped Passages*(2005), *Knocking on Heaven's Door*(2011), *Higgs*

Discovery(2012), *Dark Matter and the Dinosaurs*(2015) 최신 천문학을 재미있게 다룬 애나 프레벨의 책 역시 가장 오래된 별을 찾는 과정을 설명하고 있다. Anna Frebel, *Searching for the oldest stars: Ancient relics from the early universe*(Princeton: Princeton University Press, 2015).

우주론에서 핵심이 되는 질문은 왜 우주가 이렇게 작동하고 자연의 수학법칙이 언제 어떻게 우주에 적용되었는가 하는 것이다. 마틴 리스는 이 질문에 대답하면서 다중우주의 개념을 지지하는 재미있고 영향력 있는 책을 썼다. Martin Rees, *Just six numbers: The deep forces that shape the universe*(New York: Basic Books, 2003). 폴 데이비스는 우주론의 가장 심오한 질문에 대한 책 몇 권을 썼다. Paul Davies, *God and the new physics*(New York: Simon and Schuster, 1983); *The cosmic blueprint: New discoveries in nature's creative ability to order the universe*(New York: Simon and Schuster, 1988); *The mind of God: The scientific basis for a rational world*(New York: Simon and Schuster, 1992); *The cosmic jackpot: Why our universe is just right for life*(Boston: Houghton Mifflin, 2007).

티머시 페리스는 천문학에 대한 재미있는 관점을 제시했다. Timothy Ferris, *Coming of age in the Milky Way*(New York: Morrow, 1988); *The mind's sky: Human intelligence in a cosmic context*(New York: Bantam, 1992). 코페르니쿠스 혁명에 대한 고전적인 연구로는 토머스 쿤이 쓴 책이 있다. *Thomas Kuhn, The Copernican Revolution*(Cambridge, Mass.: Harvard University Press, 1957). 잭 렙체크는 코페르니쿠스에 관한 짧으면서도 훌륭한 전기를 썼다. Jack Repcheck, *Copernicus's secret: How the scientific revolution began*(New York: Simon and Schuster, 2007). 뉴턴에 대해서는 제임스 글릭이 썼다. James Gleick, *Isaac Newton*(New York: Pantheon, 2003).

제이 파사초프와 알렉스 필리펜코의 책은 훌륭한 천문학 교과서이다. Jay Pasachoff·Alex Filippenko, *The Cosmos*(Belmont Calif.: Brooks/Cole, 2007).

지구

오늘의 지구 사진을 볼 수 있는 웹사이트가 있다. http://epod.usra.edu

프레스턴 클라우드는 빅 히스토리라고 할 수 있는 넓은 관점으로 지구 역사를 쓴 최초의 이름난 지질학자이다. Preston Cloud, *Cosmos, Earth, and man: A short history of the universe*(New Haven: Yale University Press, 1978); *Oasis in space: Earth history from the beginning*(New York: W. W. Norton, 1988). 비슷한 접근을 한 사람으로 체사레 에밀리아니가 있다. Cesare

Emiliani, *Planet Earth: Cosmology, geology, and the evolution of life and environment* (Cambridge: Cambridge University Press, 1992).

나의 전작 두 권은 지구 역사를 좀 더 넓은 빅 히스토리 관점에서 보고 쓴 것이다. Walter Alvarez, *T. rex and the Crater of Doom* (Princeton: Princeton University Press, 1997); *The Mountains of Saint Francis* (New York: W. W. Norton, 2009).

훌륭한 작가인 존 맥피는 지질학과 지질학자들에 대한 책을 다섯 권 썼고, 그 것은 한 권으로 묶여 있다. John McPhee, *Annals of the former world* (New York: Farrar, Straus and Giroux, 1998). 지질학자인 마르시아 비오르네루드는 지구 연구에 대한 훌륭한 연구를 보여 준다. Marcia Bjornerud, *Reading the rocks: The autobiography of the Earth* (Cambridge, Mass.: Westview Press, 2005).

세 명의 선구적인 지질학자 니콜라우스 스테노Nicolaus Steno, 제임스 허튼 James Hutton, 윌리엄 스미스William Smith에 대한 짧은 전기들은 지구의 역사가 길다는 것과 그것이 암석에 기록되어 있다는 사실을 과학자들이 어떻게 알게 되었는지 이해하는 데 도움을 준다. Alan Cutler, *The seashell on the mountaintop: A story of science, sainthood, and the humble genius who discovered a new history of the Earth* (New York: Dutton, 2003); Jack Repcheck, *The man who found time* (Cambridge, Mass.: Perseus, 2003); Simon Winchester, *The map that changed the world: William Smith and the birth of modern geology* (New York: HarperCollins, 2001).

어떻게 지구가 생명체가 살 수 있도록 진화했는지는 찰스 랑미르와 월리 브로에커가 쓴 책에 설명되어 있다. Charles Langmuir·Wally Broecker, *How to build a habitable planet: The story of Earth from the Big Bang to humankind* (Princeton: Princeton University Press, 2012). 조서넌 루닌의 책 역시 그런 접근법을 취한다. Jonathan Lunine, *Earth: Evolution of a habitable world*, 2nd edition (Cambridge: Cambridge University Press, 2013). 지구 역사에 대한 좀 더 기술적인 접근은 켄트 콘디의 책을 참고하라. Kent Condie, *Earth as an evolving system* (Amsterdam: Elsevier, 2005).

브렌트 달림플은 지질학자들이 지구의 과거 사건에 대한 연대를 측정하는 방법을 자세히 설명한다. Brent Dalrymple, *The age of the Earth* (Stanford, Calif.: Stanford University Press, 1991).

안데스산맥과 아펜니노산맥의 지질학적 역사는 사이먼 램의 책과 내 저작에 나온다. Simon Lamb, *Devil in the mountain: A search for the origin of the Andes* (Princeton: Princeton University Press, 2004); Walter Alvarez, *The Mountains of Saint Francis* (New York: W. W. Norton, 2009)

'길가의 지질학' 시리즈를 포함해, 미국 몇몇 주와 특정 지역의 지질학에 관한 책들을 볼 수 있다. *Mountain Press of Missoula, Montana* http://mountain-press.com.

기후변화에 직면한 오늘날에 아주 중요한 기후 역사에 관한 재미있는 설명은 다음 책들에 있다. Brian Fagan, *Floods, famines, and emperors: El Niño and the fate of civilization*(New York: Basic Books, 1999): *The great warming: Climate change and the rise and fall of civilizations*(New York: Bloomsbury Press, 2008): Richard Muller·Gordon MacDonald, *Ice ages and astronomical causes*(New York: Springer, 2000): Lynn Ingram·Frances Malamud-Roam, *The West without water: What past floods, droughts, and other climatic clues tell us about tomorrow*(Oakland: University of California Press, 2013).

내가 가장 좋아하는 지질학 교과서는 스티븐 마샥의 책으로, 긴 것과 좀 더 짧은 것이 있다. Stephen Marshak, *Earth: Portrait of a planet*, 5th edition(New York: W. W. Norton, 2015): *Essentials of geology*, 5th edition(New York: W. W. Norton, 2016).

생명

다행히도 고생물학에 대해서는 이 분야의 최고 과학자들이 쓴 훌륭한 책들이 있다. 가장 오래된 화석을 찾는 어려움은 앤디 놀이 설명한다. Andrew H. Knoll, *Life on a young planet: The first three billion years of evolution on Earth*(Princeton: Princeton University Press, 2003). 리처드 포티의 책도 있다. Richard Fortey, *Trilobite: Eyewitness to evolution*(New York: Vintage, 2001). 물고기에서 육상동물로 옮겨가는 화석 발견에 대해서는 닐 슈빈이 알려준다. Neil Shubin, *Your inner fish: A journey into the 3.5-billion-year history of the human body*(New York: Random House, 2008). 공룡에 관한 많은 책 중 하나는 마이클 노바체크가 썼다. Michael Novacek, *Time traveler: In search of dinosaurs and other fossils from Montana to Mongolia*(New York: Farrar, Straus and Giroux, 2003). 생명 역사 전 분야에 대한 설명으로는 다음 책이 있다. Don Prothero, *Evolution: What the fossils say and why it matters*(New York: Columbia University Press, 2007): Nick Lane, *Life ascending: The ten great inventions of evolution*(New York: W. W. Norton, 2009).

대멸종에 관한 의문을 다루는 책이 많다. 공룡을 절멸한 6600만 년 전의 멸종은 다음 책들에서 논의된다. Dave Raup, *Extinction: Bad genes or bad luck?*(New York: W. W. Norton, 1981): John Noble Wilford, *The riddle* of the dinosaur(New York: Knopf, 1985); Kenneth Hsü, *The great dying: Cosmic catastrophe, dinosaurs, and the theory of evolution*(San Diego: Harcourt Brace Jovanovich, 1986); Richard Muller, *Nemesis, the death star: The story of a scientific revolution*(New York: Weidenfeld and Nicolson, 1988); Bill Glen, *The mass-extinction debates: How science works in a crisis*(Stanford, Calif.: Stanford University Press, 1994); James Powell, *Night comes to the Cretaceous*(New York: W. H. Freeman, 1998); Walter Alvarez, *T. rex and the Crater of Doom*(Princeton: Princeton University Press, 1997); Charles Frankel, *The end of the dinosaurs: hicxulub Crater and mass extinctions*(translation from the French)(Cambridge: Cambridge University Press, 1999).

2억 5200만 년 전 페름기 말에 있었던 훨씬 더 큰 규모의 대멸종은 다음 책들에서 다룬다. Michael Benton, *When life nearly died: The greatest mass extinction of all time*(London: Thames and Hudson, 2003); Peter Ward, *Gorgon: Paleontology, obsession, and the greatest catastrophe in Earth's history*(New York: Viking, 2004). 오늘날, 주로 인간 활동 때문에 일어나고 있는 대멸종이 주제인 책 두 권을 소개한다. Tony Barnosky, *Dodging extinction: Power, food, money, and the future of life on Earth*(Oakland: University of California Press, 2014); Elizabeth Kolbert, *The sixth extinction: An unnatural history*(New York: Holt, 2014).

생명 역사를 연구하는 도구가 고생물학에서 분자유전학으로 바뀌고 있는데, 분자유전학은 새로운 분야여서 관련 책을 찾기 힘들다. 분자유전학은 종들 간의 진화적 관계를 결정하기에, 말하자면 생명의 나무를 정확하게 그리는 데 아주 좋다. 이는 조엘 크라크라프트와 마이클 도노휴의 목표이기도 하다. Joel Cracraft·Michael Donoghue, eds., *Assembling the tree of life*(Oxford: Oxford University Press, 2004). 더 깊이 들어가서 생명의 나무에 연대를 붙이고 싶다면 유전자 변화 비율을 추정해야 한다. 그것을 시도하는 책이 있다. Blair Hedges·Sudhir Kumar, eds., *The timetree of life*(Oxford: Oxford University Press, 2009). 진화발생학은 분자유전학과 고생물학을 연결하여 생명 역사에서 DNA에 암호화된 단백질이 어떻게 동식물의 형태로 나타나는지 조사하는 것이다. 숀 캐럴의 책은 이 주제에 대한 훌륭한 소개서이다. Sean Carroll, *Endless forms most beautiful: The new science of evo devo and the making of the animal kingdom*(New York: W. W. Norton, 2005).

고생물학과 생명 역사를 다룬 훌륭한 교과서로는 리처드 카우언의 책이 있다. Richard Cowen, *History of life*, 5th edition(Hoboken, NJ: Wiley, 2013).

인류

유발 하라리의 『사피엔스』(김영사, 2015)는 우리 종과 우리 종의 역사에 대해서 당신이 생각하는 방식을 완전히 바꾸어 놓을 수 있는 놀라운 통찰로 가득 찬 훌륭한 인류 보고서이다.

글자의 발명은 인류사를 두 부분으로 나눈다. 고대사는 대체로 고고학자와 인류학자의 영역이다. 초기 인류 화석을 찾는 고인류학자들의 연구에 대해서는 1981년에 메이틀랜드 에디와 함께 쓴 도널드 조핸슨의 고전 『최초의 인간 루시』(푸른숲, 1996)를 보라. 이 주제를 다룬 책으로 두 권이 더 있다. Carl Swisher·Garniss Curtis·Roger Lewin, *Java Man: How two geologists' dramatic discoveries changed our understanding of the evolutionary path to modern humans*(New York: Scribner, 2000); Roger Lewin, *Bones of contention: Controversies in the search for human origins*(New York: Simon and Schuster, 1987).

석기에 대한 최고의 연구자들인 캐시 시크와 닉 토스가 석기를 주제로 책을 썼다. Kathy Schick·Nick Toth, *Making silent stones speak*(New York: Simon and Schuster, 1993).

니컬러스 웨이드는 선사시대를 좀 더 일반적인 관점에서 특히 잘 다룬 책을 썼다. Nicholas Wade, *Before the dawn*(London: Penguin, 2006). 콜린 렌프루의 책도 유용하다. Colin Renfrew, *Prehistory: The making of the human mind*(New York: The Modern Library, 2007). 불을 다루게 된 과정에 대한 깊이 있는 연구는 요한 하우드스블롬의 책을 보라. Johan Goudsblom, *Fire and civilization*(London: Penguin, 1992). 분자유전학에 기반하여 인류의 이동을 간략하게 소개한 것으로는 스펜서 웰스가 쓴 책이 있다. Spencer Wells, *Deep ancestry*(Washington, D.C.: National Geographic Society, 2007).

유용한 교과서로 두 권이 있다. Richard Klein, *The human career: Human biological and cultural origins*(Chicago: University of Chicago Press, 2009); Chris Scarre, *The human past: World prehistory and the development of human societies*, 2nd edition(London: Thames and Hudson, 2009).

글자가 등장하면서 인류사에 대한 우리 지식은 성격이 달라지고 훨씬 더 정교해진다. 기록 역사에 대한 많은 연구는 전문화되었고 특정한 집단과 시기에 초점을 맞춘다. '세계사'는 인류의 과거를 더 폭넓게 이해하려는 노력이고, 패트릭 매닝의 책은 이 분야에 대한 개론서이다. Patrick Manning, *Navigating world history: Historians create a global past*(New York: Palgrave Macmillan, 2003).

세계사에 관한 책은 많이 있다. 그중에서 단순히 사건을 열거하기보다 맥락을 찾고 깊이 있는 이해를 추구하는 책을 소개한다. John McNeill·William McNeill, *The human web: A bird's-eye view of world history*(New York: W. W. Norton, 2003); William McNeill, *The rise of the West*(Chicago: University of Chicago Press, 1963); *The global condition: Conquerers, catastrophes, and community*(Princeton: Princeton University Press, 1992); William Ruddiman, *Plows, plagues, and petroleum: How humans took control of climate*(Princeton: Princeton University Press, 2005); Paul Colinvaux, *The fates of nations: A biological theory of history*(New York: Simon and Schuster, 1980); Steven Pinker, *The better angels of our nature: Why violence has declined*(New York: Viking, 2011); Daron Acemoglu·James A. Robinson, *Why nations fail: The origins of power, prosperity and poverty*(New York: Crown Publishers, 2012).

역사의 특징

스티븐 제이 굴드의 지질학 역사 연구는 연속성과 우연성에 대하여 생각하게 해 주었다. Steven Jay Gould, *Time's arrow, time's cycle: Myth and metaphor in the discovery of geological time*(Cambridge, Mass.: Harvard University Press, 1987). 복잡성과 카오스이론, 그리고 그와 연관된 우연성에 대한 자료가 많은데 다음 책들은 입문서로 적절하다. James Gleick, *Chaos: Making a new science*(New York: Viking, 1987); Mitchell Waldrop, *Complexity: The emerging science at the edge of order and chaos*(New York: Simon and Schuster, 1992); John Briggs·David Peat, *Turbulent mirror: An illustrated guide to chaos theory and the science of wholeness*(New York: Harper and Row, 1989).

카오스이론을 선구적으로 연구한 과학자들의 자세한 자료로는 다음 책들을 보라. Benoit Mandelbrot, *The fractal geometry of nature*(New York: W. H. Freeman, 1983); Ilya Prigogine·Isabelle Stengers, *Order out of chaos: Man's new dialogue with nature*(Toronto: Bantam, 1984); Edward Lorenz, *The essence of chaos*(Seattle: University of Washington Press, 1993).

존 루이스 가디스는 역사학자들이 어떻게 연구하고 그들이 이해하고자 하는 역사의 특징이 무엇인지를 책으로 썼다. John Lewis Gaddis, *The landscape of history: How historians map the past*(Oxford: Oxford University Press, 2002). 이 책의 6장에는 우연성에 대해 특히 잘 논의되어 있다.

반사실적 역사는 우연성에 대해 생각해 보기 좋은 것이다. 군사적 상황에 초점을 맞춘 것으로 로버트 카울리가 저술한 책이 두 권 있다. Robert Cowley, *What if? The world's foremost military historians imagine what might have been*(New York: Berkley Books, 1999); *More what if? Eminent historians imagine what might have been*(New York: Putnam, 2001). 닐 코민스는 빅 히스토리로 더 멀리 거슬러 올라가는 책을 두 권 썼다. Neil Comins, *What if the moon didn't exist? Voyages to Earths that might have been*(New York: HarperCollins, 1993); *What if the earth had two moons?*(New York: St. Martin's Press, 2010).

마지막으로, 긴 시간의 행렬 속에 묻혀 있는 빅 히스토리에서 인간이 처한 상황의 중요하면서도 미스터리한 특징에 관한 재미있는 책 몇 권을 소개한다. Alan Lightman, *Einstein's dreams*(New York: Warner Books, 1993); Richard Morris, *Time's arrows: Scientific attitudes toward time*(New York: Simon and Schuster,1985); James Ogg · Gabi Ogg · Felix Gradstein, *The concise geologic time scale*(Cambridge: Cambridge University Press, 2008); Sean Carroll, *From eternity to here: The quest for the ultimate theory of time*(New York: Penguin, 2010); Claudia Hammond, *Time warped: Unlocking the mysteries of time perception*(New York: Harper, 2013); Richard A. Muller, *Now: the physics of time*(New York: W. W. Norton, 2016).

도판 목록

1-1 Photo by the author.

1-2 NASA http://www.nasa.gov/sites/default/files/images/712129main_824797 5848_88635d38a1_o.jpg.

2-1 **Top**: Hubble Heritage Team (AURA/ STScI/ NASA), http://apod.nasa.gov/ apod/ap010520.html. **Middle**: NASA, ESA, Hubble Heritage Team (STScI/ AURA), and W. P. Blair (JHU) et al., http://apod.nasa.gov/apod/ap140128. html. **Bottom**: NASA, ESA, G. Illingworth (UCO/Lick & UCSC), R. Bouwens (UCO/ Lick & Leiden U.), and the HUDF09 Team, http://apod. nasa.gov/apod/ap091209.html.

2-2 Photograph by Margaret Harwood, courtesy AIP Emilio Segre Visual Archives.

2-3 SOHO-EIT Consortium, ESA, NASA, http://apod.nasa.gov/apod/ap101018. html.

2-4 NASA, ESA, J. Hester, A. Loll (ASU); Acknowledgment: Davide De Martin (Skyfactory), http://apod.nasa.gov/apod/ap111225.html.

2-5 NASA, ESA, Hubble Heritage (STScI/AURA)/Hubble-Europe Collaboration. Acknowledgment: D. Padgett (GSFC), T. Megeath (University of Toledo), B. Reipurth (University of Hawaii), http://apod.nasa.gov/apod/ap151218. html.

2-6 NASA, ESA, N. Smith (University of California, Berkeley) et al., and the Hubble Heritage Team (STScI/AURA), http://apod.nasa.gov/apod/ ap070425.html. A wonderful zoomable, color image of the Carina Nebula by Nathan Smith at University of California, Berkeley, can be explored at http://hubblesite.org/newscenter/ archive/releases/2007/16/image/a/ format/zoom/.

3-1 Photo by the author.

3-2 atellite image from U.S. Geological Survey Department of the Interior/ USGS, annotated by the author.

3-3 Photo by Prof. Lung S. Chan, University of Hong Kong.

3-4 Photo by the U.S. Geological Survey, http://volcanoes.usgs .gov/vsc/ images/image_mngr/500-599/img523.jpg.

3-5 Photo by the author.

4-1 On a thesis-inspection trip with Jack Lockwood. Photo by the author.

4-2 © 2016 Colorado Plateau Geosystems, Inc. Reconstruction by Prof. Ron Blakey at http://jan.ucc.nau.edu/rcb7/300moll.jpg, labeled by the author. Many of Ron Blakey's reconstructed maps are available at http://jan.ucc. nau.edu/~rcb7/.

4-3 drawing by the author.

4-4 Photo by the author, previously published as Fig. 1 in Leitao, H., and Alvarez, W., 2011, The Portuguese and Spanish voyages of discovery and the early history of geology: Geological Society of America Bulletin, v. 123, no. 7-8, p. 1219.1233.

5-1 Photo by the author. For a more detailed description, see Alvarez, W., 2009, The Mountains of Saint Francis, New York, W. W. Norton, Ch. 9.

6-1 Map drawn by the author.

6-2 Photograph by A. Loeffler. Image from the Library of Congress, https:// www.loc.gov/item/97516175/.

6-3 Lithograph published in 1855 by Herrman J. Meyer.

6-4 Photo by the author.

6-5 The figure is from a masterpiece of nineteenth-century geology: Gilbert, G. K., 1890, Lake Bonneville: Monographs of the U.S. Geological Survey, v. 1, Washington, D.C., Government Printing Office, 438 p., Fig. 21 on p. 98.

6-6 Hydraulic gold mining near Dutch Flats, California, C. P. R. R. Library of Congress: American Memory, History of the American West, 1860.1920: Photographs from the Collection of the Denver Public Library.

7-1 Drawing by the author.

8-1 Map drawn by the author. Topographic base from Smith and Sandwell global digital topographic map, http://topex.ucsd.edu/marine_topo/jpg_images/topo5.jpg.

8-2 Location 25° 45.8 N, 12° 10.5 E, photo by the author.

8-3 Modified by the author, on a new projection, from Wells, 2007, op. cit., and the Genographic Project, https://genographic.nationalgeographic.com/human-journey/.

9-1 Photo by the author.

9-2 NASA, http://apod.nasa.gov/apod/ap110518.html.

9-3 Photo by the author.

10-1 Painting created for NASA by Donald E. Davis, 1994, http://www.jpl.nasa.gov/releases/98/yucatan.html.

10-2 Author's family photograph.

주석

1장 빅 히스토리, 지구, 인간 현실

1. 제3기Tertiary는 옛날식 표현이고, 이 지층은 백악기-고제3기 경계라고 불러야 하지만 여기서는 제3기라고 부르겠다. 당시에는 그렇게 불렀기 때문이다.

2. Alvarez, L. W.·Alvarez, W.·Asaro, F.·Michel, H. V., "Extraterrestrial cause for the Cretaceous-Tertiary extinction: Experimental results and theoretical interpretation." Science, v. 208(1980): 1095-1108; Smit, J.·Hertogen, J., "An extraterrestrial event at the Cretaceous-Tertiary boundary." Nature, v. 285(1980): 198-200.

3. Montanari, A.·Hay, R. L.·Alvarez, W.·Asaro, F.·Michel, H. V.·Alvarez, L. W.·Smit, J., "Spheroids at the Cretaceous-Tertiary boundary are altered impact droplets of basaltic composition" Geology, v. 11(1983): 668-671.

4. Muir, J. M., Geology of the Tampico region, Mexico(Tulsa, Oklahoma: American Association of Petroleum Geologists, 1936)

5. Hildebrand, A. R.·Penfield, G. T.·Kring, D. A., Pilkington, M.·Camargo-Zanoguera, A.·Jacobsen, S. B.·Boynton, W. V., "Chicxulub Crater: A possible Cretaceous/Tertiary boundary impact crater on the Yucatán Peninsula, Mexico" Geology, v. 19, no. 9(1991): 867-871.

6. Smit, J.·Montanari, A.·Swinburne, N. H. M.·Alvarez, W.·Hildebrand, A. R.·Margolis, S. V.·Claeys, P.·Lowrie, W.·Asaro, F., "Tektite-bearing, deep-water clastic unit at the Cretaceous-Tertiary boundary in northeastern Mexico" Geology, v. 20, no. 2(1992): 99-103.

7. Alvarez, W., T. rex and the Crater of Doom(Princeton: Princeton University Press, 1997)

8. 마그리트의 그림은 「피레네의 성Castle in the Pyrenees」으로 불리며 원작은 예루살렘의 이스라엘 미술관에 있다. 그림은 인터넷에서 쉽게 찾을 수 있다.

2장 빅뱅에서 지구까지

1. 칼 세이건은 그의 기념비적인 묘사인 '창백한 푸른 점'에서 이것을 지적했다. 1990년 보이저호가 60억 킬로미터 떨어진 곳에서 지구를 찍은 사진이 있다. 사진과 칼 세이건의 묘사는 인터넷에서 '창백한 푸른 점'을 검색하면 찾을 수 있다.

2. 칼 세이건 역시 『코스모스』 10장 「영원의 벼랑 끝」에서 에드윈 허블이 아니라 밀턴 휴메이슨을 이 이야기의 주인공으로 선택했다. 유튜브에서도 볼 수 있다.

3. 별이 움직이지 않는다고 생각했던 때와 비슷한 시기에, 대륙은 움직이지 않는다는 생각이 지질학자들 사이에서 광범위하게 퍼져 있었다. 이것이 잘못된 생각임을 다음 장에서 보게 될 것이다. 앨런 구스의 책 *The inflationary universe*(New York: Vintage, 1997) 3장에 우주론의 역사에서의 정적인 우주 이야기가 잘 설명되어 있다.

4. Brush, S. G., "Is the Earth too old? The impact of geochronology on cosmology, 1929-1952" in Lewis, C. L. E.·Knell, S. J., eds., The age of the Earth: From 4004 BC to AD 2002: *Geological Society of London*, Special Publication v. 190(2001): 157-175.

5. 이것은 아서 홈스Arthur Holmes가 1927년과 1931년에 구한 값이다. Dalrymple, G. B., *The age of the Earth*(Stanford: Calif. Stanford University Press, 1991), 17. 현재의 값은 45억 년이 약간 넘는다. Dalrymple, G. B., "The age of the Earth in the twentieth century: A problem (mostly) solved" in Lewis, C. L. E.·Knell, S. J., eds., The age of the Earth: from 4004 BC to AD 2002: *Geological Society of London*, Special Publication v. 190(2001): 205 - 221.

6. Kirshner, R. P., "Hubble's diagram and cosmic expansion" *Proceedings of the National Academy of Sciences*, v. 101, no. 1(2004): 8-13.

7. 천문학자 로버트 커시너Robert Kirshner는 1929년 허블이 쓴 논문의 중요성을 잘 설명하고 있다. 우리는 이것을 허블과 휴메이슨의 합작품이라고 받아들이면 된다. Kirshner, R. P., "Hubble's diagram and cosmic expansion" *Proceedings of the National Academy of Sciences*, v. 101, no. 1(2004): 8 -13.

8. Rees, M. J., *Just six numbers*: *The deep forces that shape the universe*(New York: Basic Books, 2003)

9. 빅 히스토리 서막의 마지막 장면은 빅뱅 약 38만 년 후에 일어났다. 그 전에는 양성자와 전자가 서로 뒤섞인 플라스마 상태로 있었는데 이 시기가 되자 양성자와 전자가 결합하여 중성의 수소 원자가 될 수 있을 정도로 우주의 온도가 냉각되었

다. 그 전에는 광자들이 전기적으로 양성인 양성자와 음성인 전자와 계속해서 충돌하여 산란되었다. 이들이 중성원자로 결합하자 빛이 자유롭게 이동할 수 있게 되었는데, 이것을 '최종 산란면'이라고 한다. 이때 방출된 빛은 우주의 허블-휴메이슨 팽창에 따라 파장이 길어져 전파가 되었고, 빅뱅 이론을 증명하는 세 가지 주요 증거 중 하나인 우주배경복사의 원천이 되었다.

10. 헬륨은 빅뱅이 끝날 무렵에 우주에 있는 보통 물질 질량의 약 25퍼센트를 구성했다. 원자의 수로 따지면 보통 물질의 약 10퍼센트가 된다. 이것은 정체를 알 수 없는 암흑물질을 포함하지 않은 것이다. Randall, L., *Dark matter and the dinosaurs*(New York: HarperCollins, 2015).

11. 얼마 전까지만 해도 우주의 전체적인 구조를 설명함에 열팽창과 중력만으로 충분한 것처럼 보였다. 하지만 우주 팽창이 느려지지 않고 가속되고 있다는 사실이 발견되면서 '암흑에너지'가 우주론의 새로운 미스터리로 멋지게 등장했다.

12. Lindberg, D. C., *The beginnings of western science*(Chicago: University of Chicago Press, 1992), 287-290.

13. 태양의 표면 온도는 5778켈빈이고, 중심부 온도는 1500만 켈빈 이상이다.

14. Tolstikhin, I. N.·Kramers, D., The evolution of matter(Cambridge, UK: Cambridge University Press, 2008); Hazen, R. M.·Papineau, D.·Bleeker, W.·Downs, R. T.·Ferry, J. M.·McCoy, T. J.·Sverjensky, D. A.·Yang, H., "Mineral evolution" *American Mineralogist*, v. 93, no. 11-12(2008): 1693-1720.

15. Walter, M. J.·Trønnes, R. G., "Early Earth differentiation" *Earth and Planetary Science Letters*, v. 225(2004): 253-269.

16. 구름이라는 의미가 있는 '성운'이라는 단어는 오래전부터 밤하늘에 뿌옇게 보이는 모든 천체를 일컫는 명칭이었다. 지금은 카리나성운이 게성운보다 훨씬 크며 그 성운들이 완전히 다른 과정으로 생성된다는 사실을 알고 있다.

17. Canup, R. M., "Dynamics of lunar formation" *Annual Review of Astronomy and Astrophysics*, v. 42(2004): 441-475.

18. Comins, N. F., *What if the Earth had two moons?*(New York: St. Martin's Press, 2010).

3장 지구가 준 선물

1. '규소'는 영어로 'Silicon'이라 하고 원소 번호 14, 원소기호 Si로 표현되는 원소 이름이다. '이산화규소'는 영어로 'Silica'라 하고 규소 원자 하나에 산소 원자 두 개가 붙은 SiO_2 결정이다. '규소 산화물'은 'Silicate'이고 감람석Mg_2SiO_4처럼 작은 규소 원자 하나가 네 개의 큰 산소 원자로 둘러싸인 구조의 물질이다. ('규소 수지'인 'Silicone'은 규소, 산소, 탄소, 수소로 구성된 인공 물질로, 우리 이야기와는 상관없다)

2. 광물은 화학식을 가지고 있고, 모여서 암석을 만드는 알갱이이다. 비유하자면 암석은 과일 케이크와 같고 광물은 그 안에 있는 과일과 땅콩, 케이크와 같다고 할 수 있다. 대부분의 광물은 잘 변하지 않기 때문에 광물로 만들어진 암석도 잘 변하지 않는다.

3. 규소가 암석의 기본이고 탄소가 생명체의 기본이 된다는 것이 처음에는 놀라운 사실이었다. 탄소는 주기율표에서 규소 바로 위에 있다. 둘 다 화학결합이 가능한 팔이 네 개라는 유사성이 있기 때문에 SF 작가들은 규소에 기반한 생명체를 등장시키기도 했다. 하지만 그런 일은 가능하지 않다. (규소에 기반한 생명체의 예는 〈스타 트렉〉의 에피소드 '어둠 속의 악령The Devil in the Dark'에 등장한다. 믿지는 마시라! 규소는 암석의 기본이지 생명체의 기본이 될 수는 없다) 탄소는 수소, 산소, 질소, 황, 그리고 다른 탄소 원자와 단일결합, 이중결합이 모두 가능하고 결합한 원소를 쉽게 바꿀 수 있는 다재다능한 원소이다. 이런 다재다능함은 생명체의 복잡한 구조와 활동적인 과정을 구성하는 기본이 되기에 완벽한 조건이다. 반면 규소는 거의 산소와만 결합하고 강력한 단일결합만 가능하며 이중결합은 불가능하다. 이것은 지구의 지각에 많이 있는 석영(SiO_2)과 맨틀에 많이 있는 감람석(Mg_2SiO_4)과 같이 오랫동안 변하지 않는 광물들을 만들기에 좋은 성질이다.

4. 화성암은 자신이 생겨난 온도, 압력, 그리고 마그마의 화학 성분을 기억한다. 퇴적암은 자신이 퇴적된 과정을 기억한다. 강 때문인지 바람 때문인지 빙하 때문인지. 변성암은 자신을 변형시킨 힘과 어떤 온도와 압력에서 재결정화되어 새로운 광물이 되었는지 기억한다. 지질학자들은 이런 역사적인 정보를 암석에서 뽑아내는 다양한 방법을 발명하여 우리 행성의 복잡한 과거를 훨씬 더 잘 이해하는데 이용하고 있다. 지질학자들은 이런 신조를 가지고 있다. "암석의 책에 지구의 역사가 있다."

5. 이 질문은 한 탁월한 작은 책에서 구체적으로 답변이 되었다. Broecker, W. S., *How to build a habitable planet*, Palisades(N.Y.: Eldigio Press,

1985). 이 책의 개정증보판이 있다. Langmuir, C. H.·Broecker, W., *How to build a habitable planet: The story of Earth from the Big Bang to humankind*(Princeton: Princeton University Press, 2012); Gill, R., *Chemical fundamentals of geology and environmental science*, 3rd edition.(Chichester, UK: Wiley, 2015), ch. 11.

6. 여기에는 리튬, 베릴륨, 붕소처럼 홀수의 양성자를 가진 원소 대부분과 무거운 원소들이 거의 모두 포함된다.

7. 이렇게 큰 광물 입자가 생겨난 것은 규소 덕분이다. 규소에는 다른 원자와 결합할 수 있는 팔이 네 개 있기 때문이다. 각각의 팔은 두 개의 팔을 가진 산소와 결합한다. 그래서 거대한 연결망이 만들어진다. 각각의 규소는 네 개의 산소에 둘러싸이고, 각각의 산소는 두 개의 규소와 연결되며 일부 다른 원소와도 결합하는데 대부분 마그네슘과 철이다. 이 연결망은 규산염광물이라고 불리며, 철로 구성된 핵을 제외하고는 지구 대부분의 기본이 된다. 규산염광물 입자가 아무리 크더라도 언제나 그 끝에는 더 많은 산소와 규소를 잡을 수 있는 산소와 규소가 있다. 그러므로 규산염 입자는 규산염 입자의 덩어리인 암석이 되지 않는 한 얼마든지 크게 자랄 수 있으며, 자라고 있는 다른 입자와 만날 수도 있다.

8. Weir, A., *The Martian*(New York: Broadway Books, 2011).

9. Harmand, S.·Lewis, J. E.·Feibel, C. S.·Lepre, C. J.·Prat, S.·Lenoble, A.·Boes, X., Quinn, R. L.·Brenet, M., Arroyo, A.·Taylor, N.·Clement, S.·Daver, G.·Brugal, J.-P.·Leakey, L.·Mortlock, R. A.·Wright, J. D.·Lokorodi, S.·Kirwa, C.·Kent, D. V.·Roche, H., "3.3-million-yearold stone tools from Lomekwi 3, West Turkana, Kenya" *Nature*, v. 521, no. 7552(2015): 310-315.

10. Toth, N.·Schick, K., "Hominin brain reorganization, technological change, and cognitive complexity" in *Broadfield*, D.·Yuan, M.·Schick, K.·Toth, N., eds., *The human brain evolving: Papers in honor of Ralph L. Holloway*(Gosport, Ind., Stone Age Institute Press, 2010), 293-312.

11. 닉과 캐시의 괄목할 만한 빅 히스토리 전시는 온라인에서 확인 가능하다. *From the Big Bang to the World Wide Web* http://www.bigbangtowww.org/.

12. Hess, H. H., "The evolution of ocean basins."(preprint: Princeton University, Department of Geology, 1960); Hess, H. H., "History of ocean basins.", in Engel(1962); A. E. J.·James, H. L.·Leonard, B.

F., eds., "Petrologic studies: A volume in honor of A. F. Buddington" *Geological Society of America* (1962): 599-620.

13. Burke, K.· McGregor, D. S.· Cameron, N. R., "African petroleum systems: Four tectonic aces in the past 600 million years" *Geological Society of London Special Publication*, v. 207(2003): 21-60, 대략 알래스카를 포함한 미국의 면적은 1000만 제곱킬로미터인 데 반해 북아프리카-아라비아 캄브로-오르도비스 사암의 부피는 1500만±500만 세제곱킬로미터이다.

14. 약 4억 5500만~4억 6000만 년 된 오르도비스기 지층에서 유리를 만들기 위해 모래를 채취하는 거대한 채석장은 구글 지도 북위 41도 20.529분, 서경 88도 52.636분 위치에서 볼 수 있다.

15. Acemoglu, D.· Robinson, J. A., *Why nations fail* (New York: Crown Publishers, 2012).

4장 대륙과 해양이 있는 행성

1. Diamond, J., Guns, germs and steel: *The fates of human societies* (New York: W. W. Norton, 1998), Ch. 10.

2. Wright, J. K., *The geographical lore of the time of the Crusades: A study of medieval science and tradition in Western Europe* (New York: Dover, 1925/1965).

3. Ptolemy, C., *second century, Geography*: translated and edited by Edward Luther Stevenson (New York: New York Public Library, 1932): 167.

4. Page, M., *The first global village* (Alfragide, Portugal: Casa das Letras, 2002); Rodrigues, J. N.· Devezas, T., *Pioneers of globalization: Why the Portuguese surprised the world* (Vila Nova de Famalicão, Portugal: Centro Atlântico, 2007).

5. Leitão, H.· Alvarez, W., "The Portuguese and Spanish voyages of discovery and the early history of geology" *Geological Society of America Bulletin*, v. 123, no. 7-8(2011): 1219-1233.

6. Russell, P. E., *Prince Henry "the Navigator": A life* (New Haven, Yale

University Press, 2001).

7. 헨리 왕자 시대에 대한 역사소설도 있다. Slaughter, F. G., *The mapmaker*(New York: Doubleday, 1957). 그리고 가장 뛰어난 것은 루이스 바스 드 카몽이스 Luis Vaz de Camões가 지은 포르투갈의 국가적인 시 「The Lusiads」가 있다. 이 것은 포르투갈인들의 탐험을 시적인 언어로 이야기하고 있다. *The Lusiads*, written about 1556, published 1572, transl. by White, L., (Oxford: Oxford University Press, 1997): 258. 미지의 두려운 바다에 대한 경험은 5장의 괴물 아 다마스토르 이야기에 표현되어 있다.

8. Eco, U., *Serendipities: Language and lunacy*(San Diego: Harcourt Brace, 1998), 4-7. 이 재미있는 정보는 현재 살라망카 대학의 지질학 교수인 가브리엘 구티에레스 알론소가 준 것이다.

9. Braudel, F., *The Mediterranean and the Mediterranean world in the age of Phillip II* (2 volumes, 1966 ; transl. by Reynolds, S., (New York: Harper and Row, 1973): 1375.

10. 이 주제에.대해서는 대부분 2000년 이후에 나온 많은 자료들이 있다.: Murphy, J. B.·Gutiérrez-Alonso, G.·Nance, R. D.· Fernández-Saurez, J.·Keppie, J. D.·Quesada, C.·Strachan, R. A.·Dostal, J., "Origin of the Rheic Ocean: Rifting along a Neoproterozoic suture?" *Geology*, v. 34, no. 5(2006): 325-328.

11. Cutler, A., *The seashell on the mountaintop: A story of science, sainthood, and the humble genius who discovered a new history of the Earth*(New York: Dutton, 2003); Alvarez, W., *The Mountains of Saint Francis*(New York: W. W. Norton, 2009), Ch. 5.

12. Romm, J., "A new forerunner for continental drift" *Nature*, v. 367(1994): 407-408.

13. Wegener, A., "Die Entstehung der Kontinente" *Geologische Rundschau*, v. 3(1912): 276-292; Wegener, A., *The origin of continents and oceans* translation of Die Entstehun der Kontinente und Ozeane, reprinted 1966 (New York: Dover, 1929).

14. van Waterschoot van der Gracht, W. A. J. M., et al., *Theory of continental drift* (Tulsa: American Association of Petroleum Geologists, 1928): 240.

15. Hess, H. H., "The evolution of ocean basins."(preprint; Princeton University, Department of Geology, 1960).

16. Gould, S. J., *Time's arrow, time's cycle* (Cambridge, Mass.: Harvard University Press, 1987).

17. Repcheck, J., *The man who found time* (Cambridge, Mass.: Perseus, 2003).

18. Wilson, J. T., "Did the Atlantic close and then re-open?" *Nature*, v. 211 (1966): 676-681.

19. Nance, R. D.·Murphy, J. B.·Santosh, M., "The supercontinent cycle: A retrospective essay" *Gondwana Research*, v. 25, no. 1 (2013): 4-29.

20. Moores, E. M., "Southwest U.S.-East Antarctica (SWEAT) connection: A hypothesis" *Geology*, v. 19, no. 5 (1991): 425-428; Dalziel, I. W. D., "Pacific margins of Laurentia and East Antarctica? Australia as a conjugate rift pair: Evidence and implications for an Eocambrian supercontinent" *Geology*, v. 19, no. 6 (1991): 598-601; Hoffman, P. F., "Did the breakout of Laurentia turn Gondwanaland inside-out?" *Science*, v. 252 (1991): 1409-1412.

21. Gutiérrez-Alonso, G.·Fernandez-Suarez, J.·Weil, A. B.·Murphy, J. B.·Nance, R. D.·Corfu, F.·Johnston, S. T., "Self-subduction of the Pangaean global plate" *Nature Geoscience*, v. 1, no. 8 (2008): 549-553.

22. Leitão, H.·Alvarez, W., "The Portuguese and Spanish voyages of discovery and the early history of geology" *Geological Society of America Bulletin*, v. 123, no. 7-8 (2011):, 1219-1233.

23. Alvarez, W., "Rotation of the Corsica-Sardinia microplate" *Nature Physical Science*, v. 235 (1972): 103-105; Alvarez, W.·Cocozza, T.·Wezel, F. C., "Fragmentation of the Alpine orogenic belt by microplate dispersal" *Nature*, v. 248 (1974): 309-314; Alvarez, W., "A former continuation of the Alps" *Geological Society of America Bulletin*, v. 87 (1976): 891-896.

24. Rosenbaum, G.·Lister, G. S.·Duboz, C., "Reconstruction of the tectonic evolution of the western Mediterranean since the Oligocene, Oligocene" *Journal of the Virtual Explorer*, v. 8 (2002): 107-130; Hinsbergen, D. J. J.·Vissers, R. L. M.·Spakman, W., "Origin and consequences of western Mediterranean subduction, rollback, and slab segmentation" *Tectonics*, v. 33, no. 4 (2014): 393-419. 이 현상이 어떻게 일어났는지에 대한 설명은 장화처럼 생긴 이탈리아의 장화코 부분인 칼라브리아주에 대한 설명과 유사하다. Alvarez, W., *The Mountains of Saint Francis* (New York: W. W. Norton, 2009), Ch. 14.

25. 이 지도는 현재의 포르투갈과 스페인의 국경과 함께 페르디난트와 이사벨의 기독교 스페인이 정복을 시작하던 시기인 1462년의 그라나다의 무슬림 영토를 보여준다. 당시에 마드리드는 작은 도시였고 톨레도가 수도였다. 서쪽으로 이동하는 알보란 초소형 대륙은 시에라네바다산맥을 밀어 올렸지만 자신은 늘어나면서 얇아져 해수면 아래로 가라앉았다. 그래서 알보란섬 주변의 해저는 해양성이 아니라 대륙성이다. Platt, J. P. · Behr, W. M. · Johanesen, K. · Williams, J. R., "The Betic-Rif Arc and its orogenic hinterland: a review" *Annual Review of Earth and Planetary Sciences*, v. 41(2013): 313–357. 초소형 대륙이 움직이는 방향에 대한 내용은 다음 논문에 있다. Rosenbaum, G. · Lister, G. S. · Duboz, C., "Reconstruction of the tectonic evolution of the western Mediterranean since the Oligocene" *Journal of the Virtual Explorer*, v. 8, (2002): 107–130. 1755년 리스본 지진에 영향을 받았을 해저는 다음 글에 있다. Duarte, J. C. · Rosas, F. M. · Terrinha, P. · Schellart, W. P. · Boutelier, D. · Gutscher, M.-A. · Ribeiro, A., "Are subduction zones invading the Atlantic? Evidence from the southwest Iberia margin" *Geology*, v. 41, no. 8(2013): 839–842.

26. Duarte, J. C. · Rosas, F. M. · Terrinha, P. · Schellart, W. P. · Boutelier, D. · Gutscher, M.-A. · Ribeiro, A., "Are subduction zones invading the Atlantic? Evidence from the southwest Iberia margin" *Geology*, v. 41, no. 8(2013): 839–842.

27. 캐리비언Caribbean과 스코티아Scotia 호상열도도 대서양 서쪽에서 온 섭입과 비슷한 상황이었을 수 있고, 같은 과정이 고대의 레익 대양Rheic Ocean에서도 일어났을 것이라는 견해가 있다. Waldron, J. W. F. · Schofield, D. I. · Murphy, J. B. · Thomas, C. W., "How was the Iapetus Ocean infected with subduction?" *Geology*, v. 42, no. 12(2014): 1095–1098.

28. Leitão, H. · Alvarez, W., "The Portuguese and Spanish voyages of discovery and the early history of geology" *Geological Society of America Bulletin*, v. 123, no. 7–8(2011): 1219–1233.

5장 두 산맥 이야기

1. Alvarez, W., *The Mountains of Saint Francis*(New York: W. W. Norton, 2009).

2. 재미있는 예외는 제2차 포에니전쟁 때 한니발이 이탈리아로 침입한 경로를 연구

한 패트릭 헌트Patrick Hunt의 스탠퍼드 알프스 고고학 프로젝트이다. Hunt, P., *Alpine archaeology*(New York: Ariel, 2007).

3. Alvarez, W., 2009, op. cit., Ch. 9.

4. Pääbo, S., Neanderthal Man: In search of lost genomes(New York: Basic Books, 2014).

5. Fowler, B., *Iceman: Uncovering the life and times of a prehistoric man found in an Alpine glacier*(New York: Random House, 2000).

6. Bernstein, P. L., *Wedding of the waters*(New York: W. W. Norton, 2005): 22.

7. Nicolson, M. H., *Mountain gloom and mountain glory: The development of the aesthetics of the infinite*(Ithaca, N.Y.: Cornell University Press, 1959): 2.

8. 구약성서의 계보 설명에 대한 역사는 다음 책 2장에 정리되어 있다. Repcheck, J., *The man who found time*(Cambridge, Mass.: Perseus, 2003).

9. Nicolson, M. H., 1959, op. cit.

10. Cutler, A., *The seashell on the mountaintop*(New York, Dutton, 2003); Alvarez, W., *The Mountains of Saint Francis*(New York: W. W. Norton, 2009), Ch. 5.

11. Winchester, S., *The map that changed the world*(New York: Harper-Collins, 2001).

12. Dalrymple, G. B., *The age of the Earth*(Stanford, Calif.: Stanford University Press, 1991); Hedman, M., *The age of everything: How science explores the past*(Chicago: University of Chicago Press, 2007).

13. Alvarez, W., *The Mountains of Saint Francis*(New York: W. W. Norton, 2009), 156쪽의 사진은 스테판 슈밋 교수가 촬영했다.

14. Bailey, E. B., *Tectonic essays, mainly Alpine*(Oxford: Oxford University Press, 1935, reprinted 1968).

15. 이 장은 두 대륙의 충돌로 생긴 알프스산맥이나 애팔래치아산맥과 같은 충돌 산맥에 초점을 맞추고 있다. 초대륙이동 주기와 관련된 다른 종류의 산맥도 있다. 대륙 끝부분의 섭입대 위에 만들어지는 산맥으로 호상열도로 형성되기도 한다. 대표적인 예는 안데스산맥이다. Lamb, S., *Devil in the mountain: A search for the origin of the Andes*(Princeton, Princeton University Press, 2004).

16. Willett, S. D.·Schlunegger, F.·Picotti, V., "Messinian climate change and

erosional destruction of the central European Alps" *Geology*, v. 34(2006): 613-616.

17. 이제 짐작하겠지만 자세한 이야기는 좀 더 복잡하다. Fischer, K. M., "Waning buoyancy in the crustal roots of old mountains" *Nature*, v. 417(2002): 933-936.

6장 고대 강에 대한 기억

1. Hames, W. E. · McHone, Gregory, J. · Renne, P. R. · Ruppel, C., "The Central Atlantic Magmatic Province: Insights from fragments of Pangaea", *Geophysical Monograph*, Volume 136(Washington, D.C.: American Geophysical Union, 2003): 267.

2. Bernstein, P. L., *Wedding of the waters*(New York: W. W. Norton, 2005).

3. 사실 서쪽 방향 열차의 일정 때문에 이리 운하 경로의 대부분은 어둠 속에서 지나갈 것이다. 동부노선의 동쪽 방향은 낮 동안의 운하 지역을 더 잘 보여 줄 것이다.

4. Dutch, S. I., "What if? The ice ages had been a little less icy?" *Geological Society of America Abstracts with Programs*, v. 38, no. 7(2006): 73.

5. Comins, N. F., *What if the Earth had two moons?*(New York: St. Martin's Press, 2010).

6. Cowley, R., *What if?: The world's foremost military historians imagine what might have been*(New York: Berkley Books, 1999): Cowley, R., *What if?: Eminent historians imagine what might have been*(New York: Putnam, 2001).

7. Dutch, S. I., "What if? The ice ages had been a little less icy?" *Geological Society of America Abstracts with Programs*, v. 38, no. 7(2006): 73.
   '그랬다면What if?' 역사책 시리즈는 반대 시나리오 혹은 대안 역사를 살려봄으로써 역사적 사건의 중요성을 보여 준다. 대부분의 지질학적 사건은 시간적으로 너무 멀고 효과는 간접적이어서 반대 시나리오가 SF 이상의 결과를 보여 주기 어렵다. 한 가지 예외는 최근이라 할 만한 홍적세로, 인류사에 극적인 영향을 주었다. 나는 북아메리카 대륙빙하가 캐나다 국경 아래로 내려오지 않고, 스코틀랜드와 스칸디나비아의 대륙빙하가 합쳐지지 않은 반대 시나리오를 만들었다. 이 대안 역사의 결과는 다음과 같다.
   첫째, 미주리강은 현재의 경로로 갈라지지 않고 아마도 허드슨만으로 가는 기존의 경로로 흘렀을 것이다. 미국은 훨씬 작은 루이지애나 매입지Louisiana Purchase를 얻었을 것이며 루이스와 클라크에게는 북서 태평양으로 가는 수로가 없었을 것이다. 캐나다의 서쪽 국경은 현재 위도보다 훨씬 더 남쪽으로 내려갔을 것이다.

두 번째, 오하이오강과 어쩌면 원시 고대 테이즈강도 생겨나지 않았을 것이다. 세인트로렌스강 경계는 애팔래치아산맥 서쪽 면 훨씬 아래까지 뻗었을 것이다. 13개 주는 서쪽에 단이 생겨 대서양 연안에 영원히 갇혔을 것이다. 거대 호수도, 이리 운하도 없었을 것이다. 동서 방향의 편리한 수로를 만들어 준 오하이오강과 미주리강이 없었으므로 미국의 역사는 크게 달라졌을 것이다.

세 번째, 스코틀랜드와 스칸디나비아의 대륙빙하가 합쳐지지 않았다면 고대의 라인-템스 시스템은 서쪽으로 가는 새로운 길을 찾기보다는 아무런 방해 없이 북해 대륙붕을 가로질러 흘렀을 것이다. 영국해협은 없었을 테고 스페인의 무적함대가 패하지도 않았을 것이며 나폴레옹과 히틀러를 좌절시킨 장벽도 없었을 것이다. 영국은 여전히 강력한 해군을 거느릴 수는 있겠지만 육지 경계가 있다면 문화적, 군사적 독립은 훨씬 덜 안전했을 것이다. 결론적으로 홍적세 고지리에 일어난 상대적으로 작은 두 변화는 서양의 역사에 큰 변화를 일으켰을 것이다.

8. Whitmeyer, S. J.·Karlstrom, K. E., "Tectonic model for the Proterozoic growth of North America" *Geosphere*, v. 3, no. 4(2007): 220-259.

9. Dickinson, W. R.·Gehrels, G. E., "U-Pb ages of detrital zircons in Jurassic eolian and associated sandstones of the Colorado Plateau: Evidence for transcontinental dispersal and intraregional recycling of sediment" *Geological Society of America Bulletin*, v. 121(2009): 408-433.

10. Van Wagoner, J. C.·Mitchum, R. M.·Champion, K. M.·Rahmanian, V. D., "Siliciclastic sequence stratigraphy in well logs, cores, and outcrops", *American Association of Petroleum Geologists* (Methods in Exploration Series) v. 7(1990): 55.

11. Janecke, S. U.·Oaks, R. Q., Jr., "New insights into the outlet conditions of late Pleistocene Lake Bonneville, southeastern Idaho, USA" *Geosphere*, v. 7, no. 6(2011): 1369-1391.

12. Yeend, W. E., "Gold-bearing gravel of the ancestral Yuba River, Sierra Nevada, California" *U.S. Geological Survey Professional Paper*, no. 772(1974):1-85; Cassel, E. J.·Grove, M.·Graham, S. A., "Eocene drainage evolution and erosion of the Sierra Nevada Batholith across Northern California and Nevada" *American Journal of Science*, v. 312, no. 2(2012):

117-144.

13. 빙맵스나 구글 어스에서 39° 22 N, 120° 55 W를 확인할 수 있다.

7장 생명 역사의 개인적인 기록

1. Pääbo, S., *Neanderthal Man: In search of lost genomes*(New York: Basic Books, 2014).

2. 현재, 후기 대충돌에 대한 가장 유력한 설명은 이 설명이 개발된 프랑스의 지중해 도시의 이름을 따서 니스 모형이라고 한다. Gomes, R. · Levison, H. F. · Tsiganis, K. · Morbidelli, A., 2005, "Origin of the cataclysmic Late Heavy Bombardment period of the terrestrial planets" *Nature*, v. 435(2014): 466-469.

3. Ballard, R. D., *The eternal darkness: A personal history of deep-sea exploration*(Princeton: Princeton University Press, 2000), Ch. 6.

4. Martin, W. · Russell, M. J., "On the origins of cells: A hypothesis for the evolutionary transitions from abiotic geochemistry to chemoautotrophic prokaryotes, and from prokaryotes to nucleated cells" *Philosophical Transactions Royal Society B*, Trans. R. Soc. Lond., B, v. 358(2003): 59-85; Russell, M. J., Nitschke, W. · Branscomb, E., "The inevitable journey to being" *Philosophical Transactions Royal Society* B, v. 368(2013).

5. Kelley, D. S. · Karson, J. A. · Blackman, D. K. · Früh-Green, G. L. · Butterfield, D. A. · Lilley, M. D. · Olson, E. J. · Schrenk, M. O. · Roe, K. K. · Lebon, G. T. · Rivizzigno, P., "An off-axis hydrothermal vent field near the Mid-Atlantic Ridge at 30°N" *Nature*, v. 412(2001): 145-149; Früh-Green, G. L. · Kelley, D. S. · Bernasconi, S. M. · Karson, J. A. · Ludwig, K. A. · Butterfield, D. A. · Boschi, C. · Proskurowski, G., "30,000 years of hydrothermal activity at the Lost City Vent Field" *Science*(Washington), v. 301, no. 5632(2003): 495-498.

6. Marshall, C., "The origin of life" (Lecture at the University of California Museum of Paleontology, March 31, 2015)

7. Sleep, N. H. · Zahnle, K. J. · Kasting, J. F. · Morowitz, H. J., "Annihilation of ecosystems by large asteroid impacts on the early Earth" *Nature*, v. 342, no. 6246(9 November, 1989): 139-142.

8. Fischer, A. G., "Biological innovations and the sedimentary record" in Holland, H. D,Trendall, A. F., eds., *Patterns of change in Earth evolution*(Berlin: Springer-Verlag, 1984), 145-157.

9. 도널드 캔필드는 산소에 관한 빅 히스토리가 실제 무엇인지에 대해 썼다. Canfield, D. E., *Oxygen: A four billion year history* (Princeton: Princeton University Press, 2014): 196.

10. 이것은 린 마굴리스Lynn Margulis의 위대한 발견이었다. Sagan (later Margulis), L., "On the origin of mitosing cells" *Journal of Theoretical Biology*, v. 14, no. 3(1967): 225-274.

11. King, N., "The unicellular ancestry of animal development" *Developmental Cell*, v. 7(2004): 313-325.

12. Knoll, A. H., 2004, *Life on a young planet: The first three billion years of evolution on Earth*(Princeton: Princeton University Press), Ch. 9.

13. Ward, P. D. · Brownlee, D., *Rare Earth: Why complex life is uncommon in the universe*(New York: Copernicus, Springer-Verlag, 2000).

14. 캄브리아기 대폭발의 전체적인 내용은 아직 미스터리이며 논쟁거리이다. Sperling, E. A. · Frieder, C. A. · Raman, A. V. · Girguis, P. R. · Levin, L. A. · Knoll, A. H., "Oxygen, ecology, and the Cambrian radiation of animals" Proceedings of the National Academy of Sciences, v. 110, no. 33(2013): 13, 446-13, 451.

15. Knoll, 2004, op. cit.

16. Shubin, N., *Your inner fish: A journey into the 3.5-billion-year history of the human body*(New York, Random House, 2008); Clack, J. A., "The fin to limb transition: New data, interpretations, and hypotheses from paleontology and developmental biology" *Annual Review of Earth and Planetary Sciences*, v. 37(2009): 163-179.

17. Winchell, A., *Walks and talks in the geological field*(New York: Chautauqua Press, 1886), 252. 이것은 내가 다음 책에서도 인용했었다. *T. rex and the Crater of Doom*(Princeton: Princeton University Press, 1997): 57.

18. Clemens, W. A., "Mesozoic mammalian evolution" *Annual Review of Ecology and Systematics*, v. 1, no. 1(1970): 357-390.

19. Renne, P. R. · Deino, A. L. · Hilgen, F. J. · Kuiper, K. F. · Mark, D. F. · Mitchell,

W. S., III, Morgan, L. E.·Mundil, R.·Smit, J., "Time scales of critical events around the Cretaceous-Paleogene boundary" *Science*, v. 339, no. 6120(2013): 684-687. 저자들은 매우 정확한 방사능 연대 측정법을 사용하여 칙술루브 충돌과 대멸종이 3만 2000년 이내의 오차로 일치한다는 것을 보였다. 이것은 멕시코 북동부 밈브랄 계곡에서 얀, 산드로와 내가 발견한 것을 확인해 준 것이다(1장).

20. Schulte, P.·Alegret, L.·Arenillas, I.·Arz, J. A.·Barton, P.·Bown, P. R.· Bralower, T.·Christeson, G. L.·Claeys, P.·Cockell, C. S.·Collins, G. S.·Deutsch, A.·Goldin, T.·Goto, K.·Grajales-Nishimura, J. M.·Grieve, R.·Gulick, S.·Johnson, K. D.·Kiessling, W.·Koeberl, C.·Kring, D. A.·MacLeod, K. G.·Matsui, T.·Melosh, J.·Montanari, A.·Morgan, J. V.·Neal, C. R.·Nichols, D. J.·Norris, R. D.·Pierazzo, E.·Ravizza, G.·Rebolledo-Vieyra, M.·Reimold, U.·Robin, E.·Salge, T.·Speijer, R. P.·Sweet, A. R.·Urrutia-Fucugauchi, J.·Vajda, V.·Whalen, M. T.·Willumsen, P. S., "Impact and mass extinction: Evidence linking Chicxulub with the Cretaceous-Paleogene boundary" *Science*, v. 327(2010): 1214-1218.

21. McLean, D. M., "Deccan Traps mantle degassing in the terminal Cretaceous marine extinctions" *Cretaceous Research*, v. 6(1985): 235-259; Courtillot, V.· Besse, J.·Vandamme, D.·Montigny, R.·Jaeger, J.-J.·Cappetta, H., "Deccan flood basalts at the Cretaceous/Tertiary boundary?" *Earth and Planetary Science Letters*, v. 80(1986): 361-374; Alvarez, W., "Comparing the evidence relevant to impact and flood basalt at times of major mass extinctions" *Astrobiology*, v. 3, no. 1(2003): 153-161; Gertsch, B.·Keller, G.·Adatte, T.·Garg, R.·Prasad, V.·Berner, Z.·Fleitmann, D., "Environmental effects of Deccan volcanism across the Cretaceous-Tertiary transition in Meghalaya, India" Earth and Planetary Science Letters, v. 310, no. 3-4(2011): 272-285; Richards, M. A.·Alvarez, W.·Self, S.·Karlstrom, L.·Renne, P. R.·Manga, M.·Sprain, C. J.·Smit, J.·Vanderkluysen, L.·Gibson, S. A., "Triggering of the largest Deccan eruptions by the Chicxulub impact" *Geological Society of America Bulletin*, v. 127, no. 11/12(2015): 1507-1520.

22. Alroy, J., "The fossil record of North American mammals: Evidence for a Paleocene evolutionary radiation" *Systematic Biology*, v. 48, no. 1(1999): 107-118, Fig. 2.

23. Alroy, 1999, op. cit., Fig. 1.

24. 한 가지 예가 다음 책에 있다. Stanley, S. M., *Earth and life through time*(New York: W. H. Freeman, 1986), 532, Fig. 17-6.

25. White, T. D. · Asfaw, B. · Beyene, Y. · Haile-Selassie, Y. · Lovejoy, C. O. · Suwa, G. · WoldeGabriel, G., "Ardipithecus ramidus and the paleobiology of early hominids" *Science*, v. 326(2009): 64, 75-86.

8장 위대한 여정

1. McNeill, J. R. · McNeill, W. H., *The human web*(New York: W. W. Norton, 2003): 159.

2. Marques, A. P., *Portugal e o descobrimento do Atlântico/Portugal and the discovery of the Atlantic*(Lisbon, Imprensa Nacional-Casa da Moeda, 1990).

3. Leitão, H. · Alvarez, W., "The Portuguese and Spanish voyages of discovery and the early history of geology" *Geological Society of America Bulletin*, v. 123(2011): 1219-1233.

4. Debyser, J., de Charpal, O., and Merabet, O., "Sur le caractère glaciaire de la sédimentation de l'UnitéIV au Sahara central" *Comptes Rendus* Hebdomadaires des Seances de l'Académie des Sciences, v. 261, no. 25(1965): 5575-5576.

5. McNeill, J. R. · McNeill, W. H., 2003, op. cit., p. 166.

6. Dreyer, E. L., *Zheng He: China and the oceans in the early Ming Dynasty, 1405-1433*(New York: Pearson Longman, 2007).

7. Bullard, E. C. · Everett, J. E. · Smith, A. G., 1965, "The fit of the continents around the Atlantic" *Royal Society of London Philosophical Transactions*, Series A, v. 258(1965): 41-51.

8. Anderson, A. · Barrett, J. H. · Boyle, K. V., *The global origins and development of seafaring*(Cambridge, UK: McDonald Institute for Archaeological Research, 2010).

9. Klein, R. G., "Darwin and the recent African origin of modern humans" *Proceedings of the National Academy of Sciences*, v. 106, no. 38(2009):

16007-16009.

10. 이것은 조지아의 드마니시Dmanisi 지역에서 얻은 연대이다. Messager, E.·Nomade, S.·Voinchet, P.·Ferring, R.·Mgeladze, A.·Guillou, H.·Lordkipanidze, D., "40Ar/ 39Ar dating and phytolith analysis of the early Pleistocene sequence of Kvemo-Orozmani (Republic of Georgia): chronological and palaeoecological implications for the hominin site of Dmanisi" *Quaternary Science Review*s, v. 30, no. 21-22(2011): 3099-3108.

11. Harmand, S.·Lewis, J. E.·Feibel, C. S.·Lepre, C. J.·Prat, S.·Lenoble, A.·Boës, X.·Quinn, R. L.·Brenet, M.·Arroyo, A.·Taylor, N.·Clément, S.·Daver, G.·Brugal, J.-P.·Leakey, L.·Mortlock, R. A.·Wright, J. D.·Lokorodi, S.·Kirwa, C.·Kent, D. V.·Roche, H., "3.3-million-year-old stone tools from Lomekwi 3, West Turkana, Kenya" *Nature*, v. 521(2015): 310-315.

12. Atkinson, Q. D., "Phonemic diversity supports a serial founder effect model of language expansion from Africa" *Science*, v. 332(2011).

13. Lordkipanidze, D.·Jashashvili, T.·Vekua, A.·de Leon, M. S. P.·Zollikofer, C. P. E.·Rightmire, G. P.·Pontzer, H.·Ferring, R.·Oms, O.·Tappen, M.·Bukhsianidze, M.·Agusti, J.·Kahlke, R.·Kiladze, G.·Martinez-Navarro, B.·Mouskhelishvili, A.·Nioradze, M.·Rook, L., "Postcranial evidence from early Homo from Dmanisi, Georgia" *Nature*, v. 449, no. 7160(2007): 305-310.

14. 여기에는 약간 혼동의 여지가 있다. 호모에렉투스는 19세기 후반에 중국과 자바 섬에서 이미 발견되었기 때문이다. 20세기에 아프리카에서 비슷한 화석이 발견 되었을 때 그것을 처음에는 호모에렉투스로 불렀다. 그래서 인류 기원에 대해 수 십 년 전에 공부한 사람들은 호모하빌리스 - 호모에렉투스 - 호모사피엔스라 는 진화 순서에 익숙하다. 지금은 아프리카에서 발견된 호모에렉투스와 비슷한 화석에 호모에르가스테르라는 이름이 붙여졌다. 그리고 호모에렉투스는 아프리 카에서 나와 서쪽으로 이동한 호모에르가스테르의 아시아 후손으로 보고 있다.

15. 이 흥미로운 석기 수집에 대한 이야기는 친골리 국립고고학박물관의 파올로 아 피냐네시와 콜디지오코 지질학관측소의 알레산드로 몬타나리에게서 얻었다.

16. Beyin, A., "The Bab al Mandab vs the Nile-Levant: An appraisal of the two dispersal routes for early modern humans out of Africa" *African Archaeological Review*, v. 23, no. 1-2(2006): 5-30.

17. Lhote, H., *The search for the Tassili frescoes: the story of the prehistoric rock-paintings of the Sahara*(New York: Dutton, 1959).

18. Fagan, B. M., *Floods, famines and emperors: El Niño and the fate of civilizations*(New York: Basic Books, 2009): 81.

19. 이어지는 더 자세한 설명은 다음 책을 보라. Wells, S., *Deep ancestry*(Washington, D.C.: National Geographic Society, 2007).

20. Wells, S., *Deep ancestry*(Washington D.C.: National Geographic Society, 2007): 40.

21. https://genographic.nationalgeographic.com/human-journey/.

22. Ammerman, A. J. · Cavalli-Sforza, L. L., *The Neolithic transition and the genetics of populations in Europe*(Princeton, Princeton University Press, 1984).

23. Ammerman, A. J., "Setting our sights on the distant horizon" *Eurasian prehistory*, v. 11, no. 1-2(2014): 203-236.

24. Francis, R. C., *Domesticated: Evolution in a man-made world*(New York: W. W. Norton, 2015), Ch. 11.

25. Anthony, D. W., *The horse, the wheel, and language*(Princeton: Princeton University Press, 2007), Ch. 10.

26. Outram, A. K. · Stear, N. A. · Bendrey, R. · Olsen, S. · Kasparov, A. · Zaibert, V. · Thorpe, N. · Evershed, R. P., "The earliest horse harnessing and milking" *Science*, v. 323(2009): 1332-1335.

27. Crosby, A. W., *The Columbian Exchange: Biological and cultural consequences of 1492*(Westport, Conn.: Greenwood Pub. Co., 1972).

9장 인간 되기

1. Deacon, T. W., *The symbolic species: The co-evolution of language and the brain*(New York: W. W. Norton, 1997),. 23.

2. 지금까지 출판된 유일한 빅 히스토리 교과서는 문턱 개념에 기반한 것이다. Christian, D. · Brown, C. S. · Benjamin, C., *Big History: Between nothing and everything*(New York: McGraw Hill, 2014).

3. Christian, D., *Maps of time: An introduction to Big History*(Berkeley: University of California Press, 2004).

4. Christensen, M. H.·Kirby, S., "Language evolution: The hardest problem in science?" in Christensen, M. H.·Kirby, S., eds., *Language evolution*(Oxford: Oxford University Press, 2003): 1-15.

5. 이 분류는 다음 책에서 온 것이다. Janson, T., *The history of languages: an introduction*(Oxford: Oxford University Press, 2012). 그런데 젠슨은 최초의 석기시대를 200만 년 전으로 보았는데, 최근의 발견은 최초의 석기시대를 330만 년 전으로 옮겨 놓았다. Harmand, S.·Lewis, J. E.·Feibel, C. S.·Lepre, C. J.·Prat, S.·Lenoble, A.·Boes, X.·Quinn, R. L.·Brenet, M.·Arroyo, A.·Taylor, N.·Clement, S.·Daver, G.·Brugal, J.-P.·Leakey, L.·Mortlock, R. A.·Wright, J. D.·Lokorodi, S.·Kirwa, C.·Kent, D. V.·Roche, H., "3.3-million-year-old stone tools from Lomekwi 3, West Turkana, Kenya" *Nature*, v. 521, no. 7552(2015): 310-315.

6. Wade, N., *Before the dawn*(London, Penguin, 2006) Ch. 10, Anthony, D. W., *The horse, the wheel, and language*(Princeton: Princeton University Press, 2007).

7. Bryson, B., *The mother tongue: English and how it got that way*(New York: Avon, 1990); Ostler, N., *Empires of the word: A language history of the world*(New York: HarperCollins, 2005); Janson, T., *The history of languages: An introduction*(Oxford: Oxford University Press, 2012); Nadeau, J.-B.·Barlow, J., *The story of Spanish*(New York: Saint Martin's Griffin, 2013).

8. Goudsblom, J., *Fire and civilization*(London: Penguin, 1992).

9. Pyne, S. J., *Fire: A brief history*(Seattle: University of Washington Press, 2001); Bowman, D. M. J. S.·Balch, J. K.·Artaxo, P.·Bond, W. J.·Carlson, J. M.·Cochrane, M. A.·D'Antonio, C. M.·DeFries, R. S.·Doyle, J. C.·Harrison, S. P.·Johnston, F. H.·Keeley, J. E.·Krawchuk, M. A.·Kull, C. A.·Marston, J. B.·Moritz, M. A.·Prentice, I. C.·Roos, C. I.·Scott, A. C.·Swetnam, T. W.·van der Werf, G. R.·Pyne, S. J., "Fire in the Earth system" *Science*, v. 324(2009): 481-484.

10. Canfield, D. E., *Oxygen: A four billion year history*(Princeton: Princeton University Press, 2014).

11. Abraham, D. S., *The elements of power: Gadgets, guns and the struggle for a sustainable future in the rare metals age*(New Haven: Yale University Press, 2015).

12. 산업혁명에 대한 빅 히스토리의 관점은 다음을 참고하라. Christian, D., Brown, C. S.·Benjamin, C., *Big History: Between nothing and everything*(New York: McGraw Hill, 2014), Ch. 11.

13. 카를로스 카마르고가 이것을 언급했다. http://www.iceman.it/en.

14. Homer, *The Odyssey*, translated by E. V. Rieu (Baltimore, Penguin, 1946): 26.

15. Nur, A., *Apocalypse: Earthquakes, archaeology, and the wrath of God*(Princeton: Princeton University Press, 2008); Drews, R., *The end of the Bronze Age: Changes in warfare and the catastrophe ca. 1200 B.C*(Princeton: Princeton University Press, 1993).

16. 유용한 자원의 매장을 포함한 지구 역사의 여러 측면을 정리한 자료로는 다음을 보라. Bradley, D. C., "Secular trends in the geologic record and the supercontinent cycle" *Earth-Science Reviews*, v. 108(2011): 16-33.

17. Constantinou, G., "Geological features and ancient exploitation of the cupriferous sulphide orebodies of Cyprus" in Muhly, J. D., Maddin, R.·Karageorghis, V., eds., Early metallurgy in Cyprus, 4000-500 B.C.(Larnaca, Cyprus: Pierides Foundation, 1982): 13-24.

18. Moran, W. L., *The Amarna letters*(Baltimore: Johns Hopkins University Press, 1992): 107, letter ESA 35.

19. Wilson, R. A. M., *The geology of the Xeros-Troodos area*(Cyprus: Geological Survey Department, Memoir, v. 1, 1959): 1-135.

20. Hess, H. H., "The evolution of ocean basins."(preprint: Princeton University, Department of Geology, 1960); Hess, H. H., "The evolution of ocean basins."(preprint: Princeton University, Department of Geology, 1960); Hess, H. H., "History of ocean basins.", in Engel(1962); A. E. J.·James, H. L.·Leonard, B. F., eds., "Petrologic studies: A volume in honor of A. F. Buddington" *Geological Society of America*(1962): 599-620.

21. Gass, I. G., "Is the Troodos massif of Cyprus a fragment of Mesozoic ocean floor?" *Nature*, v. 220(1968): 39 -42; Moores, E. M.·Vine, F. J., "The Troodos Massif, Cyprus and other ophiolites as oceanic crust: Evaluation

and implications" *Philosophical Transactions of the Royal Society of London*, series A, v. 268(1971): 443–466.

22. Ballard, R. D.·Grassle, J. F., "Incredible world of the deep-sea rifts" *National Geographic*, v. 156, no. 5(November, 1979): 680–705; picture on 702–703.

23. Krasnov, S. G.·Cherkashev, G. A.·Stepanova, T. V.·Batuyev, B. N.·Krotov, A. G.·Malin, B. V.·Maslov, M. N.·Markov, V. F.·Poroshina, I. M.·Samovarov, M. S.·Ashadze, A. M.·Lazareva, L. I.·Ermolayev, I. K., "Detailed geological studies of hydrothermal fields in the North Atlantic" in Parson, L. M.·Walker, C. L.·Dixon, D. R., eds., Hydrothermal vents and processes no. 87(London, Geological Society of London Special Publication): 43–64.

24. Little, C. T. S.·Cann, J. R.·Herrington, R. J.·Morisseau, M., "Late Cretaceous hydrothermal vent communities from the Troodos Ophiolite, Cyprus" *Geology* (Boulder), v. 27, no. 11(1999): 1027–1030.

25. Yener, K. A., *The domestication of metals: The rise of complex metal industries in Anatolia*(Leiden, Boston: Brill, 2000).

에필로그

1. 인간 역사를 지배하는 법칙(수학법칙은 아니지만)을 만들려는 정성을 들인 유명한 시도는 아널드 토인비에 의해 이루어졌다. Arnold Toynbee, *A study of history*(London: Oxford University Press, 1934–1961). 그레임 스눅스는 이 모험의 현재 상태를 정리했다. Graeme Snooks, *The laws of history*(London: Routledge, 1998).

2. Gould, S. J., *Time's arrow, time's cycle*(ambridge, Mass.: Harvard University Press, 1987).

3. 이런 자료들은 다음의 자료와 그 온라인 부록에 정리되어 있다. Bradley, D. C., "Secular trends in the geologic record and the supercontinent cycle" *Earth-Science Reviews*, v. 108(2011): 16–33.

4. Muller, R. A.·MacDonald, G. J., *Ice ages and astronomical causes*(New York: Springer, 2000), Ch. 1.

5. 스페인 무적함대를 누른 영국의 승리는 1588년 8월 7일에서 8일로 넘어가는 밤, 바람 덕에 불붙은 배를 이용한 공격에서 시작되었다. 로버트 리 장군(미국 남북 전쟁 당시 남군 사령관)의 진격 명령서는 분실되었다가 1862년 9월 북군에 의해 발견되었다. 이는 이어진 앤티텀 전투에서 북군에게 유리하게 작용했다.

6. 이것은 다음 책에서 전쟁에 적용된 멱함수 분포에 대한 명확한 설명이다. Pinker, S., *The better angels of our nature: Why violence has declined*(New York: Viking, 2011), 210 –215.

7. 큰 물체보다는 작은 물체가 훨씬 더 많이 태양 주위를 돌고 있기 때문에 크고 심각한 충돌은 매우 드물다. 모래알 크기의 물체는 자주 충돌하지만 산만큼 큰 물체의 충돌은 극히 드물다. 우주비행사였던 에드 루Ed Lu가 설립한 B612 재단 (http://b612foundation.org)은 충돌 가능성이 있는 모든 물체를 찾아내고, 지구를 위협하는 물체를 찾았을 경우 그것을 빗나가게 하는 일을 수행하는 것을 목표로 하고 있다. 충돌 가능성이 있는 물체들의 현재 크기 분포는 복잡한 역사의 결과물이다. 대부분의 잔해들이 어딘가에 부딪혀서 없어지거나 태양계 밖으로 튕겨 나가기 전이었던 태양계 초기에는 크기를 막론하고 물체가 지금보다 더 많았다. 잔해들이 없어진 역사는 크레이터로 뒤덮인 달 표면을 잘 설명해 준다. 달 표면은 그 이후로 거의 변하지 않았기 때문에 태양계 초기 역사의 박물관과 같다. 지구의 활발한 지질 역사가 먼 과거의 흔적을 거의 모두 지워 버리기 전인 초기의 지구도 분명 그렇게 생겼을 것이다. 사실은 그보다 더 복잡하다. 오늘날 우리는 적어도 한 가지 사건은 알고 있다. 4억 6600만 년 전인 오르도비스기에 소행성대에서 충돌이 일어나 두 물체가 부서져 태양계 안쪽에 소행성 잔해의 수를 크게 증가시킨 사건이다. 이 때문에 지구에 크레이터가 비정상적으로 많아졌고 운석과 그 잔해가 퇴적층에 많이 쌓였다. 이것은 스웨덴에서 마리오 타시나리Mario Tassinari와 비르게르 슈미츠Birger Schmitz가 처음으로 발견했다. Schmitz, B.·Tassinari, M., "Fossil meteorites" in Peucker-Ehrenbrink, B.·Schmitz, B., eds., *Accretion of extraterrestrial matter throughout Earth's history*(New York: Kluwer, 2001), 319-331. 슈미츠는 지난 5억 년 동안 지층에 기록된 외계에서 온 첨정석spinel 입자의 양과 화학 성분을 조사하고 있다. 지층에 쌓인 운석의 첨정석 입자의 화학 성분으로 충돌 빈도와 형태를 알아내어 지구에 있었던 충돌의 역사를 재구성하는 것이 목표이다. Schmitz, B., "Extraterrestrial spinels and the astronomical perspective on Earth's geological record and evolution of life" *Chemie der Erde*, v. 73(2013): 117-145.

8. Prigogine, I.·Stengers, I., *Order out of chaos: Man's new dialogue with nature*(Toronto: Bantam, 1984), section II. 4, "Laplace's Demon,": 75-77.

9. Lorenz, E., *The essence of chaos*(Seattle: University of Washington Press, 1993); Briggs, J.·Peat, F. D., *Turbulent mirror: An illustrated guide to chaos theory and the science of wholeness*(New York: Harper and Row, 1989).

10. Zhang, D., Györgyi, L.·Peltier, W. R., "Deterministic chaos in the Belousov-Zhabotinsky reaction: Experiments and simulations" *Chaos*, v. 3, no. 4(1993): 723-745. 벨로우소프-자보틴스키 반응의 진행 패턴에 관한 동영상은 웹에서 확인할 수 있다.

11. May, R. M., "Simple mathematical models with very complicated dynamics" *Nature*, v. 261, no. 5560(1976): 459-467. 반복되는 로지스틱 방정식의 결과에 대한 명쾌한 설명은 다음을 보라. Gleick, J., *Chaos: Making a new science*(New York: Viking, 1987).

12. 엄밀하게 말하면 오늘날의 새는 살아남은 공룡이기 때문에 6600만 년 전에 멸종한 것은 새가 아닌 공룡이다. Dingus, L.·Rowe, T., *The mistaken extinction: Dinosaur evolution and the origin of birds*(New York: W.H. Freeman, 1998).

13. Alvarez, L. W.·Alvarez, W.·Asaro, F.·Michel, H. V., "Extraterrestrial cause for the Cretaceous-Tertiary extinction: Experimental results and theoretical interpretation" *Science*, v. 208(1980): 1095-1108; Smit, J.·Hertogen, J., "An extraterrestrial event at the Cretaceous-Tertiary boundary" *Nature*, v. 285(1980): 198-200; Alvarez, W., *T. rex and the Crater of Doom*(Princeton: Princeton University Press, 1997); Schulte, P., et al., "Impact and mass extinction: Evidence linking Chicxulub with the Cretaceous-Paleogene boundary" *Science*, v. 327(2010): 1214-1218. 충돌 당시에 진행되던 인도 데칸에서의 화산 분출도 멸종의 원인은 아니더라도 영향을 끼쳤을 것으로 보는 견해가 점점 많아지고 있다. Richards, M. A.·Alvarez, W.·Self, S.·Karlstrom, L.·Renne, P. R.·Manga, M.·Sprain, C. J.·Smit, J.·Vanderkluysen, L.·Gibson, S. A., "Triggering of the largest Deccan eruptions by the Chicxulub impact" *Geological Society of America Bulletin*, v. 127, no. 11/12(2015): 1507-1520.

14. 68만 62개의 알려진 소행성과 발견된 3330개 혜성의 근지점 거리는 NASA의 사이트에서 볼 수 있다. *JPL Small-Body Database Search Engine* http://ssd.jpl.nasa.gov/sbdb_query.cgi#x

15. Gleick, J., *Chaos*(New York: Viking, 1987); Lorenz, E., *The essence of chaos*(Seattle: University of Washington Press, 1993).

16. Shubin, N., *Your inner fish: A journey into the 3.5-billion-year history of the human body*(New York: Random House, 2008).

17. Calvin, W. H., "The brain as a Darwin machine" *Nature*, v. 330(1987): 33-34.

18. Plotkin, H., *Darwin machines and the nature of knowledge*(Cambridge, Mass.: Harvard University Press, 1994).

19. Roep, T. B. · Holst, H. · Vissers, R. L. M. · Pagnier, H. · Postma, D., "Deposits of southward-flowing Pleistocene rivers in the channel region, near Wissant, NW France" *Palaeogeography, Palaeoclimatology*, Palaeoecology, v. 17, no. 4(1975): 289-308; Smith, A. J., "A catastrophic origin for the palaeovalley system of the eastern English Channel" *Marine Geology*, v. 64, no. 1-2(1985): 65-75.

20. Gupta, S. · Collier, J. S. · Palmer-Felgate, A. · Potter, G., "Catastrophic flooding origin of shelf valley systems in the English Channel" *Nature*, v. 448, no. 7151(2007): 342-345.

21. Bryson, B., *A short history of nearly everything*(New York: Broadway Books, 2003): 1-4.

22. 보수적으로 계산한 것이다. 약 10^9명의 여성이 다음 세대를 낳는 데 기여하고 각자 난자를 약 10^3개 만들어 낸다면 난자가 모두 10^{12}개가 된다. 여성 한 명이 10^3명의 남성과 마주치고, 약 10^2의 경우에서 약 10^8개의 정자가 임신이 되려고 시도하면 정자의 총수는 10^{13}개가 된다. 난자와 정자의 수를 곱하면 가능한 조합은 10^{25}이 된다.

23. 10^{100}은 '구골googol'이라고 불리고 극히 큰 수의 예로 사용된다. Kasner, E. · Newman, J. R., *Mathematics and the imagination*(New York: Simon and Schuster, 1940). 20-25. 칼 세이건도 구골에 대해 이야기했다. Sagan, C., *Cosmos*(New York: Random House, 1980): 219-220.

찾아보기

363

감사의 말

빅 히스토리에 대한 나의 관심은 밀리 앨버레즈와 함께 세계 곳곳에서 수행한 지질 탐사에서 시작되었다. 프레트 스피르는 새롭게 등장하는 분야인 빅 히스토리에 대해 나에게 처음 이야기해 주었고, 빅 히스토리의 창시자인 데이비드 크리스천을 만나게 해 주었다. 나는 크리스천과 멋진 토론을 많이 했다.

이 책의 많은 아이디어들은 버클리 대학의 라파엘 보우소Raphael Bousso, 지그스 데이비스Jiggs Davis, 크리스 엔드버그Chris Engberg, 올가 가르시아 모레노Olga Garcia Moreno,댄 카르너Dan Karner, 엔히크 레이탕Henrique Leitão,리치 멀러Rich Muller, 마크 리처즈Mark Richards, 롤런드 새코Roland Saekow, 데이비드 시마부쿠로David Shimabukuro, 이탈리아 콜디지오코Coldigioco 지질학관측소의 필리프 클라이스Philippe Claeys, 크리스티안 쾨베를Christian Koeberl, 폴 콥식Paul Kopsick, 파울라 메탈로Paula Metallo, 산드로 몬타나리, 비르예르 슈미츠, 얀 스밋, 인디애나 석기시대 연구소의 캐시 시크, 닉 토스, 워싱턴주 레드먼드 마이크로소프트연구소의 도널드 브링크먼Donald Brinkman, 빌 크로Bill Crow, 대런 그린Daron Green, 토니 헤이Tony Hey, 레인 존슨Rane Johnson, 로리 에이다 킬티Lori Ada Kilty, 하비에르 포라스 루라시Javier Porras Luraschi, 칼 비스와나탄Kal Viswanathan, 밥 월터Bob Walter, 커티스 왕Curtis Wang, 마이크 자이스코스키Mike Zyskowski, 그리고 가족인 돈 앨버레즈Don Alvarez, 진 앨버레즈Jean Alvarez, 헬렌 앨버레즈Helen Alvarez, 앤드루 하스Andrew Harth 등 가까운 동료들과의 토론에서 만들어졌다.

크레이그 벤저민, 신시아 브라운, 데이비드 크리스천, 마이클 딕스Michael Dix, 대런 그린, 로웰 거스태프슨Lowell Gustafson, 산드로 몬타나리, 배리 로드리그Barry Rodrigue, 롤런드 섀코, 데이비드 시마부쿠로, 프레트 스피르. 이들은 2010년에 이탈리아 콜디지오코에 국제 빅 히스토리 협회를 세운 사람들로 이 동료들과의 토론에서 고무적인 아이디어가 많이 나왔다.

버클리 대학에서 대학원 강사 데이비드 시마부쿠로, 딜런 스폴딩Dylan Spaulding, 조앤 애머슨Joanne Emerson, 라이언 켈리Ryan Kelly, 그리고 데이비드 만지안테David Mangiante와 5년 동안 함께한 빅 히스토리 강좌의 수강생과 청강생들도 좋은 아이디어를 많이 내 주었다. 롤런드 섀코의 컴퓨터용 빅 히스토리 연대표 '크로노줌ChronoZoom'도 이 강의에서 만들어졌는데, 이 개발에 마이크로소프트 연구소에서 기술적 도움과 자금을 제공했다.

앨버트 어머먼, 피터 비켈Peter Bickel, 라파엘 보우소, 카를로스 카마르고Carlos Camargo, 가브리엘 구티에레스 알론소Gabriel Gutierrez Alonso, 엘드리지 무어스Eldridge Moores, 데이미언 낸스Damian Nance, 리사 랜들, 잭 렙체크, 비르예르 슈미츠, 제프 슈리브Jeff Shreve, 잔 벤데티Jann Vendetti. 이들은 이 책의 내용에 대해서 귀중한 조언을 해 준 동료들이다.

잭 렙체크는 이 프로젝트 초기에 현명한 조언으로 이끌어 주었고, 잭이 프로젝트를 계속할 수 없게 되자 제프 슈리브Jeff Shreve가 빈자리를 훌륭하게 메워 주었다. 낸시 크로Nancy Crowe는 빅 히스토리를 대표하는 네 가지 주제로 목차를 정리해 주었다.

이 많은 동료과 친구, 그리고 미처 언급하지 못한 많은 사람에게, 위대한 지적 모험을 할 수 있게 해 준 데 대해 진심으로 감사드린다!

나를 돌아보게 하는
빅 히스토리

지금부터 138억 년 전, 빅뱅으로 우리 우주가 탄생했다. 그리고 바로 직후, 우주에 존재하는 모든 물질의 원료가 되는 쿼크와 전자가 만들어 졌다. 곧이어 세 개의 쿼크가 모여 양성자와 중성자가 만들어졌다. 두 개의 업up 쿼크와 하나의 다운down 쿼크가 모여 양성자가 되고, 하나의 업 쿼크와 두 개의 다운 쿼크가 모여 중성자가 되었다. 이 모든 일이 빅 뱅이 일어난 지 1초도 되지 않은 시간 동안에 이루어졌다.

단 하나의 양성자가 원자핵이 되는 원소를 우리는 수소라고 부른다. 원자핵에 두 개의 양성자가 있으면 헬륨이 된다. 양성자끼리는 서로 밀 어내는 힘이 작용하기 때문에 원자핵에 양성자들이 모여 있기 위해서 는 중성자도 있어야 한다. 그래서 헬륨의 원자핵에는 두 개의 양성자뿐 만 아니라 두 개의 중성자도 포함되어 있다.

이렇게 두 개의 양성자와 두 개의 중성자가 결합하여 헬륨이 만들어 지는 핵융합 과정은 매우 높은 온도와 압력이 필요하기 때문에 빅뱅이 일어난 지 3분 동안만 이루어졌다. 그 결과 우주 전체 원소 질량의 약

75퍼센트는 수소, 약 25퍼센트는 헬륨으로 구성되게 되었다. 이 과정에서 리튬과 베릴륨도 만들어지긴 했지만 너무나 적은 양이기 때문에 우주의 대부분은 사실상 수소와 헬륨으로 이루어져 있다.

헬륨보다 더 무거운 원소가 만들어지는 핵융합이 일어나기 위해서는 이보다 더 높은 온도와 압력이 필요한데, 우주는 이제 팽창하여 온도와 압력이 낮아져버렸기 때문에 더 이상의 핵융합은 일어날 수 없게 되었다. 다시 핵융합이 일어나기 위해서는 약 2억 년을 더 기다려야만 했다.

자연에 존재하는 원소와 인공적으로 만들어 낸 원소를 합치면 모두 100여 종의 원소들이 있지만 그 기본적인 구성 원리는 아주 단순하다. 원자핵 속에 몇 개의 양성자와 중성자가 있느냐의 차이밖에 없다. 그중에서도 어떤 원소가 되느냐는 양성자의 수로 결정된다. 양성자의 수는 같지만 중성자의 수가 다른 원소는 동위원소라고 한다. 동위원소는 같은 원소이긴 하지만 물리적 성질은 다르다. 다른 원소가 되려면 원자핵이 서로 융합하거나 분열하여 양성자의 수가 달라져야 한다.

빅뱅 이후 헬륨보다 무거운 원소들이 만들어지는 핵융합이 일어날 수 있을 정도로 높은 온도와 압력이 만들어진 곳은 별의 중심부였다. 최초의 별은 빅뱅 약 2억 년 후에 만들어졌고, 이 별들의 중심부에서 핵융합이 일어나 탄소, 질소, 산소, 규소, 철과 같은 원소들이 만들어졌다. 철보다 더 무거운 원소들은 질량이 큰 별의 대기나 초신성 폭발, 중성자별 충돌 과정에서 만들어졌다. 결국 자연에 존재하는 모든 원소들은 빅뱅 직후 아니면 나중에 별에서 만들어진 것이다.

이렇게 만들어진 원소들은 별의 물질 방출이나 초신성 폭발, 중성자별 충돌 등을 통해 우주로 퍼져 나갔다. 그리고 빅뱅이 일어난 지 약 90억 년이 지난 약 45억 년 전, 거대한 성간물질 속에서 여러 다른 별들과 함께 우리에게는 아주 특별한 별이 하나 만들어졌다. 우리는 이 별을 태양이라고 부른다. 태양이 만들어진 성간물질에는 수소와 헬륨뿐만 아니라 지난 90억 년 동안 별에서 만들어진 무거운 원소들도 포함되어 있었다.

태양이 만들어지는 동안 그 주위에는 납작한 원반이 형성되었다. 태양 가까운 곳에서는 규소, 산소, 마그네슘, 철과 같이 비교적 무거운 원소들이 모였다. 이 원소들이 결합된 광물 입자들은 태양이 방출하는 입자들의 압력을 이기고 버틸 수 있었기 때문이었다. 그중에서도 규소는 네 개의 결합이 가능해서 무수한 원자 네트워크를 만들 수 있기 때문에 광물과 암석을 만드는 기본이 되었다. 그리고 네 개의 결합이 가능한 또 다른 원소인 탄소는 생명체의 재료가 되는 유기물을 만들었다.

약 7억 년이 지난 후, 태양에서 세 번째 거리에 있는 행성인 지구에서 생명이 태어났다. 생명체를 이루는 원료들은 그동안 빅뱅과 별에서 만들어졌던 바로 그 원소들이었다. 생명은 진화를 거듭하여 인류의 등장에까지 이어졌다. 오랜 시간 동안 생명의 형태와 성질은 큰 변화를 겪었지만 결코 변하지 않은 것이 있다. 그동안 이 행성에서 살았거나 살고 있는 어떤 생명체이건 이전에 빅뱅과 별에서 만들어졌던 그 원소들을 여전히 원료로 사용하고 있다는 사실이다. 우리가 별 먼지로 만들어졌다고 한 칼 세이건의 말은 문학적인 수사가 아니라 과학적인 사실인 것이다.

생명 진화의 역사는 우연의 역사다. 지구는 고정된 무대가 아니라 끊임없이 변화하는 환경이 만들어지는 곳이다. 대륙은 쉴 새 없이 움직이고 지진이 일어나고 화산이 폭발하고 빙하기가 오기도 한다. 그리고 하늘에서는 운석도 떨어진다. 6600만 년 전에 지구에 떨어진 운석은 지구의 환경을 극적으로 바꿨다.

공룡을 포함하여 지구에서 고양이보다 덩치가 큰 동물은 모조리 멸종했다. 하지만 누군가의 멸종이 누군가에게는 기회가 되기도 한다. 지구를 지배하고 있던 공룡이 사라진 틈을 포유류가 차지했다. 생쥐만 한 크기로 밤중에나 겨우 활동을 할 수 있었던 포유류가 진화에 진화를 거듭하여 인류가 등장하게 된 것이다. 인류가 등장하기까지의 지구의 역사는 운석의 충돌과 같은 극적인 우연의 연속이었다.

인류의 역사는 대륙의 이동이 만들어 낸 지리적인 환경 속에서 이루어졌다. 강과 산맥이 지금의 모습을 갖추고 있는 것은 지구 역사에서 보면 일시적인 사건일 뿐이다. 인류는 하필이면 이 시기에 등장했기 때문에 현재의 환경에서 살고 있는 것이다. 인류가 1천만 년만 더 일찍 혹은 늦게 진화했다면 인류의 무대가 되는 대륙과 산맥의 모습은 완전히 달랐을 것이다. 지구의 역사에서 1천만 년은 순간과도 같은 시간이다.

멀리 볼 것도 없이 지금 이 책을 읽고 있는 여러분 한 명 한 명의 삶이 모두 우연이다. 이 책은 이런 우연들을 돌아보게 해준다. 우연을 단순히 의미 없는 사건으로 보는 것이 아니라 이런 우연들이 어떻게 지금과 같은 현실을 만들었는지 살펴보는 것이다. 이 과정에서 우리는 오히려 우리의 소중함을 깨달을 수 있다. 이런 우연성 때문에 우리는 누구나 자신만의 빅 히스토리를 가질 수 있는 것이다.

월터 앨버레즈는 세계적인 지질학자로 운석의 충돌로 공룡이 멸종했다는 가설을 처음으로 제안한 사람으로 유명하다. 그와 함께 이 이론을 제안한 그의 아버지 루이스 앨버레즈는 입자물리학에서의 공로로

노벨물리학상을 수상한 물리학자였다. 이들은 중생대 백악기와 신생대 팔레오세 사이의 지층에 지구에는 드물지만 운석에는 풍부한 물질인 이리듐이 많이 포함되어 있는 것을 근거로 이 시기에 대규모의 운석 충돌이 일어났고, 이 충돌이 이어진 대멸종의 원인이 되었다고 주장했다. 그 후 멕시코 유카탄반도에서 이 충돌의 증거인 칙술루브 크레이터가 발견되었고 이들의 주장은 공룡의 멸종에 대한 가장 유력한 이론이 되었다.

월터 앨버레즈는 2006년부터 버클리 대학에 '빅 히스토리: 우주, 지구, 생명, 인류'라는 제목의 강의를 개설하여 운영해오고 있고, 이 책은 그 강의에 기반한 것이다. 그는 빅 히스토리를 역사를 전체적이고 융합적으로 이해하려는 시도라고 말한다. 실제 빅 히스토리는 천문학, 지질학, 생물학, 화학, 인류학, 고고학 등 여러 분야의 학문을 모두 포괄하여 구성되어 있어서 다양한 관점으로 역사를 바라볼 수 있게 해 주는 최적의 학문이다.

월터 앨버레즈는 이 책에서 현재의 특정한 모습 뒤에 숨어 있는 역사를 이해하려고 시도하는 '작은 빅 히스토리'도 소개하고 있다. 인류는 어떻게 유리를 사용하게 되었을까, 알프스산맥이 인간 역사에 어떤 영향을 미쳤을까, 어떻게 라틴민족의 특정 후손이 이베리아반도와 라틴아메리카 대부분을 지배하게 되었을까와 같은 문제를 연구하는 것이다. 그는 특히 지질학자의 관점에서 인류의 조건을 보려 한다. 지구가 어떻게 인류가 살고 있는 환경을 만들었는지 살펴보는 것이다. 이런 점에서 이 책은 전체적인 흐름을 주로 보여 주는 다른 빅 히스토리 책들과의 차별성을 가지고 있다.

역사의 눈으로 현실을 보면 우리의 현재 모습을 새로운 관점으로 볼 수 있다. 우리의 현실은 우주의 탄생부터 연속성과 우연성으로 이어진 긴 흐름의 일부이다. 이런 넓은 시야로 세상을 보면 나 스스로를 좀 더 새로운 방법으로 바라볼 수 있을 것이다. 이 책을 통해 내가 살고 있는 주변 환경을 새롭게 볼 수 있는 관점을 얻게 되기를 기대한다.

이강환 (서대문자연사박물관 관장)

이 모든 것을 만든 기막힌 우연들
우주·지구·생명·인류에 관한 빅 히스토리

1판 1쇄 발행 2018년 9월 7일
1판 2쇄 발행 2019년 6월 17일

지은이 월터 앨버레즈
옮긴이 이강환·이정은
펴낸이 김영곤
펴낸곳 아르테

책임 편집 전민지 **인문교양팀** 장미희 박병익 김지은 **교정교열** 송경희 **디자인** 이경란
미디어사업본부 본부장 신우섭 **영업** 권장규 오서영 **마케팅** 김한성 황은혜
해외기획 임세은 장수연 이윤경 **제작** 이영민 권경민

출판등록 2000년 5월 6일 제406-2003-061호
주소 (10881) 경기도 파주시 회동길 201(문발동)
대표전화 031-955-2100 **팩스** 031-955-2151 **이메일** book21@book21.co.kr

ISBN 978-89-509-7705-4 03400

아르테는 (주)북이십일의 문학·교양 브랜드입니다.

(주)북이십일 경계를 허무는 콘텐츠 리더

아르테 채널에서 도서 정보와 다양한 영상자료, 이벤트를 만나세요!
방학 없는 어른이를 위한 오디오클럽 〈역사탐구생활〉
페이스북 facebook.com/21arte **블로그** arte.kro.kr
인스타그램 instagram.com/21_arte **홈페이지** arte.book21.com

· 책값은 뒤표지에 있습니다.
· 이 책 내용의 일부 또는 전부를 재사용하려면 반드시 (주)북이십일의 동의를 얻어야 합니다.
· 잘못 만들어진 책은 구입하신 서점에서 교환해 드립니다.